QINGJIE

SHENGCHAN

YU XUNHUAN

JINGJI

兰州商学院教学研究重点项目资助
甘肃经济发展数量分析研究中心课题资助

▼ 陈润羊 张贡生 著

清洁生产与
循环经济

——基于生态文明建设的理论建构

山西出版传媒集团
山西经济出版社

图书在版编目（CIP）数据

清洁生产与循环经济：基于生态文明建设的理论建构/陈润羊，张贡生著.—太原：山西经济出版社，2014.4

ISBN 978-7-80767-760-4

Ⅰ．①清…　Ⅱ．①陈…　②张…　Ⅲ．①无污染工艺—研究—中国②自然资源—资源利用—研究—中国　Ⅳ．①X383②F124.5

中国版本图书馆 CIP 数据核字（2014）第 060235 号

清洁生产与循环经济：基于生态文明建设的理论建构

著　　者：陈润羊　张贡生
出 版 人：孙志勇
责任编辑：侯轶民
装帧设计：赵　娜

出 版 者：山西出版传媒集团·山西经济出版社
社　　址：太原市建设南路 21 号
邮　　编：030012
电　　话：0351-4922133（发行中心）
　　　　　0351-4922085（综合办）
E — mail：sxjjfx@163.com
　　　　　jingjshb@sxskcb.com
网　　址：www.sxjjcb.com
经 销 者：山西新华书店集团有限公司
承 印 者：山西天辰图文有限公司
开　　本：787mm×1092mm　　　1/16
印　　张：17
字　　数：300 千字
印　　数：1-1000 册
版　　次：2014 年 4 月　第 1 版
印　　次：2014 年 6 月　第 1 次印刷
书　　号：ISBN 978-7-80767-760-4
定　　价：38.00 元

总　序

　　20 世纪 70 年代初是一个特殊的历史时期。这一时期，两种相互交会的发展方式均同时显现：一方面是具有引领人类走向可持续发展战略时代之功效的米都斯《增长的极限》，于 1972 年 3 月以罗马俱乐部第一份报告问世，它直接影响到联合国同年 6 月 5 日在瑞典首都斯德哥尔摩召开的"第一次全球环境与发展大会"。《增长的极限》向世人发出忠告："如果在世界人口、工业化、污染、粮食生产和资源消耗方面现在的趋势继续下去，这个行星上增长的极限有朝一日将在今后 100 年中发生。最可能的结果将是人口和工业生产力双方有相当突然的和不可控制的衰退。"在当时，这一震惊世界的警告，明确指出了传统发展方式的严重弊端。嗣后，1992 年在巴西里约热内卢联合国"第二次全球环境与发展大会"上，由世界各国首脑正式签署了《21 世纪议程》，自此，联合国官方为人类规定了可持续发展战略的宏伟目标；另一方面则是 20 世纪 70 年代海湾石油危机引发的西方资本主义世界的经济滞胀，对此，凯恩斯经济学失去了它以往的效率，这导致新自由主义经济学的趁势崛起。新自由主义学说经 1978 年英国首相撒切尔夫人和 1980 年美国总统里根采用，先后成为两大资本主义国家的主流意识。后又经 1990 年"华盛顿共识"，进一步发展成为整个资本主义世界的国家意识形态。新自由主义宣扬自由化、私有化、市场化、政府放松管制，并极力推行资本主义的国际垄断，推行与联合国倡导的可持续发展战略截然不同并且对自然生态系统具有巨大威胁性的另外一种发展方式。

　　两种不同的发展方式虽然都出现于同一历史时期，但实践已经清楚地告诉我们，新自由主义主导的自由市场经济和经济全球化导向，客观上已经严重阻碍了联合国为人类规定的可持续发展战略目标的落实。即如老自由主义学说那样，新自由主义同样以市场经济"经济人假设为前提"建构自己的理论体系，强调以市场经济的"看不见的手"主导一切社会经济领域。它不仅导致了由美国次贷危机引发的全球性经济危机，而且严重破坏了我们的自然支持系统，使我们的地球支持系统日益不堪重负，环境污染也越来越严重。正是由于后者，美国著名生态经济学家赫尔曼·E.戴利1993年就予以了严厉批评。戴利在《珍惜地球——经济学、生态学、伦理学》一书中指出："污染是成本递增规律的另一基础，但在这方面几乎没有受到任何关注，因为污染造成的成本是社会的。"同时他又说："结果产生竞争性的、肆意浪费的开发——生物学家加勒特·哈丁称之为'公地效应'，福利经济学家称之为'外部不经济'，而我想称之为'看不见的脚'。亚当·斯密看不见的手使得私人的自利不自觉地为公共利益服务。看不见的脚则导致私人的自利不自觉地把公共利益踢成碎片。"另外，新自由主义主张不顾生态系统安全的所谓"经济增长"和"效率主义逻辑"。对此，戴利1996年又在他的《超越传统——可持续发展的经济学》一书中进一步批评指出："以日益增长的速度使用资源并损坏生命支持系统、不能满足所有人基本需要的系统不能被称为有效率的。"难怪德国学者库尔茨说：全球资本主义制度连同盲目的市场机制这只"看不见的手"在自认为已经"战胜"了国有资本主义之后，却在"资源的合理分配"（尤其是资源生态合理性配置方面——引者注）中彻底失灵。今天，环境危机越来越严重，环境问题越来越突出。2013年10月17日，世界卫生组织正式公布：室外空气污染致癌。这·消息令人十分震惊，现在已经发展到人们都不能正常呼吸空气的程度了，尤其是我国多地出现的十分严重的雾霾污染，不能不使人们忧心忡忡。

　　我们所处的时代，不仅仅需要有效促进国民经济的迅速发展，同时也需要对发展过程中人与自然关系的行为进行反思，并积极寻求与自然界和谐相处的发展方式，寻求资源生态合理性优化配置的有效方法。改革开放以来，尽管我国经济发展取得"世界第二"的惊人的成就，但是也付出了十分巨大的环境代价。实践中，我们并没有很好地履行 1994 年国务院出台的《中国 21 世纪议程白皮书》中所强调的"绝不走资本主义工业化发展的老路"的承诺。加之新自由主义的风行，事实上已经直接影响到了社会经济生活中的每个经济组织和个人的强烈逐利行为方面。其实，我国著名伦理学思想家蔡元培先生 1910 年于德国留学时所撰《中国伦理学史》一书中就曾批评指出："惑于物欲，而大道渐以澌灭"，"于是人人益趋于私利，而社会之秩序，益以紊乱，及今而救正之，惟循自然之势"。另外，清华大学卢风教授在《现代性与物欲的释放——杜维明先生访谈录》一书《前言》中也指出：目前"现代性的价值导向不仅是错误的，而且是极其危险的。说它是错误的，是因为人没有必要通过无止境地追求物质财富实现自我价值和人生意义，物质财富的增长并不与人们幸福感的提高成正比。现代性误导了大众，使大众相信，只有一种实现自我价值和获得社会认同的途径，那便是努力赚钱，尽情消费。实际上存在多种实现自我价值和人生意义的途径……说它是极其危险的，是因为几十亿人的物质主义追求会使人类在生态危机中越陷越深。用杜先生的话说就是，它使人类文明成了一列刹不住的列车，不扭转方向，它就会坠入毁灭的深渊"。今天，我们重温蔡元培先生的教导和阅读《现代性与物欲的释放——杜维明先生访谈录》，确实大有使人耳目一新和唤醒人的自然良知的感觉。我们急迫需要唤醒每个经济组织和个人的社会责任心，力求避免"经济人自身利润最大化"误导所导致的"异化自然"（马克思《1844 年经济学与哲学手稿》中批评资本主义工业化发展方式的理论观点）。力求避免"经济人自身利润最大化"的物欲主义追求造成的"外部不经济"，以及力求避免由之产生的加勒特·哈丁所说的"公地悲剧"。这种发展方式，即使美国前副总统阿尔·戈尔在给蕾切尔·卡逊《寂静的春天》一书写的《前言》中也都予以了十分严厉的批评。

　　中共十八大报告首次单篇论述了生态文明，将生态文明建设纳入建设中国特色社会主义的总体布局之中，这就充分体现了我国对生态文明建设自觉性的不断增强，对中国特色社会主义建设规律的认识也达到了崭新的高度。正是出于这种原因，许多有着高度社会责任心的各界人士，主张反思现行的经济学和管理学理论，并再度重温和强调联合国倡导的可持续发展战略思想。2012 年，山西经济出版社社长（总编）赵建廷先生和编辑室主任李慧平女士邀请我组织并主持撰写一套《经济社会可持续发展思想文库》。根据要求，为了积极响应和落实中共十八大报告着重强调的生态文明建设的相关规定，为了顺应联合国可持续发展战略的要求，同时也为了反思新自由主义风行导致的种种与生态系统法则相背离的理论问题，于是，我很快就对本文库进行了设计与论证。具体说，本文库由《经济思想批评史——从生态学角度的审视》《管理思想批评史——从外部性结构缺失看西方管理学理论短板》《清洁生产与循环经济——基于生态文明建设的理论建构》《地方政府治理的创新——基于资源型省域的探索与思考》和《福利经济学派伦理思想评价——从生态正义角度的探析》共五本书构成。在山西经济出版社的积极争取和努力下，它被列为山西省重点图书。故此，借出版之际，特对山西经济出版社表示深切谢意！但是，写作过程限于时间紧促，难免有许多不周之处，还望学界方家惠予指正。

2014 年 2 月于清华园

（总序作者为清华大学教授）

前 言

在生态文明建设成为时代强音的背景下，推行清洁生产，发展循环经济，实现经济社会和环境的可持续发展，已经成为建设生态文明的基本途径和必然选择。

建设生态文明，是关系人民福祉、关乎民族未来的长远大计。面对资源约束趋紧、环境污染严重、生态系统退化的严峻形势，必须树立尊重自然、顺应自然、保护自然的生态文明理念，把生态文明建设放在突出地位，融入经济建设、政治建设、文化建设、社会建设各方面和全过程，努力建设美丽中国，实现中华民族永续发展。2012 年 11 月召开的党的十八大上，建设中国特色社会主义事业总体布局由经济建设、政治建设、文化建设、社会建设"四位一体"拓展为包括生态文明建设在内的"五位一体"，这是党中央总揽国内外大局、贯彻落实科学发展观的一个新部署。把生态文明纳入了社会主义现代化建设总体布局中，从"四位一体"到"五位一体"的转变，体现了生态文明建设的突出地位。

清洁生产、循环经济、可持续发展与生态文明既有联系，也有区别。清洁生产总体理解为超越"末端治理"弊端而产生的一种污染预防的环境战略，是属于技术层面的，清洁生产审核是实现清洁生产的重要手段和方法工具；循环经济是一种超越传统的"资源—产品—污染排放"单向流动的线性经济，形成"资源—产品—再生资源"的反馈式经济发展模式；可持续发展是一种既满足当代人的需要，又不对后代人满足其需要的能力构成危害的发展，是一种总体的发展战略；而生态文明是一种扬弃了工业文明的、新型的、更高级别的文明形态。要实现生态文明的文明形态，就要在可持续发展战略原则的指导下，实施清洁生产的环境战略和循环经济的发展模式。也可以说，推行清洁生产，发展循环经济，实现经济社会和环境的可持续发展，是建设生态文明的基本途径和必然选择。

本书属于《经济社会可持续发展思想文库》的其中一部，全书在丛书主编的总体思想和体例安排下，进行写作。全书的主要资料来源于作者之前所完成的各类清洁生产与循环经济的课题、发表的论文，同时也参考了已有的相关研究文献。

本书由陈润羊副教授设计了整体结构和章节安排，提出了总体工作思路并予以组织实施。张贡生教授完成了第二章，第四章的一、二、五节，第六章的第二节；其他部分均由陈润羊完成。最后由陈润羊做了全书的统稿工作，并针对编审提出的意见和建议进行了进一步的修改、补充和完善。

十分感谢山西省社科院研究员晔枫先生在写作过程中的悉心指点，老一辈学者严谨的治学态度尤令我们敬佩。也向山西经济出版社的责任编辑表达我们的敬意。本书是兰州商学院教学研究重点项目"基于行动导向的'清洁生产与循环经济'教学改革研究"、甘肃省人文社会科学重点研究基地"兰州商学院甘肃经济发展数量分析研究中心"课题的研究成果，在此对他们表示感谢。

在本书编著过程中，参考了国内外大量的已有文献成果，我们尽可能地做了注明，但可能仍有疏漏，对相关作者表达衷心的谢意和歉意。尽管我们做了较大努力，肯定还有许多不足，恳请读者批评指正。

陈润羊

2013 年 11 月

目 录

第一章 绪论

在人类进化和自然界人化所构成统一过程的不同阶段，产生了不同的人类文明。通常把人类文明按时间顺序划分为原始（远古）文明、农业文明、工业文明、生态文明，按照这种维度，可以把生态文明理解为人类文明发展的一种更高甚至是最高的文明形态；如果按照另一个维度来理解，由"物质文明、精神文明、政治文明、生态文明"构成了一个国家现代化建设的总体布局等，这种角度则把生态文明看作是治国理念体系的组成部分。面对日益严重的资源和环境问题，生态文明成为人类共同的使命和世界发展的基本趋势。推行清洁生产，发展循环经济，实现经济社会和环境的可持续发展，是建设生态文明的基本途径和必然选择。

第一节　生态文明是人类社会发展的必然趋势

一、生态文明是对工业文明的扬弃和反思的产物

18世纪兴起的工业文明，尽管给人类带来了巨大发展，使社会生产力的水平大幅提高，物质文明达到极高的水平，促进了整个人类社会的繁荣和发展，但也遇到了严重的生态危机和能源危机，面对大量出现的一系列严重资源、环境问题，先污染后治理的路径已不可为继，如何解决工业文明中出现的问题、追索人类面临的共同挑战的思想根源、未来世界发展的共同趋势又是什么，这些问题都是人类文明发展过程中遇到的重大课题，引发了人类的深刻反思。在这种背景下，"生态文明"便应运而生，生态文明将是人类社会在经历了原始文明、农业文明、工业文明之后的一种新型的文明形态，其关注人与自然的关系，也关注人与人之间的关系，生态文明从理念传播到实践推动的过程，也必将是人类社会不断发展进化的过程。

二、生态文明建设是我国现代化建设总体布局的有机构成

2012 年 11 月召开的党的十八大，将建设中国特色社会主义事业总体布局由经济建设、政治建设、文化建设、社会建设"四位一体"拓展为包括生态文明建设在内的"五位一体"，这是党中央总揽国内外大局、贯彻落实科学发展观的一个新部署。把生态文明纳入了社会主义现代化建设总体布局中，从"四位一体"到"五位一体"的转变，体现了生态文明建设的突出地位。在十八大报告中，提出了大力推进生态文明建设的有关论述：建设生态文明，是关系人民福祉、关乎民族未来的长远大计。面对资源约束趋紧、环境污染严重、生态系统退化的严峻形势，必须树立尊重自然、顺应自然、保护自然的生态文明理念，把生态文明建设放在突出地位，融入经济建设、政治建设、文化建设、社会建设各方面和全过程，努力建设美丽中国，实现中华民族永续发展。坚持节约资源和保护环境的基本国策，坚持节约优先、保护优先、自然恢复为主的方针，着力推进绿色发展、循环发展、低碳发展，形成节约资源和保护环境的空间格局、产业结构、生产方式、生活方式，从源头上扭转生态环境恶化趋势，为人民创造良好生产生活环境，为全球生态安全做出贡献，见专栏 1-1[①]。

专栏 1-1　十八大报告关于"全面促进资源节约"的论述

节约资源是保护生态环境的根本之策。要节约集约利用资源，推动资源利用方式根本转变，加强全过程节约管理，大幅降低能源、水、土地消耗强度，提高利用效率和效益。推动能源生产和消费革命，控制能源消费总量，加强节能降耗，支持节能低碳产业和新能源、可再生能源发展，确保国家能源安全。加强水源地保护和用水总量管理，推进水循环利用，建设节水型社会。严守耕地保护红线，严格土地用途管制。加强矿产资源勘查、保护、合理开发。发展循环经济，促进生产、流通、消费过程的减量化、再利用、资源化。

2013 年 11 月党的十八届三中全会通过的《中共中央关于全面深化改革若干重大问题的决定》中，明确提出：建设生态文明，必须建立系统完整的生态文明

---

① 胡锦涛.坚定不移沿着中国特色社会主义道路前进,为全面建成小康社会而奋斗[EB/OL].
http://cpc.people.com.cn/18/n/2012/1109/c350821-19529916.html. 2012-11-09.

制度体系，用制度保护生态环境。要健全自然资源资产产权制度和用途管制制度，划定生态保护红线，实行资源有偿使用制度和生态补偿制度，改革生态环境保护管理体制，见专栏 1-2①。

专栏 1-2 十八届三中全会关于"加快生态文明制度建设"的论述

（1）健全自然资源资产产权制度和用途管制制度。对水流、森林、山岭、草原、荒地、滩涂等自然生态空间进行统一确权登记，形成归属清晰、权责明确、监管有效的自然资源资产产权制度。建立空间规划体系，划定生产、生活、生态空间开发管制界限，落实用途管制。健全能源、水、土地节约集约使用制度。

健全国家自然资源资产管理体制，统一行使全民所有自然资源资产所有者职责。完善自然资源监管体制，统一行使所有国土空间用途管制职责。

（2）划定生态保护红线。坚定不移实施主体功能区制度，建立国土空间开发保护制度，严格按照主体功能区定位推动发展，建立国家公园体制。建立资源环境承载能力监测预警机制，对水土资源、环境容量和海洋资源超载区域实行限制性措施。对限制开发区域和生态脆弱的国家扶贫开发工作重点县取消地区生产总值考核。

探索编制自然资源资产负债表，对领导干部实行自然资源资产离任审计。建立生态环境损害责任终身追究制。

（3）实行资源有偿使用制度和生态补偿制度。加快自然资源及其产品价格改革，全面反映市场供求、资源稀缺程度、生态环境损害成本和修复效益。坚持使用资源付费和谁污染环境、谁破坏生态谁付费原则，逐步将资源税扩展到占用各种自然生态空间。稳定和扩大退耕还林、退牧还草范围，调整严重污染和地下水严重超采区耕地用途，有序实现耕地、河湖休养生息。建立有效调节工业用地和居住用地合理比价机制，提高工业用地价格。坚持谁受益、谁补偿原则，完善对重点生态功能区的生态补偿机制，推动地区间建立横向生态补偿制度。发展环保市场，推行节能量、碳排放权、排污权、水权交易制度，建立吸引社会资本投入生态环境保护的市场化机制，推行环境污染第三方治理。

（4）改革生态环境保护管理体制。建立和完善严格监管所有污染物排放的环

---

① 中共中央关于全面深化改革若干重大问题的决定[EB/OL].http://news.xinhuanet.com/politics/2013-11/15/c_118164235.htm.2013-11-15.

境保护管理制度，独立进行环境监管和行政执法。建立陆海统筹的生态系统保护修复和污染防治区域联动机制。健全国有林区经营管理体制，完善集体林权制度改革。及时公布环境信息，健全举报制度，加强社会监督。完善污染物排放许可制，实行企事业单位污染物排放总量控制制度。对造成生态环境损害的责任者严格实行赔偿制度，依法追究刑事责任。

第二节　生态文明视域下的清洁生产与循环经济

一、可持续发展战略的提出与发展

中国古代传统文化中"天人合一""齐物""仁者以天地万物为一体"等观点就有可持续发展思想的萌芽，但现代意义上的可持续发展概念则是挪威首相布伦特兰夫人在1987年《我们共同的未来》报告中首次提出的。所谓可持续发展是指："既满足当代人的需要，又不对后代人满足其需要的能力构成危害的发展"。这一定义得到广泛的接受，并在1992年联合国环境与发展大会上取得共识。

由于传统工业文明的发展模式面临严峻的资源和环境挑战，可持续发展思想是在不断反思中逐步形成的。

1962年美国海洋生物学家蕾切尔·卡逊发表了《寂静的春天》，初步揭示了污染对生态系统的影响，是对人类行为和观念的早期反思的代表作。1972年罗马俱乐部《增长的极限》的研究报告中，提出了地球的支撑力有极限，要避免因超越地球资源极限而导致世界崩溃的最好方法是限制增长，即"零增长"。《增长的极限》引起了全世界的严肃思考。1972年，第一次联合国人类环境会议在斯德哥尔摩召开，这是人类第一次将环境问题纳入世界各国政府和国际政治的事务议程。大会通过的《人类环境宣言》，标志着人类对环境问题挑战的正式应对的开始。1987年，以挪威首相布伦特兰夫人任主席的世界环境与发展委员会向联合国大会提交了研究报告《我们共同的未来》，提出了可持续发展的概念，这是环境与发展思想的重要飞跃。1992年6月联合国环境与发展大会在巴西里约热内卢召开，是环境与发展的里程碑，人类对环境与发展的认识提高到了一个崭新的阶段，使人类迈出了跨向新的文明时代的关键性一步[①]。联合国可持续发展

---

① 钱易,唐孝炎.环境保护与可持续发展[M].北京:高等教育出版社,2000.

世界首脑会议于 2002 年 8 月 26 日~9 月 4 日在南非的约翰内斯堡举行，这是人类保护环境、实现可持续发展历史进程中的一次具有重要意义的盛会。大会发表了《约翰内斯堡可持续发展宣言》，这次大会标志着人类从可持续发展的理论到落实的转变。2012 年 6 月，联合国可持续发展大会，又称"里约 +20"峰会，世界各国领导人再次聚集在里约热内卢，这次大会把"可持续发展和消除贫困背景下的绿色经济""促进可持续发展的机制框架"作为两大主题，将"评估可持续发展取得的进展、存在的差距""积极应对新问题、新挑战""做出新的政治承诺"作为三大目标。联合国希望在 2015 年以后，将此前的 21 世纪议程、千年发展目标等，能逐步整合到可持续发展目标中。这次大会进一步推进了全球、区域和国家的可持续发展。

人与自然和谐的理念是中华文明传统价值观的重要组成部分。中国政府参加了可持续发展理念形成和发展中具有里程碑意义的斯德哥尔摩人类环境会议、里约环境与发展大会、南非约翰内斯堡可持续发展首脑峰会等三次大会，是最早提出并实施可持续发展战略的国家之一。

1992 年联合国环境与发展大会后，中国政府于 1994 年 3 月发布《中国 21 世纪议程——中国 21 世纪人口、环境与发展白皮书》，1996 年将可持续发展上升为国家战略并全面推进实施。我国已于 1997 年第十九届特别联大和 2002 年联合国可持续发展世界首脑会议前期，两次编写了关于中国可持续发展的相关报告。

2003 年我国提出了以人为本、全面协调可持续的科学发展观，体现了对可持续发展内涵认识的深化。此后，又先后提出了资源节约型和环境友好型社会、创新型国家、生态文明、绿色发展等先进理念，并不断加以实践。在参加 2012 年 6 月在巴西里约热内卢召开的联合国可持续发展大会之前，我国编写了《中华人民共和国可持续发展国家报告》，这个报告总结了 2001 年以来我国实施可持续发展战略付出的努力和取得的进展，客观分析存在的差距和面临的挑战，明确提出今后的战略举措，并阐明对 2012 年联合国可持续发展大会的原则立场，见专栏 1–3[①]。

---

① 国家发展改革委. 中华人民共和国可持续发展国家报告［EB/OL］. http://www.sdpc.gov. cn/xwzx/xwtt/t20120601_483687.htm. 2012−06−01.

专栏1-3 我国推进可持续发展的总体思路

指导思想：以科学发展为主题，以加快转变经济发展方式为主线，以发展经济为第一要务，以提高人民群众生活质量和发展能力为根本出发点和落脚点，以改革开放、科技创新为动力，全面推进经济绿色发展，社会和谐进步。

总体目标是：人口总量得到有效控制、素质明显提高，科技教育水平明显提升，人民生活持续改善，资源能源开发利用更趋合理，生态环境质量显著改善，可持续发展能力持续提升，经济社会与人口资源环境协调发展的局面基本形成。

总体思路：①把经济结构调整作为推进可持续发展战略的重大举措；②把保障和改善民生作为推进可持续发展战略的主要目的；③把加快消除贫困进程作为推进可持续发展战略的急迫任务；④把建设资源节约型和环境友好型社会作为推进可持续发展战略的重要着力点；⑤把全面提升可持续发展能力作为推进可持续发展战略的基础保障。

二、循环经济的提出与发展

循环经济（Circular Economy）是实施可持续发展战略的重要途径和实现模式。发展循环经济既是当今世界的潮流，体现了以人为本、全面协调可持续发展观的本质要求，也是转变经济增长方式，走新型工业化道路和全面建设小康社会的重要战略举措。在我国发展循环经济具有特殊的重要性和紧迫性。发展循环经济既是缓解资源约束矛盾的根本出路，也是从根本上减轻环境污染的有效途径；发展循环经济既是提高经济效益的重要措施，又是应对新贸易保护主义的迫切需要。总之，发展循环经济是实现全面建设小康社会宏伟目标的必然选择，也是关系中华民族长远发展的根本大计。循环经济的概念框架见图1-1。

循环经济思想我国古已有之，如图1-2我国传统的农业文明中的"桑基鱼塘"就是代表，但作为学术性概念，多数学者都认为循环经济思想萌芽于美国经济学家肯尼斯·鲍尔丁于1962提出的"宇宙飞船经济"（Spaceship Economy）理论。1990年，英国环境经济学家珀斯和特纳在《自然资源和环境经济学》一书中首次正式使用了"循环经济"。1990年以来，循环经济开始作为实践性概念出现在德国。与此同时，日本也开始了与之含义相近的循环社会实践活动。循环经济的理论从含义、原则、特征、评价指标、支持体系等方面的研究不断成熟和深化，并应用到实践中去。到20世纪90年代，随着可持续发展战略的普遍采纳，发达国家正在把发展循环经济、建立循环型社会，作为实现环境与经济协调发展的重要途径。在日本、德国、美国等发达国家，循环经济正在成为一股潮流和趋势，从企业层次污染排放最小化实践，到区域工业生态系统内企业间废弃物的相互交换，再到产品消费过程中和消费过程后物质和能量的循环，都有许多很好的实践经验。国外循环经济实践大致有4种主要形式：①杜邦模式——企业内部的循环经济模式；②卡伦堡模式——区域生态工业园区模式；③德国DSD——回收再利用体系；④循环型社会模式。

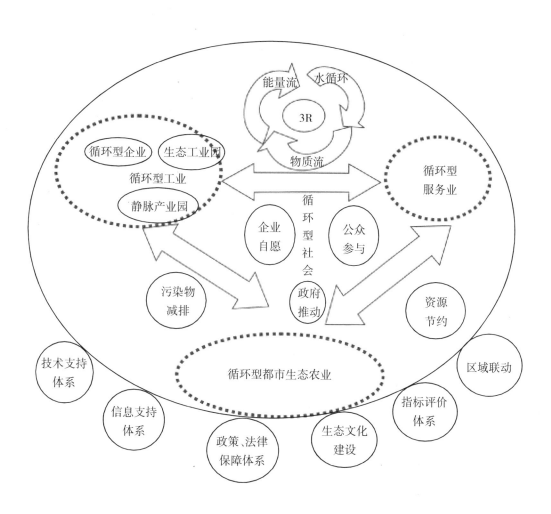

图1-1 循环经济的概念框架

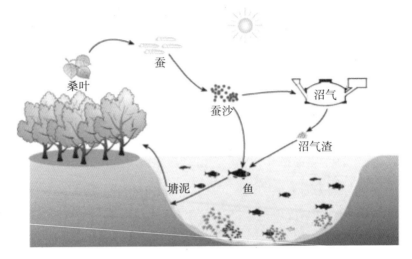

图 1-2　我国传统的农业文明中的"桑基鱼塘"

我国从 20 世纪 90 年代起引入了循环经济的思想，此后对于循环经济的理论研究和实践不断深入。1998 年确立"3R"原理的中心地位；1999 年从可持续生产的角度对循环经济发展模式进行整合；2002 年从新兴工业化的角度认识循环经济的发展意义；2003 年将循环经济纳入科学发展观，确立物质减量化的发展战略；2004 年提出从不同的空间规模即城市、区域、国家层面大力发展循环经济；2005 年把发展循环经济作为建设资源节约型、环境友好型社会和实现可持续发展的重要途径来认识；2006 年循化经济从示范试点走向全面推进的新阶段。其后，循环经济的理论和实践研究不断深入。2008 年 8 月全国人大常委会通过、2009 年 1 月 1 日起实施的《中华人民共和国循环经济促进法》，是继德国、日本后世界上第三个专门的循环经济法律，标志着我国循环经济进入一个新的阶段。

三、清洁生产的提出与发展

环境问题自古一直伴随着人类文明的进程，但近代开始趋于严重。尤其是在 20 世纪，随着科技与生产力水平的提高，人类干预自然的能力大大增强，社会财富迅速膨胀，环境污染日益严重。世界上许多国家因经济高速发展而造成了严重的环境污染和生态破坏，并导致了一系列举世震惊的环境公害事件。到了 20 世纪 80 年代后期，环境问题已由局部性、区域性发展成为全球性的生态危机，如酸雨、臭氧层破坏、温室效应（气候变暖）、生物多样性锐减、森林破坏等，成为危及人类生存的最大隐患。

20 世纪 60 年代，工业化国家开始通过各种方法和技术对生产过程中产生的废弃物和污染物进行处理，以减少其排放量，减轻对环境的危害，这就是所谓的"末端治理"。随着末端治理措施的广泛应用，人们发现末端治理并不是一个标本兼治的方案。因此，从 70 年代开始，发达国家的一些企业相继尝试运用如"污染预防""废物最小化""减废技术""源削减""零排放技术""零废物生产"和"环境友好技术"等方法和措施，来提高生产过程中的资源利用效率，削减污染物以减轻对环境和公众的危害。这些实践取得了良好的环境效益和经济效益，使人们认识到革新工艺过程及产品的重要性。在总结工业污染防治理论和实践的基础上，联合国环境规划署于 1989 年提出了清洁生产的战略和推广计划，在全球范围内推行清洁生产。联合国环境规划署自 1990 年起每两年召开一次清洁生产国际高级研讨会。全面推行清洁生产的实践始于美国。1984 年美国通过了《资源保护与回收法——固体及有害废物修正案》。1990 年 10 月美国又通过了《污染预防法》，将污染预防活动的对象从原先仅针对有害废物拓展到各种污染的产生排放活动，并用污染预防代替了废物最小化的用语[①]。经过 20 多年的发展，清洁生产逐渐趋于成熟，并为各国企业和政府所普遍认可。加拿大、荷兰、法国、美国、丹麦、日本、德国、韩国、泰国等国家纷纷出台有关清洁生产的法规和行动计划，世界范围内出现了大批清洁生产国家技术支持中心、非官方倡议以及手册、书籍和期刊等，实施了一大批清洁生产示范项目。一些发达国家如德国于 1996 年颁布了《循环经济和废物管理法》；日本在 2000 年前后相继颁布了《促进建立循环社会基本法》《提高资源有效利用法（修订）》等一系列法律，来建立循环社会。至今，清洁生产已经建立了全球、区域、国家、地区多层次的组织与交流网络。

我国在 20 世纪 70 年代就曾提出了"预防为主，防治结合"的方针。国家经贸委和原国家环保局于 1993 年联合召开了第二次全国工业污染防治工作会议，会议明确提出了工业污染防治必须从单纯的末端治理向生产全过程转变，实行清洁生产。自 1993 年，我国政府开始逐步推行清洁生产工作。在联合国环境规划署、世界银行的援助下，中国启动和实施了一系列推进清洁生产的项目，清洁生产从概念、理论到实践在中国都广为传播。1992 年 5 月，我国举办了第一次国

---

① 张天柱.清洁生产导论[M].北京:高等教育出版社,2006.

际清洁生产研讨会，推出了《中国清洁生产行动计划（草案）》。1994年3月，国务院常务会议讨论通过了《中国21世纪议程——中国21世纪人口、环境与发展白皮书》，专门设立了"开展清洁生产和生产绿色产品"这一优先领域。1997年4月，国家环保局制定并发布了《关于推行清洁生产的若干意见》，2002年6月29日，第九届全国人大第二十八次会议通过《中华人民共和国清洁生产促进法》，2003年1月1日起正式施行。2004年8月，国家发展和改革委员会、国家环境保护总局发布《清洁生产审核暂行办法》。2005年12月，国家环境保护总局印发《重点企业清洁生产审核程序的规定》。2008年7月1日，环境保护部发布了《关于进一步加强重点企业清洁生产审核工作的通知》(环发〔2008〕60号)以及《重点企业清洁生产审核评估、验收实施指南（试行）》①。2010年4月22日，环境保护部发布了《关于深入推进重点企业清洁生产的通知》(环发〔2010〕54号)，对建立"重点企业清洁生产公告"等制度做出了明确规定。2011年10月24日，十一届全国人大常委会第二十三次会议开始审议《中华人民共和国清洁生产促进法修正案（草案）》。2012年2月29日，第十一届全国人民代表大会常务委员会第二十五次会议通过了关于修改《中华人民共和国清洁生产促进法》的决定。此次是首次对该法进行修订，清洁生产审核制度是此次法律修改的重点内容之一，其中细化强化了强制性清洁生产审核规定，并进一步明确了政府的职责，以及明确了环保部门在清洁生产审核工作中的重要作用。在清洁生产审核方面，此次法律修改的重点强化内容包括：扩大了对企业实施强制性清洁生产审核范围；强化了政府有关部门对企业实施强制性清洁生产审核的监督责任；规定实施强制性清洁生产审核所需费用纳入同级政府预算等。

四、清洁生产、循环经济、可持续发展与生态文明的关系

清洁生产、循环经济、可持续发展与生态文明四个术语具有特定的内涵，但就内涵的认识而言，却是仁者见仁、智者见智，这里从一般意义上加以理解，并辨析它们之间的关系。

生态文明，从纵向上理解，可以认为是人类在经历了原始（远古）文明、农业文明、工业文明之后的一种新的文明形态；从横向上理解，生态文明是与物质

---

① 鲍建国. 清洁生产实用教程[M]. 北京：中国环境科学出版社,2010.

文明、精神文明和政治文明共同构成了现代化建设的总体布局。可持续发展是既满足当代人的需要，又不对后代人满足其需要的能力构成危害的发展，是一种总体的发展战略。循环经济是一种以资源的高效利用和循环利用为核心，以"减量化、再利用、资源化"为原则，以低消耗、低排放、高效率为基本特征，符合可持续发展理念的经济发展模式。清洁生产是一种新的创造性的思想，该思想将整体预防的环境战略持续应用于生产过程、产品和服务中，以增加生态效率和减少人类及环境的风险。

　　清洁生产和循环经济二者之间的关系是一种点和面的关系，实施的层次不同，可以说，一个是微观的，一个是宏观的。一个产品、一个企业都可以推行清洁生产，但循环经济覆盖面就大得多。清洁生产的目标是预防污染，以更少的资源消耗产生更多的产品，循环经济的根本目标是要求在经济过程中系统地避免和减少废物，再利用和循环都应建立在对经济过程进行充分资源削减的基础之上。清洁生产和循环经济的演变过程见图1–3。

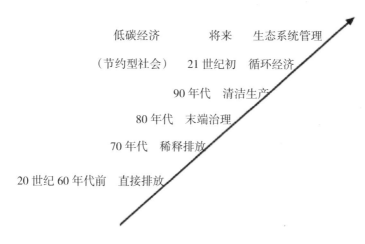

低碳经济　　　　将来　　生态系统管理

（节约型社会）　21世纪初　循环经济

90年代　清洁生产

80年代　末端治理

70年代　稀释排放

20世纪60年代前　直接排放

图1–3　清洁生产和循环经济的演变过程

　　清洁生产和循环经济最大的区别是在实施的层次上。在企业层次实施清洁生产就是小循环的循环经济，一个产品，一台装置，一条生产线都可采用清洁生产的方案，在园区、行业或城市的层次上，同样可以实施清洁生产。而广义的循环经济是需要相当大的范围和区域的，如日本称为建设"循环型社会"。推行循环经济由于覆盖的范围较大，链接的部门较广，涉及的因素较多，见效的周期较长，不论是哪个单独的部门恐怕都难以担当这项筹划和组织的工作。清洁生产和循环经济的比较见表1–1。适用范围见图1–4。

表 1-1　清洁生产与循环经济的比较

比较内容	清洁生产	循环经济
思想本质	环境战略	经济战略
原则	节能、降耗、减污、增效	减量化、再利用、资源化
核心要素	整体预防、持续应用、持续改进	以提高生态效率为核心,强调资源的减量化、再利用和资源化,实现经济行动的生态化、非物质化
适用对象	主要对生产过程、产品和服务(点、微观)	主要对区域、城市和社会(面、宏观)
基本目标	生产中以更少的资源消耗产生更多的产品,防治污染产生	在经济过程中系统地避免和减少废物
基本特征	预防性、综合性、统一性、持续性	低消耗(或零增长)、低排放(或零排放)、高效率。(自然资源的低投入、高利用和废弃物的低排放)
宗旨	提高生态效率,并减少对人类及环境的风险	

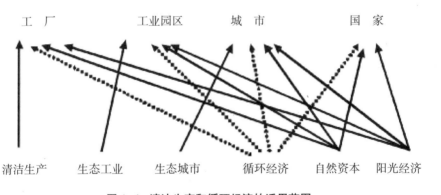

图 1-4　清洁生产和循环经济的适用范围

　　清洁生产具体表现为单个生产者和消费者的行为,这种微观层次的清洁生产和消费行为,通过发展为工业生态链和农业生态链,进一步实现区域和产业层次的废物和资源再利用,并通过政府、企业、消费者在市场上的有利于环境的互动行为,上升为循环经济形态。

　　就实际运作而言,在推行循环经济过程中,需要解决一系列技术问题,清洁生产为此提供了必要的技术基础。特别应该指出的是,推行循环经济技术上的前提是产品的生态设计,没有产品的生态设计,循环经济只能是一个口号,而无法变成现实。

总之，清洁生产是循环经济的微观基础，循环经济则是清洁生产的最终发展目标。循环经济和清洁生产关系密切，都是对传统环保理念的冲击和突破，它们在基本特征、原则上具有相似性，即都强调污染物的源头削减和再利用。清洁生产具体表现为单个生产者和消费者的行为，这种微观层次的清洁生产和消费行为，通过发展为工业生态链和农业生态链，进一步实现区域和产业层次的废物和资源再利用；并通过政府、企业、消费者在市场上的有利于环境的互动行为，上升为循环经济形态。如果广大生产者和消费者都采纳了清洁生产的行为方式，从社会经济总体来看，它就表现为一种循环经济模式[①]。

清洁生产、循环经济、可持续发展与生态文明既有联系，也有区别。清洁生产总体理解为超越"末端治理"弊端而产生的一种污染预防的环境战略，是属于技术层面的，清洁生产审核是实现清洁生产的重要手段和方法工具；循环经济总体认为是一种超越传统的"资源—产品—污染排放"单向流动的线性经济，形成"资源—产品—再生资源"的反馈式经济发展模式；可持续发展是一种既满足当代人的需要，又不对后代人满足其需要的能力构成危害的发展，是一种总体的发展战略；而生态文明是一种扬弃了工业文明的新型的、更高级别的文明形态。要实现生态文明的文明形态，就要在可持续发展战略原则的指导下，实施清洁生产的环境战略和循环经济的经济发展模式。也可以说，推行清洁生产，发展循环经济，实现经济社会和环境的可持续发展，是建设生态文明的基本途径和必然选择。它们之间的关系见图1-5。

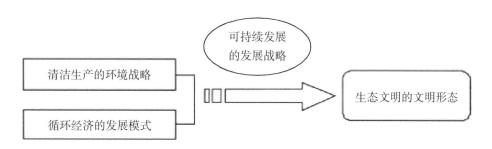

图1-5 清洁生产、循环经济、可持续发展与生态文明的关系

---

① 曲格平.走发展与环境双赢之路[M].人民日报,2003-11-19.

五、本书的框架体系

基于对清洁生产、循环经济、可持续发展与生态文明四个概念的上述理解，本书主要是探讨在生态文明视域下清洁生产与循环经济的基本理论问题，并结合实际，对有关实践探索进行总结和梳理。《清洁生产与循环经济——基于生态文明建设的理论建构》全书共分八章，其中，第一章绪论是总领各章的纲领；第一章、第二章、第三章属于本书的总论，这三章奠定了全书的写作基调，并指引后续五章的方向；第四章、第五章、第六章属于循环经济部分；第七章、第八章属于清洁生产部分。全书的内容体系见图1-6。

本书全面梳理了生态文明建设所涉及的相关理论问题，论述了生态文明建设国家意志形成的过程及其学术疆域；分析了清洁生产与循环经济产生的背景；在阐述了循环经济基本原理和发展实践的基础上，探讨了循环经济中的公众参与、指标体系和水平评价、循环经济发展规划的编制等问题；介绍了清洁生产的基本理论和工具，就农业和矿业的清洁生产进行了讨论，从实践操作的层面探讨了清洁生产审核的基本方法。

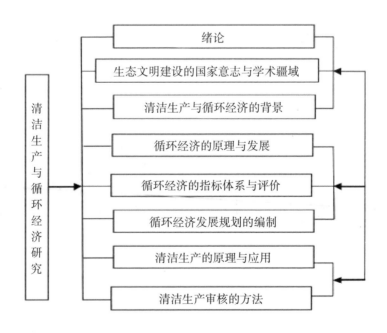

图1-6 "清洁生产与循环经济"内容体系

第二章 生态文明建设的国家意志与学术疆域

第一节 生态文明是一个颇具争议的命题

在中国，虽然生态文明已成共识，且已成为国家意志。但由于其出现的时间较短，所以对于何谓生态文明，它与工业文明的区别及特点何在，它与物质文明、精神文明、制度文明的关系作何理解，学界众说纷纭。对此，作者给予了系统的梳理，并提出颇具争议的 5 个问题，即：中共关于"生态文明"提出的时间问题；生态文明能否成为继工业文明之后的一种新的社会经济形态；人类的心态平衡究竟是"可持续生存"还是"可持续发展"；生态文明建设究竟应"以人为本"，还是"人与自然和谐"为本；关于技术问题。最后提出中国一步步走向生态文明的 12 个阈值指标①。

自从中共十六大报告提出"推动整个社会走上生产发展、生活富裕、生态良好的文明发展道路"②，十七大报告提出"建设生态文明，基本形成节约能源资源和保护生态环境的产业结构、增长方式、消费模式"③，十八大报告提出"全面落实经济建设、政治建设、文化建设、社会建设、生态文明建设五位一体总体布局，不断开拓生产发展、生活富裕、生态良好的文明发展道路""大力推进生态文明建设"④以来，"生态文明"一词不胫而走，备受学界关注。但是究竟何谓生态文明，它与工业文明的区别何在，与物质文明等文明之间的关系主要表现

---

① 本小节详见作者已发表的文章。张贡生.生态文明：一个颇具争议的命题[J].哈尔滨商业大学学报（社会科学版），2013（2）：3-14.

② 江泽民.全面建设小康社会，开创中国特色社会主义事业新局面——在中国共产党第十六次全国代表大会上的报告［EB/OL］.http://www.qstheory.cn/dj/djzl/lcddh/201210/t20121001_184665.htm.2002-11-08.

③ 胡锦涛.高举中国特色社会主义伟大旗帜，为夺取全面建设小康社会新胜利而奋斗——在中国共产党第十七次全国代表大会上的报告［EB/OL］.http://cpc.people.com.cn/GB/104019/104099/6429414.html.2007-10-15.

④ 胡锦涛.坚定不移沿着中国特色社会主义道路前进，为全面建成小康社会而奋斗——在中国共产党第十六次全国代表大会上的报告［EB/OL］.http://news.hfhouse.com/html/Other/121109/R148B1352423048.html.2012-11-08.

在哪些方面，学界众说纷纭。这里主要对相关问题加以综述，一方面希冀能够对深化理论研究提供些许思路，另一方面希冀能够对实践有一些指导意义。

一、"生态""文明"：内涵和外延

（一）关于"生态"的来源及内涵

有文献显示，1875 年，奥地利地质学者修斯（E.Suess）首先提出了"生物圈"的概念，后来有些学者称之为"生态圈"，指的是所有的生物及其所居住的地球表面上的土壤、空气和水域，是岩石圈、水圈和大气圈之间的界面，也就是地球上全部生物及其赖以生存的环境的总体。其中生物之间以及生物与环境之间的相互关系与存在状态就是生态。1935 年，英国生态学家坦斯利（A.G.Tansley）提出生态系统的概念，经过几十年的发展，生态系统已经成为一门较为成熟的学科。根据现在的普遍定义，生态系统被认为是在一定的空间和时间范围内，在各种生物之间以及生物群落与其无机环境之间，通过能量流动和物质循环而相互作用的一个统一整体[1]。

与上述认识不太相同，陈坚（2008）[2]认为，要说清楚什么是生态，需要从"生态学"说起。生态学的英文是 Ecology，指研究生物与生物、生物与环境之间相互关系的学科，最早由日本学者译成"生态学"。也就是说，"生态"最早是为翻译 Ecology 这个词，对应于词根 Eco 的一个生造词。根据"生态学"的定义，不难明白"生态"就是生态学的研究对象，也就是指生物与生物、生物与环境之间的相互关系；或可简言之为生存的状态。在 Ecology 之后提出的 Ecosystem，译为"生态系统"，也就是指由这样一些相互关系而形成的一种自然实体。此外，还有一些术语，如"生态工程""生态农场"和"生态城市"等，都是随着生态学的发展而新近出现的生态学理论和技术应用。这些术语中的"生态"其原文实际是"Ecological"，完整的译法应该是"生态学的"，只是考虑到中文的阅读习惯和表达方便才简化为"生态"。同理，"生态文明"中的"生态"，也应该是"Ecological"，即生态学的。于晓霞、孙伟平（2008）[3]也持此观点。但是，在尹

---

① 庄世坚.生态文明：迈向人与自然的和谐[J].马克思主义与现实,2007(3):99-105.
② 陈坚.生态文明的含义、要求与实现途径[J].城市问题,2008(9):12-15.
③ 于晓霞,孙伟平.生态文明：一种新的文明形态[J].湖南科技大学学报(社会科学版),2008
(2):40-44.

成勇（2006）[①]看来，所谓生态，指的是人与生物圈乃至整个自然界的关系。

与此形成鲜明对照的就是，赵建军（2007）[②]认为，狭义的生态单指人与自然的关系；而广义的生态不仅指人与自然的关系，而且指人与人、人与社会的关系，是自然生态与社会生态的统一。

（二）关于"文明"的来源与内涵

陈学明（2008）[③]认为，"文明"（civilization）这一概念最早是由17世纪、18世纪的欧洲启蒙学者提出来的，他们当时所说的文明社会主要是指他们正在面对的工业文明。如果是从词源的角度加以考证，"文明"一词起源于拉丁语的civilis和civatas，前者的意思是"城市的居民"，后者的含义为"一个人所居住的社会"。由此可见，工业文明一开始就被定位为"人脱离自然状态而进入受束缚的社会生活"。

纵观国内学界的认识，从方法论的角度讲，关于"文明"的界定主要有以下6种：

（1）"成果论"。徐春（2001）[④]认为，它是指反映物质生产成果和精神生产成果的总和、标志人类社会开化状态与进步状态的范畴。换言之，文明是人类社会实践活动中进步、合理成分的积淀，文明的发展水平标志着人类社会生存方式的发展变化。赵成[⑤]、尹成勇[⑥]、焦金雷（2006）[⑦]也持此观点。但是，在赵建军（2007）[⑧]看来，对于文明的理解，有狭义和广义之分，狭义的文明特指精神文明成果；广义的文明则包括物质成果和精神成果的总和。

（2）"五层次论"。虞崇胜（2003）[⑨]认为，它的内涵包括：文明是人类实践活动的产物；文明具有社会品质；文明是人类社会的进步状态；文明是社会整体的进步；文明是一个不断进化发展的过程。

（3）"文化论"。小约翰·柯布（2007）[⑩]认为，"文明"的一个含义就是"文化"（culture）。当我们在这个意义上使用它时，成为文明化的（to be

---

① 尹成勇.浅析生态文明建设[J].生态经济,2006(9):139-141.

② 赵建军.生态文明的内涵与价值选择[J].理论视野,2007(12):18-20.

③ 陈学明.建设生态文明是中国特色社会主义题中应有之义 [J].思想理论教育导刊,2008(6):71-78.

④ 徐春.可持续发展与生态文明[M].北京:北京出版社,2001.

⑤ 赵成.生态文明的内涵释义及其研究价值[J].思想理论教育,2008(5):46-51.

⑥ 尹成勇.浅析生态文明建设[J].生态经济,2006(9):139-141.

⑦ 焦金雷.生态文明:现代文明的基本样式[J].江苏社会科学,2006(1):74-78.

⑧ 赵建军.生态文明的内涵与价值选择[J].理论视野,2007(12):18-20.

⑨ 虞崇胜.政治文明论[M].武汉:武汉大学出版社,2003:46-49.

⑩ [美]小约翰·柯布.文明与生态文明[J].李义天,译.马克思主义与现实,2007(6):18-22.

civilized) 就是成为人 (to be human)。由此可见,各人类群体都拥有一种塑造其共同生活的文化。同时,他指出:文明的基本含义往往同城市的崛起联系在一起。在我们发现城市的地方,几乎必定谈及文明。这也就是说,文明这个词主要关注城市的某些"高级"文化成果。即便在古代城市,我们也希望能发现某些有文字记载的系统。任恢忠、刘月生(2004)①不太同意这种观点。他们认为,文化侧重于人类创造的过程,文明则侧重于人类创造的成果。

(4)"动态过程论"。庄世坚(2007)②认为,文明是随着人类社会的发展而发展的。其实,文明就是人的物质生活逐渐丰裕、精神世界趋于高级的过程,同时也是改造利用自然界并与自然界互动的过程。从要素来看,文明包括了物质文明、精神文明和政治文明等要素。物质文明构成人类文明的基础,政治文明和精神文明构成人类文明的上层建筑。今天,如果我们把人类社会作为一个开放系统,与系统环境——自然界联系起来,再以科学文明观的视角来反思人类的文明史,就会发现:整个自然界是一个巨大的生态系统,人类社会是个子系统。人与自然的关系,实际上就是母子系统间的关系。人与自然的关系必然决定性地影响着人与自身、人与人、人与社会所组成的人类社会这个子系统。

(5)"两层次论"。陈坚(2008)③认为,文明的内涵包括:一是文化层面的含义,指人类社会发展到较高阶段的文化状态,通常以文字的出现为标志,如两河流域文明、古希腊文明、玛雅文明和中华文明等。按照人类文明的发展特点又可以将人类社会的发展分为游牧文明、农业文明和工业文明等阶段;二是道德层面的含义,指人们具有的良好的行为习惯或道德素质,如精神文明、政治文明等。

(6)"结果和过程的统一论"。张首先(2010)④认为,文明是人类社会先进的、积极的进步状态,它与野蛮、愚昧相对立,文明的发展是过程也是结果,是具体的也是历史的。

二、生态文明:内涵与外延

可能是受所在学科背景的影响,也许是受研究目的的局限,与"生态""文

---

① 任恢忠,刘月生.生态文明论纲[J].河池师专学报,2004(1):82-85.
② 庄世坚.生态文明:迈向人与自然的和谐[J].马克思主义与现实,2007(3):99-105.
③ 陈坚.生态文明的含义、要求与实现途径[J].城市问题,2008(9):12-15.
④ 张首先.生态文明:内涵、结构及基本特性[J].山西师大学报(社会科学版),2010(1):26-29.

明"相伴随，国内学界对于生态文明的界定堪称众说纷纭。概括来讲，有以下11种认识。

(1) "形式论"。马克思、恩格斯①认为，生态文明是指人类在物质生产和精神生产的过程中，充分发挥人的主观能动性，按照自然生态系统和社会生态系统运转的客观规律，建立起来的人与自然、人与社会的良性运行机制，协调发展的社会文明形式。

(2) "成果论"。刘俊伟（1998）②认为，生态文明是指人们在改造客观物质世界的同时，不断克服改造过程中的负面效应，积极改善人与自然、人与人的关系，建立有序的生态运行机制和良好的生态环境所取得的物质、精神、制度方面成果的总和。杜明娥（2012）③也持此观点。尹成勇（2006）④在此概念基础上指出，生态文明即生态环境文明。它包括较强的生态意识、良好的生态环境、可持续的经济发展模式和完善的生态制度。俞可平（2006）⑤在此概念的基础上指出，它表征着人与自然相互关系的进步状态。生态文明既包含人类保护自然环境和生态安全的意识、法律、制度、政策，也包括维护生态平衡和可持续发展的科学技术、组织机构和实际行动。

与上述认识不同，赵成（2008）⑥认为，生态文明作为一个复合性概念，包含着丰富的内容。既有物质性的内容，又有精神性和制度性的内容。物质性的内容包括为实现人与自然和谐而进行的生产方式、经济运行方式和生活方式的改造及其成果，如生态技术、循环经济、节约性或适度性消费等；精神性的内容包括与生态文明要求相适应的精神文化成果，如生态自然观、生态价值观、生态伦理观、生态发展观及其相关的生态文化等；制度性的内容包括有效调控影响人与自然、人与人（社会）关系的重要因素，如经济、政治、法律、人口等，并进而所取得的社会制度成果。在这里，生态化的社会实践方式的形成是生态文明建设的实践基础，人（社会）与自然的相互作用关系是生态文明的基本关系，在此基础上所取得的积极生态环境成果是其本质，而生态化的观念以及所创造的良好资源

---

① 中共中央马克思恩格斯列宁斯大林著作编译局.马克思恩格斯选集(第 4 卷)[M].北京:人民出版社,1972:17–18.
② 刘俊伟.马克思主义生态文明理论初探.中国特色社会主义研究,1998(6):66–69.
③ 杜明娥.试论生态文明与现代化的耦合关系[J].马克思主义与现实,2012(1):181–186.
④ 尹成勇.浅析生态文明建设[J].生态经济,2006(9):139–141.
⑤ 俞可平.科学发展观与生态文明[J].马克思主义与现实,2006(3):4–5.
⑥ 赵成.生态文明的内涵释义及其研究价值[J].思想理论教育,2008(5):46–51.

环境条件等精神、物质和制度的成果则是其具体表现。其核心问题就是以什么样的生态化观念为指导，对工业化生产方式进行生态化改造，在生态化生产方式的基础上，重建人与自然的和谐状态，以实现人与社会的可持续发展。

（3）"共同进化论"。伍瑛（2000）[①]认为，它是指人类在开发利用自然的时候，从维护社会、经济、自然系统的整体利益出发，尊重自然，保护自然，致力于现代化的生态环境建设，提高生态环境质量，使现代经济社会发展建立在生态系统良性循环的基础之上，有效解决人类经济社会活动的需求同自然生态环境系统供给之间的矛盾，实现人与自然的共同进化。

（4）"相对论"。张旭平（2001）[②]认为，它是相对于古代文明、工业文明而言的一种新型的文明形态，它是一种物质生产与精神生产都高度发展，自然生态和人文生态和谐统一的更高层次的文明。它以绿色科技和生态生产为重要手段，以人、自然、社会共生共荣的深刻体会作为人类认知决策、行为实践的理论指南，以人对自然的自觉关怀和强烈的道德感、自觉的使命感为其内在约束机制，以合理的生产方式和先进的社会制度作为其坚强有力的物质、制度保障，以自然生态、人文生态的协调共生与同步进化为其理想目标。王玉玲（2008）[③]认为，生态文明作为人类迄今最高的文明形态，它要求在改造自然、创造物质财富的同时遵循可持续发展原则，强调经济、社会与生态环境协调发展。

（5）"形态论"。任恢忠、刘月生（2004）[④]认为，它是指人类在某一地理区域中，建立起以物态平衡、生态平衡和心态平衡为基础的高度信息化的新的社会文明形态。物态平衡、生态平衡是它的基础与条件，心态平衡是它的意识形态体现。潘岳（2006）[⑤]认为，它是指以人与自然、人与人、人与社会和谐共生、良性循环、全面发展、持续繁荣为基本宗旨的文化伦理形态。它的时代特征是人与自然重新结盟、和谐共处，以代替过去那种人与自然相互对峙、分离割裂的旧文明形态。其理念包括：[⑥]①人类只有一个地球，地球是我们和子孙后代唯一的家园；②人类是自然生命系统的一部分，不能独立于复杂的生态网络之外；③人与

① 伍瑛.生态文明的内涵与特征[J].2000（2）：38-42.
② 张旭平."生态文明"概念辨析[J].系统辩证学学报，2001（2）：86-90.
③ 王玉玲.生态文明的背景、内涵及实现途径[J].经济与社会发展，2008（9）：36-39.
④ 任恢忠，刘月生.生态文明论纲[J].河池师专学报，2004（1）：82-85.
⑤ 潘岳.社会主义生态文明[N].学习时报，2006-9-25.
⑥ 潘岳.环境文化与民族复兴[J].绿色中国首届论坛，2003，10.

自然的关系制约着人与人的关系；④人类以文化的方式生存，所有先进文化都是生存于自然中的文化。生存于自然中的文化不能反自然；⑤地球的资源是有限的，科学技术不应让人们误认为人类改造自然的能力是无限的；⑥环境的权利与义务必须统一。对自然资源的开发必须与对环境的修复相平衡；⑦自由是对责任法则的遵从，受自然法则的约束。廖才茂（2009）[①]认为，生态文明不是一种局部的社会经济现象，不是一般意义上的"生态环境""生态产业"概念，也不是一般说的"精神文明、物质文明"概念，而是相对于农业文明、工业文明的一种社会经济形态。即人类的主流价值取向和社会实践已能自觉地把自然生态效应（正效应和负效应）纳入一切社会经济活动之内。本质要求是实现人与自然和人与人的双重和谐目标，进而实现社会、经济与自然的可持续发展及人的自由全面发展。关于人与人的和谐与全面发展具有三层内涵：[②]一是全人类的和谐与全面发展。包含着全球和平与发展及建立公正、公平的国际社会经济新秩序这样一个时代主题；二是国家层面的各民族、各阶层民众的和谐与全面发展。其中包含着社会公正问题：必须保障全体社会成员公正公平地创造新生活和享受新生活；三是具体到个体层面的人，一方面要拥有公平地享受社会发展成果的权利，另一方面要有为社会发展做贡献的素质，要科学地认知自我、完善自我、提高自我。

（6）"绿色文明论"。李良美（2005）[③]认为，生态文明着重处理的是经济社会和生态环境两大系统之间的关系，"生态文明，或称绿色文明、环境文明，是依赖人类自身智力和信息资源，在生态自然平衡基础上，经济社会和生态环境全球化协调发展的文明"。王宏斌（2009）[④]也持此观点。

（7）"四层次论"。焦金雷（2006）[⑤]认为，它的内涵包括：一是在文化价值观层面，生态文化、生态意识成为大众文化意识，生态道德成为普遍道德；二是在生产方式层面，以生态技术为基础实现社会物质生产的生态化；三是在生活方式层面，人们的追求不应再是对物质财富的过度享受，而是一种既满足自身需要又不损害自然生态的生活；四是在社会结构层面，生态化的概念和技术日益成为

① 廖才茂.论生态文明的基本特征[J].当代财经,2009(4):10-14.
② 廖才茂.生态文明的内涵与理论依据[J].中共浙江省委党校学报,2004(6):74-78.
③ 李良美.生态文明科学内涵及其理论意义[J].毛泽东邓小平理论研究,2007(2):49-54.
④ 王宏斌.生态文明:理论来源、历史必然性及其本质特征——从生态社会主义的理论视角谈起[J].当代世界与社会主义,2009(1):165-167.
⑤ 焦金雷.生态文明:现代文明的基本样式[J].江苏社会科学,2006(1):74-78.

社会行为的统一规则和基本价值。曹孟勤（2008）[1]认为，其内涵包括四个向度：第一，生态文明的物质文明：自然环境的美丽、和谐与稳定；第二，生态文明的精神文明：人是自然的看护者；第三，生态文明的劳动文明：实现人与自然之间物质变换的文明，即人类通过劳动在向自然环境提取自己所需要的物质以养育自身的同时，也反馈自身的物质能量以养育自然环境；第四，生态文明的制度文明：资源节约型社会和环境友好型社会。

（8）"广义和狭义论"。李红卫（2006）[2]认为，狭义的生态文明是指生物界本身按其自然规律而生存和发展并取得的生态成果，生物的个体、种群、群落、系统的数量增多和质量提高便是生态成果的具体体现；广义的生态文明则超出了生物界本身的范围，关联到人类社会的文明转型问题，是在总结以往文明的经验教训基础上产生的，以生态学原理为指导，以实现人与自然和谐发展为根本标志，在改造客观世界中取得的物质成果、生态效应和伦理形态。钱俊生、赵建军（2008）[3]认为，社会整体文明包括物质文明、政治文明、精神文明和生态文明。从广义角度来看，它以人与自然协调发展为准则，要求实现经济、社会、自然环境的可持续发展。这种文明形态表现在物质、精神、政治等各个领域，并体现为人类取得的物质、精神、制度成果的总和。从狭义角度来看，生态文明是与物质文明、政治文明和精神文明相并列的现实文明形态之一，着重强调人类在处理与自然关系时所达到的文明程度。束洪福（2008）[4]在此基础上指出，生态文明不仅包含普遍意义上的绿色生态文明，更包含政治、文化和道德伦理的生态文明等。就其基本内容来说，包括生态意识文明、生态行为文明和生态制度文明等。于晓霞、孙伟平（2008）[5]持广义论的观点。张启人（2008）[6]认为，从狭义上来说，所有涉及保护人类生存环境、保证生物多样化和维持生态平衡以推进可持续发展的行为便是生态文明的具体表现；广义的生态文明还包括在生态系统中人类本身的行为对生态系统的反馈作用或影响。

① 曹孟勤.生态文明的四个向度[J].南京林业大学学报(人文社会科学版),2008(2):8-10.
② 李红卫.生态文明——人类文明发展的必由之路[J].社会主义研究,2006(6):114-117.
③ 钱俊生,赵建军.生态文明:人类文明观的转型[J].中共中央党校学报,2008(1):44-47.
④ 束洪福.论生态文明建设的意义与对策[J].中国特色社会主义研究,2008(4):54-57.
⑤ 于晓霞,孙伟平.生态文明:一种新的文明形态[J].湖南科技大学学报(社会科学版),2008(2):40-44.
⑥ 张启人.建设生态文明的系统思考[J].系统工程,2008(1).

（9）"状态论"。姬振海（2007）①认为，它是指人类在改造自然、社会和自我的过程中不断地促进人与自然、人与人、人与社会、人与自身和谐共生的进步状态。它本身是一个结构复杂、内涵丰富、意蕴深刻的综合性概念。从结构层次上看，生态意识、生态道德、生态文化等构成生态文明的深层结构，它体现的是生态文明的本质生命力，是一种文明形态区别于另一种文明形态的质的规定性。生态物质文明、生态行为文明、生态制度文明等构成生态文明的表层结构，是生态文明主体直接感受、认知、评价的表层性因素，具有量的规定性。生态文明的深层结构和表层结构相互依存、相互影响，共同促进生态文明的不断发展进步。

（10）"三层次论"。向跃霖（2007）②认为，从现代社会结构而言，它的基本含义体现在：一是社会生活和经济活动要遵循人类、自然、社会相互间和谐发展的基本规律，保持生态平衡，实现人与人、人与自然、人与社会的和谐相处；二是推进结构调整，转变经济发展方式，构建资源节约型、环境友好型生产模式和消费模式；三是全社会牢固树立生态文明观念，彰显生态环保道德，坚持以公共自然和环境保护为核心的价值体系，营造关爱自然、保护环境，自觉搞好生态文明建设的良好氛围，建设资源节约和环境友好型社会，增强社会可持续发展能力，实现人与自然的和谐共生，共存共荣。

（11）"和谐论"。陈学明（2008）③认为，一个和谐的社会必然是与生态文明而不是与工业文明联系在一起的，因为和谐社会的基本标志是实现人与自然的和谐相处。"和谐社会"包括：人与人之间的和谐（或者说人与社会之间的和谐）、人与自我之间的和谐（或者说人自身的主要功能和需求之间的和谐）、人与自然之间的和谐。李培超（2011）④认为，和谐应当是生态文明的核心价值理念或者说和谐是生态文明的本质属性。在生态文明的框架体系中，和谐指的是多层面、多方面的：一是人与自然之间的和谐，人自身的生存发展需要不能超出生态系统所能承受的阈限；二是世界和谐，强调公平地享有地球，把大自然看成当代人共有的家园，共同承担起保护它的责任和义务；三是社会和谐，社会层面的各种关系的和谐；四是个人自我身心和谐。

① 姬振海.生态文明论[M].北京:人民出版社,2007:182-183.
② 向跃霖."四个文明"协调发展是建设和谐社会的基本要求[J].中国环境管理,2007(1):14-18.
③ 陈学明.建设生态文明是中国特色社会主义题中应有之义 [J].思想理论教育导刊,2008(6):71-78.
④ 李培超.论生态文明的核心价值及其实现模式[J].当代世界与社会主义,2011(1):51-54.

三、生态文明：与工业文明的区别及其基本特征

（一）关于生态文明与工业文明的区别

可能源于相关学者对于工业文明和生态文明内涵和外延的认识不尽相同，由此导致对于两者的区别认识也不尽相同。概括来讲，主要有以下 10 种观点。

（1）李红卫（2006）[①]认为，近代工业同古代农业的重要区别就在于它广泛采用机器进行生产，机器成为物质文明的核心。生产的机械化带来了思维方式的机械化，人们把社会、自然和人都当作机器，机械化的思潮统治着人们的自然观、社会观（历史观）和价值观。由此，把自然当作可以任意摆布的机器，可以无穷索取的原料库和无限容纳工业废弃物的垃圾箱。忽视了人类自身还有受动性的一面，忽视了自然界对人类的根源性、独立性和制约性。伍瑛（2000）[②]认为，与工业文明相比，生态文明有 3 个特点：一是人与自然和平共处、协调发展；二是社会物质生产向"生态化"发展。即建立具有生态合理性的社会物质生产体系，使资源的消耗速度不超过替代资源的开发速度，实现资源的循环或重复利用，将污染物的排放量控制在自然系统自我净化能力的阈值之内；三是消费趋向文明。

（2）廖福霖（2001）[③]认为，工业文明时代，人是"自然的主人""人定胜天"；自己是地球的主人和统治者，自然仅仅是奴役和掠夺的对象；因此，工业文明又称为"人类中心主义"文明、灰色文明。正在崛起的以高新技术为标志的生态生产方式将培育起生态文明，又称为"生态中心主义"文明、绿色文明。李世东、徐程扬（2003）[④]认为，生态文明时代，人的存在不但要对社会、对他人有用，而且要对自然界的一切生命以及生命赖以生存的环境负责，承担义务和责任；自然界中的一切生命种群对于其他生命以及生命赖以生存的环境都有其不可忽视的存在价值；同时，把人类的道德认识，从人与人、人与社会的关系，扩延到人与人、人与社会、人与自然的关系。

（3）任恢忠、刘月生（2004）[⑤]认为，工业文明和信息文明把人类社会经济发展摆在首位，不考虑或很少考虑环境问题，它的自然观是人类统治自然，核心是把经济价值或社会价值放在首位；生态文明则把人类与自然环境的共同发展摆

---

① 李红卫.生态文明——人类文明发展的必由之路[J].社会主义研究,2006(6):114-117.
② 伍瑛.生态文明的内涵与特征[J].生态经济,2000(2):38-42.
③ 廖福霖.生态文明建设理论与实践[M].北京:中国林业出版社,2001.
④ 李世东,徐程扬.论生态文明[J].北京林业大学学报(社会科学版),2003(2):1-5.
⑤ 任恢忠,刘月生.生态文明论纲[J].河池师专学报,2004(1):82-85.

在首位，在维持自然界再生产的基础上考虑经济的再生产，它的自然观是人与自然和谐、同步的发展；生态文明的社会应该是联合起来的生产者，合理地调节他们和自然之间的物质变换，能量变换与信息变换和生物圈的生态平衡，重视按照生态规律进行生产。核心是把生态价值与社会价值、经济价值统一起来。

（4）廖才茂（2004）[1]认为，工业文明的价值支撑体系是重个人价值与享乐价值；生态文明的价值支撑体系集中表现在生态价值取向、生态文化和唯物史观3个方面。

（5）刘小英（2006）[2]认为，工业文明是对农业文明及其所表现的人与自然和谐关系的一种否定，这种否定本身就已经内在地埋下了自我否定的萌芽；把自然界当作为人类生存提供资源的对象，当作单纯的物质世界，它拒绝承认自然界具有自身独立的意义，它以一种商人对待商品的功利眼光来对待自然界。人与自然、主体与客体二元对立；作为工业文明的否定形态或超越形态，生态文明将以否定之否定的形式重新实现"天人合一"理想，使人与自然的关系升华到一种和谐共存的至高境界；它是建筑在知识、教育和科技发达基础上的文明，是人类在环境问题的困扰中，为了可持续发展而进行的理性选择。

（6）赵成（2008）[3]认为，工业化时代，人与自然的关系主要表现为一种外在关系或矛盾，自然界被排除在人类社会发展之外，由此造成了人与自然关系的对立和冲突；生态文明时代，将自然界看成是人类社会发展的有机组成部分，从而将人与自然的关系转化为社会发展的内在关系，使社会基本关系在自然、社会与人的和谐统一基础上得以充分发展。

（7）毛明芳（2008）[4]认为，工业文明是一种技术强势，生态弱势，人与自然对立。生态文明则是技术与生态统筹兼顾，人与自然和谐相处；以技术进步来实现生态进化的目标。

（8）尹成勇（2006）[5]认为，工业文明为了追求经济利益，往往以急功近利甚至竭泽而渔的方式对待大自然，忽视自然资本的亏损以及对自然发展的维护；生态文明则要求，人类必须树立人和自然的平等观，从维护社会、经济和自然系

① 廖才茂.生态文明的内涵与理论依据[J].中共浙江省委党校学报,2004(6):74-78.
② 刘小英.文明形态的演化与生态文明的前景[J].武汉大学学报(哲学社会科学版),2006:673-678.
③ 赵成.生态文明的内涵释义及其研究价值[J].思想理论教育,2008(5):46-51.
④ 毛明芳.论生态文明的技术构建[J].自然辩证法研究,2008(10):46-51.
⑤ 尹成勇.浅析生态文明建设[J].生态经济,2006(9):139-141.

统的整体利益出发，在发展经济的同时，重视资源和生态环境支撑能力的有限性，实现人类与自然的和谐相处。

（9）于晓霞、孙伟平（2008）[1]认为，工业文明立足于对自然的征服和改造，"人定胜天"是其响亮的口号；工业文明的生产从原料到产品到废弃物是非循环的；工业文明以物质主义为原则，以高消费为特征，认为更多地消费资源就是对经济发展的贡献；西方传统哲学将人与自然对立起来，认为只能对人讲道德，无须对其他生命和自然界讲道德。生态文明则要求人类寻求与生态环境的和谐；致力于构造环境友好型社会，强调节约资源，发展循环经济，提高可再生能源的比重，从源头上减轻对环境资源的压力；同时强调发展低成本、低代价的绿色产业，实现绿色增长；以实用节约为原则，以适度消费为特征，追求基本生活需要的满足，崇尚精神和文化的享受；它的价值观则是人与自然的合一。

（10）杜明娥（2012）[2]认为，工业文明时代为一种"资源—产品—废物"的线性经济发展模式；秉持物质主义、经济主义、消费主义、个人主义的价值观。贫富分化——人与人之间的矛盾对立，其中发达国家与发展中国家之间的矛盾冲突、民族国家内部各阶层之间的分化对立，成为人与人之间不平等不和谐的主要表现。资本是科学理性和工具理性的物质载体。生态文明则提倡"资源—产品—再生资源"的循环经济发展模式，致力于自然生态系统和人类社会共同体的协调发展；追求公平正义，消除贫富不均，消灭剥削，反对资本统治、资源侵略和生态殖民；摒弃物质主义、消费主义对人、自然、人与自然关系的物化和异化，以及对人的存在方式的主导和对人的发展方向的误导，承认自然具有为己的价值，自然也是自我存在的主体，具有自身存在和发展的目的，秉持人与自然、人与社会和谐共存、整体发展、可持续发展的世界观、价值观、伦理观和道德行为准则；环境保护包含于经济发展之中。

（二）生态文明的基本特征

可能是基于研究视角或者是对生态文明内涵和外延理解的不同，由此导致对于其特征的界定主要有以下7种观点。

（1）胡伯项等（2007）[3]认为，生态文明是以注重和维护生态环境为主旨，

---

① 于晓霞,孙伟平.生态文明:一种新的文明形态[J].湖南科技大学学报（社会科学版),2008（2):40-44.

② 杜明娥.试论生态文明与现代化的耦合关系[J].马克思主义与现实,2012(1):181.

③ 胡伯项,胡文,孔祥宁.科学发展观研究的生态文明视角[J].社会主义研究,2007(3):53-55.

以可持续发展为根据，以未来人类的继续发展为着眼点，强调人的自觉与自律，强调人与自然环境的相互依存、相互促进、共处共融。因此，其特征体现在：人与自然同存共荣，人天合一的自然观；可持续的经济发展模式；健康、适度消费的生活观；更加公正合理的社会制度。

（2）余谋昌（2007）[1]认为，渔猎社会是前文明时代；农业社会是第一个文明时代；工业社会是第二个文明时代；现在将进入新的第三个文明时代——生态文明时代。其特点为：生产方式为信息化、智能化；能源方式为太阳能；社会财产表现形式为知识；人与自然关系的关系表现为合理利用自然资源；哲学表达式为尊重自然。

（3）俞可平（2007）[2]认为，从人本论和人文学科看，生态文明有4个特征：一是人本性。坚持以人民群众的根本利益要求为本；二是和谐性。主要反映人们对生存环境、生活质量、人际关系、社会公平诸多方面具有较高的满意，人与环境、人与自然、人与社会间良性互动和共生；三是文化性。生态文明融生态环保的价值观、道德观、行为规范于一体，是普遍根植于全体国民心中的一种文化；四是伦理性。以伦理道德为基石，把反映生态文明建设关系中的价值取向、思想意识、道德规范内化为人们的理想追求、思想观念和环保行为。换个视角，运用文明比较论，可以看到：从物质文明的角度，工业文明属于以交换为基础的商品经济和市场经济，生态文明属于建立在客体分工基础上的自主经济。从社会文明的角度讲，工业文明属于以物的依赖性为基础的人的独立性社会，生态文明则属于自由个性社会。从政治文明的角度看，工业文明与民主联系在一起，生态文明与自我管理联系在一起。从精神文明的角度看，工业文明与积极进取联系在一起，生态文明则与自由自觉联系在一起。从现实性和实际操作角度看，它的特征体现为：一是形态的高级性；二是范畴的广泛性；三是建设的长期性。

（4）张丽（2007）[3]认为，从物质基础角度看，生态文明是从社会生产方式变革的角度所提出的一个文明概念，反映了社会文明发展在生产方式上的进步和要求，它要求对工业化生产方式进行"生态化"改造，形成生态化生产方式，这是生态文明形成和发展的物质基础，也是生态文明不同于其他文明形式的本质特

① 余谋昌.生态文明:人类文明的新形态[J].长白学刊,2007(134):138-140.
② 俞可平.科学发展观与生态文明[J].马克思主义与现实,2006(3):4-5.
③ 张丽.马克思主义生态文明理论及其当代创新[J].云南师范大学学报,2007(3):40-44.

征。赵成（2008）[1]也持此观点。

（5）李红卫（2007）[2]认为，与原始文明、农业文明和工业文明相比，生态文明有三个特征：较高的环境保护意识、可持续的经济发展模式、更加公正合理的社会制度。

（6）毛明芳（2008）[3]认为，技术进步与生态进化的统筹兼顾是生态文明区别于农业文明和工业文明的本质所在，是生态文明的特质。

（7）束洪福（2008）[4]认为，生态文明是以生态产业为主要特征的文明形态。

四、生态文明与其他文明之间的关系

可能是受研究视野的局限，也可能是源于对物质文明、精神文明和政治文明内涵与外延理解的不同，由此导致学界对四大文明之间的关系各执一词。概括来讲，有下述 9 种认识。

（1）"包含论"。张旭平（2001）[5]认为，任何社会都有与之相对应的生态文明。古代社会的生态文明主要表现为社会与水环境的和谐与统一；近代社会的生态文明表现为社会与动植物的和谐统一；现代社会的生态文明则主要表现为社会与整个自然环境的全面和谐与统一。生态文明是整个社会文明的最高形式，它不仅包括各种社会文明（物质文明、精神文明、制度文明等），而且包括人所引起的自然环境的变化，它是整个社会文明与自然环境的统一，因而也是一种综合性、整体性文明。

（2）"组成要素论"。俞可平（2005）[6]认为，人类在政治、经济、文化、生态方面的所有进步作为一个整体都是人类文明的组成要素。一方面，社会主义的物质文明、政治文明和精神文明离不开生态文明，没有生态安全，人类自身就会陷入最深刻的生存危机。另一方面，人类自身作为建设生态文明的主体，必须将生态文明的内容和要求内在地体现在人类的法律制度、思想意识、生活方式和行为方式中，并以此作为衡量人类文明程度的一个基本标尺。也就是说，建设社会

---

① 赵成.生态文明的内涵释义及其研究价值[J].思想理论教育,2008(5):46-51.

② 李红卫.生态文明建设——构建和谐社会的必然要求[J].学术论坛,2007(6):170-173.

③ 毛明芳.论生态文明的技术构建[J].自然辩证法研究,2008(10):46-51.

④ 束洪福.论生态文明建设的意义与对策[J].中国特色社会主义研究,2008(4):54-57.

⑤ 张旭平."生态文明"概念辨析[J].系统辩证学学报,2001(2):86-90.

⑥ 俞可平.科学发展观与生态文明[J].马克思主义与现实,2005(3):4-5.

主义的物质文明，内在地要求社会经济与自然生态的平衡发展和可持续发展；建设社会主义的政治文明，内在地包含着保护生态、实现人与自然和谐相处的制度安排和政策法规；建设社会主义的精神文明，内在地包含着保护生态环境的思想观念和精神追求。钱俊生等（2008）[①]也持此观点。

（3）"本源或载体论"。焦金雷（2006）[②]认为，物质文明解决的是生存问题，政治文明解决的是关系问题，精神文明解决的是方向问题，而生态文明解决的是本源问题（也可叫载体问题）。孰重孰轻，不言而喻。"四大文明"排序上把生态文明放在前边，它是本源；放在后边，它是底线，均具有很明确的内涵和意义。

（4）"前提论"。庄世坚（2007）[③]认为，生态文明是物质文明、政治文明和精神文明的前提。

（5）"四位一体论"。李红卫（2007）[④]认为，生态文明建设与物质文明、精神文明、政治文明建设有着密不可分的联系：生态文明创造的生态环境必然为物质文明、精神文明、政治文明提供必不可少的生态基础；反过来，三个文明又分别体现着生态文明的物质、精神、制度成果。同时我们也可以发现，在三个文明中，无论哪一个都不能包容生态文明的全部内涵，特别是生态文明的价值取向与三个文明有着明显的差异。因此，生态文明完全可以与三个文明相提并论，四位一体共同支撑起我国文明建设体系的大厦。马拥军（2007）[⑤]也持此观点。

（6）"条件和基础论"。吴晓琴、毛波杰（2007）[⑥]认为，环境保护和生态建设，一方面为社会主义物质文明、政治文明、精神文明和社会文明提供必要的条件和基础，另一方面又为转变经济发展方式、完善社会治理方式、提升全社会发展理念和公民行为方式提供生态需求的动力。于晓霞、孙伟平（2008）[⑦]认为，从狭义上讲，生态文明是指社会文明的一个方面，即人类在处理与自然的关系时所达到的文明程度。生态文明是物质文明、政治文明和精神文明的基础和前提，并贯穿于社会主义物质文明、精神文明和政治文明之中。

---

① 钱俊生,赵建军.生态文明:人类文明观的转型[J].中共中央党校学报,2008(1):44-47.
② 焦金雷.生态文明:现代文明的基本样式[J].江苏社会科学,2006(1):74-78.
③ 庄世坚.生态文明:迈向人与自然的和谐[J].马克思主义与现实,2007(3):99-105.
④ 李红卫.生态文明建设——构建和谐社会的必然要求[J].学术论坛,2007(6):170-173.
⑤ 马拥军.生态文明:马克思主义理论建设的新起点[J].理论视野,2007(12):20.
⑥ 吴晓琴,毛波杰.生态文明:社会发展的生态动力、环境保障和资源支撑[J].毛泽东邓小平理论研究,2007(11):71-74.
⑦ 于晓霞,孙伟平.生态文明:一种新的文明形态[J].湖南科技大学学报(社会科学版),2008(2):40-44.

（7）"交叉论"。郭建（2008）[1]认为，从文明的生态理念或生态意识来讲，生态文明同精神文明和政治文明是有交叉的；从生态文明的建设来讲，作为物质的实践过程和人的行为、生态文明和物质文明、精神文明和政治文明也是有交叉的。从相互的关系来讲，一方面，生态文明离不开物质文明建设提供的物质财富，离不开精神文明建设提供的智力支持，离不开政治文明建设提供的制度保障；另一方面，生态文明在人与自然关系方面所创造的生态环境又为物质文明、精神文明、政治文明建设提供了必不可少的生态支撑。

（8）"渗透论"。赵成（2008）[2]认为，生态文明不像物质文明、精神文明那样是社会文明结构中相对独立的构成成分，而是一种依附性的、渗透性的文明成分，它不可能脱离现实的物质文明和精神文明成果而独立存在和发展，只能以物质文明和精神文明为载体和基础，是对物质文明和精神文明的丰富和发展。

（9）"新的社会形态"。余谋昌（2007）[3]认为，生态文明是人类社会在渔猎文明、农业文明、工业文明之后的新的人类文明，新的社会形态。在这样的意义上，生态文明比"三个文明"高一个层次，它的次一级的层次是：制度层次的选择，政治生态文明建设；物质层次的选择，物质生态文明建设；精神层次的选择，精神生态文明建设。因而，在它的二级层次，仍然是"三个文明"：精神文明、物质文明和政治文明。

五、余论

1. 中共关于"生态文明"提出的时间问题

束洪福（2008）[4]认为，"党的十七大首次提出建设生态文明，并强调要'共同呵护人类赖以生存的地球家园'"。陈学明（2008）[5]和张首先（2010）[6]也持此观点。对此，笔者实不敢苟同。因为中共早在十六大报告（2002）"全面建设小

---

① 郭建.中国特色社会主义生态文明的科学内涵及其构建[J].河南师范大学学报（哲学社会科学版）,2008(3):16-18.

② 赵成.生态文明的内涵释义及其研究价值[J].思想理论教育,2008(5):46-51.

③ 余谋昌.生态文明:人类文明的新形态[J].长白学刊,2007(134):138-140.

④ 束洪福.论生态文明建设的意义与对策[J].中国特色社会主义研究,2008(4):54-57.

⑤ 陈学明.建设生态文明是中国特色社会主义题中应有之义[J].思想理论教育导刊,2008(6):71-78.

⑥ 张首先.生态文明:内涵、结构及基本特性[J].山西师大学报（社会科学版）,2010(1):26-29.

康社会的奋斗目标"一章中即明确提出要"推动整个社会走上……生态良好的文明发展道路";同时,在第四章"经济建设和经济体制改革"中的"走新型工业化道路"一节中提出"坚持以信息化带动工业化,以工业化促进信息化,走出一条科技含量高、经济效益好、资源消耗低、环境污染少、人力资源优势得到充分发挥的新型工业化路子"和"树立全民环保意识,搞好生态保护和建设"的设想。2012 年 12 月结束的中共十八大再一次强调"不断开拓生产发展、生活富裕、生态良好的文明发展道路"。由此可见,上述三作者的认识显然是有违事实的。

2. 生态文明能否成为继工业文明之后的一种新的社会经济形态

诚如上文所述,国内多数学者如张旭平(2001)[1]、廖才茂(2004)[2]、王玉玲(2008)[3]、王宏斌(2009)[4]等均持肯定的观点。但也有一些学者持相反的观点。如钱俊生(2007)[5]认为,生态文明并不是继工业文明之后的一个社会发展阶段,而是社会发展过程中人类所应该持有的态度和行为。"生态(学的)"并不是一种生产方式,而是在生产的发展过程中,人类发现所谓的人类文明已经对自然造成了难以恢复的干扰或破坏的时候,对自身提出的减少或限制这种干扰的一种理论和思想。从根本上说,这样的思想应该贯穿于人类社会发展的始终。但在工业革命之前,人类对自然的干扰远未达到难以恢复的程度,人类也并未遭受相应的惩罚,因此这样的思想尚未发端[6]。张云飞(2009)[7]认为,工业文明是与渔猎社会、农业文明、智能文明属于同一系列的范畴(文明形态),生态文明是与物质文明、政治文明、精神文明、社会文明属于同一系列的范畴(文明结构)。正像每一种社会形态和文明形态都有其相应的物质文明等文明结构一样,生态文明是贯穿于所有社会形态和所有文明形态始终的一种基本要求。之所以说生态文明不是取代工业文明的具体的文明形态,原因就在于:①生态问题不是一个特殊的社会问题。不仅工业文明导致了生态危机,事实上,在整个文明形态的发展过程中都在一定程度上遭遇到了生态环境问题。在"后工业文明"时代,如果人类

① 张旭平."生态文明"概念辨析[J].系统辩证学学报,2001(2):86-90.

② 廖才茂.生态文明的内涵与理论依据[J].中共浙江省委党校学报,2004(6):74-78.

③ 王玉玲.生态文明的背景、内涵及实现途径[J].经济与社会发展,2008(9):36-39.

④ 王宏斌.生态文明:理论来源、历史必然性及其本质特征——从生态社会主义的理论视角谈起[J].当代世界与社会主义,2009(1):165-167.

⑤ 钱俊生.怎样认识和理解"建设生态文明"[J].半月谈,2007(21):6-7.

⑥ 陈坚.生态文明的含义、要求与实现途径[J].城市问题,2008(9):12-15.

⑦ 张云飞.试论生态文明的历史方位[J].教学与研究,2009(8):5-11.

行动出现失误的话，也会造成生态环境问题。②生态文明没有独立的标志技术基础——只有科技进步才是文明形态更替的基础和标志。③生态文明没有独立的物质变换层次。一定的文明形态总是建立在一定的物质变换的基础上的。物质变换存在着物料、能量和信息三个层次或三种方式。人与自然之间的物质变换的层次不同，就形成了不同的文明形态。渔猎社会和农业文明主要是在物料层次上展开的；随着物质变换扩展到能量的层次上，就从农业文明过渡到了工业社会时代；而随着物质变换深入到信息的层次上，就开始了从工业文明向智能文明发展的新时代。显然，生态文明没有独立的物质变换的基础。总之，工业文明属于技术的社会形态的一种类型，是一种具体的文明形态，而生态文明不涉及这些问题，因此，取代工业文明的也只能是智能文明，而不是生态文明。对此，笔者比较赞同前一种观点。原因就在于：第一，就像农业文明向工业文明阶段过渡一样，它有一个过渡的时间。在此阶段，可能很多特征还没有凸显出来，所以学界有些否定的观点也是正常的。即使从现在看，衡量的标准不同，对于农业文明向工业文明过渡的阶段确定也是不完全相同的。从这个角度讲，生态文明尚处于萌芽或起步阶段，对于这一新的文明形态，难免有人会否定它；第二，如上所述生态文明与工业文明的区别和特征，生态文明既是对工业文明的舍弃（舍弃糟粕），也是对工业文明的继承（取其精华）。其实，相对于农业文明来讲，工业文明的形成不也是这样吗？因此，可以肯定地说，生态文明相对于工业文明，不仅是一种新的形态，而且是一种高级形态。

3. 人类的心态平衡究竟是"可持续生存"还是"可持续发展"

如果我们将生存理解为是在极少消耗资源的前提下延长存活时间，"发展是在以资源为动力的前提下对昨天的超越"的话，那么，人类必须深思，"究竟是要现存生活方式的自由，还是要未来长久生存的自由？"①我个人认为，如果选择前者，即人类如果不能超越自身利益而以整个生态系统的利益为终极尺度，那么，就不可能恢复与自然和谐相处的美好关系。因此，"必须把人类的物质欲望、经济的增长、对自然的改造和扰乱限制在能为生态系统所承受、吸收、降解和恢复的范围内；必须限制人类的部分自由；必须放弃人的有些权利，特别是追求无限物欲之满足的权利。"

---

① 任恢忠,刘月生.生态文明论纲[J].河池师专学报,2004(1):82-85.

4. 生态文明建设究竟应"以人为本"，还是"人与自然和谐"为本

俞可平（2005）[1]认为，"以人为本"既是科学发展观的出发点，也同样是我们建设生态文明的出发点；最大限度地实现人类自身的利益，也正是我们建设生态文明的归宿。与此观点截然相反，余谋昌（2007）[2]认为，在哲学上，应"走出人类中心主义"，确立人与自然和谐的观点。因为在哲学本体论的意义上，现实世界是"人—社会—自然"复合生态系统。即世界的存在是：自然存在（自然生态系统）、社会存在（社会生态系统）和精神存在（精神生态系统）。依据生态哲学的整体论观点，在"人—社会—自然"复合生态系统中，各种事物相互联系相互作用，在这里没有中心，是三者相互联系相互作用统一的过程。与上述两种观点不同，陈坚（2008）[3]认为，我们现在经常强调以人为本，生态文明则强调以人与自然的和谐为本。两者虽在一定程度上存在矛盾，但提出后者并非是为了否定前者。以人为本我们实际上做得还很不够，依然需要强调。但随着城市的进一步发展，当城市发展以牺牲自然为代价时，我们就必须大力倡导以人与自然和谐为本的原则。这既是以人为本思想的延伸，也是生态文明的要求。如果将"以人为本"中的"人"理解为"人类"，那么我们必须思考人与人、人与社会、国家与国家之间的欲望以及相互间欲望的平衡，否则人与自然的关系不可能达到和谐——因为从人类学的角度讲，人的欲望是可变的，相对来讲，自然界是相对变数较小的客体，可见两者的关系取决于人——而不是取决于自然。同时，对"以人为本"我们还必须考虑研究的视角，比如个人的需要、家庭的需要、团体的需要、人类组成的社会的需要、国家的需要等，都会对自然产生不同的需要和破坏。另外，如果我们将自然视为母体，人类究竟应当怎样回报她？如果我们将自然视为客体，自然很明显又成为被支配的对象；从经济的角度，如果我们将自然视为内在因素——而不是外在因素，是否稀缺性和可复原性必须放在第一位？总之，如果强调"以人为本"论，需要丰富其内涵；如果强调"人与自然和谐"，需要限制人的某些自由，遵从自然——母体的康复和复原。

5. 关于技术问题

爱因斯坦[4]认为，"科学是一种强有力的工具，怎样用它，究竟是给人带来

---

① 俞可平.科学发展观与生态文明[J].马克思主义与现实,2005(3):4-5.
② 余谋昌.生态文明:人类文明的新形态[J].长白学刊,2007(134):138-140.
③ 陈坚.生态文明的含义、要求与实现途径[J].城市问题,2008(9):12-15.
④ [德]爱因斯坦.爱因斯坦文集:第3卷[M].许良英,等,译.北京:商务印书馆,1979:56.

幸福还是带来灾难，全取决于人自己，而不取决于工具。"美国人文主义物理学家卡普拉①则认为："有一点可以肯定，这就是科学技术严重地打乱了，甚至可以说正在毁灭我们赖以存在的生态系统。"我认为，"技术"以及由此产生的"工具"本身并没有错，诚如爱因斯坦所言"刀子在人类生活上是有用的，但它也能用来杀人"，关键在于对它的运用——如人拿"刀子"是为了什么——这是问题的关键。在我们倡导生态文明的今天，如果能够将更多的技术运用于保护生态环境，或者是改善人与自然的关系，为何不去鼓励人们发明更多的技术呢？

最后，希望人类能够将下述 12 个指标逐步纳入自身的视野，并限制自身的行动——从而一步步走近（进）生态文明时代吧，见专栏 2-1！

专栏 2-1 生态文明的阈值指标

1. 自然资源的耗损率和污染物的排放量应低于经济增长的速度

2. 人口的自然增长率应大大低于生态系统的恢复能力和经济增长的速度。因为，过快的人口增长，完全有可能将新增的财富吃掉

3. 自然资源当中不可再生资源的消耗在一定时期之后应降低为零——首先是增长速度降低为零

4. 可再生资源——如太阳能、潮能、风能的利用应快于拥有产权比如石油等能源的开发速度，但开发的速度也应该限制在再生范围之内

5. 自然生态的恢复能力应快于经济增长

6. 技术的开发主要用于生态的恢复——而不仅仅是对自然资源的开发

7. 精神财富的增长应快于物质财富的增长

8. 小型化、轻型化、耐用品的增长率应快于大型化、重型化、一次性产品的增长率

9. 社区化、生态工业园区、集约紧凑式的城镇化应快于传统的城镇化

10. 产品的回收利用率应高于非回收性商品的生产率

11. 企业的绿色利润增长率应快于传统的利润的增长

12. 企业向社会提供的应当是服务——而不仅仅是商品本身，且必须建立完善的回收渠道

---

① ［美］弗·卡普拉.转折点:科学社会兴起的新文化[M].北京:中国人民大学出版社,1989:16.

第二节　生态文明建设的国家意志与学术疆域

回顾中共十二大报告至十八大报告，我们可以清晰地看到：中国共产党关于生态文明建设问题，即由最初的农业生态的保持、能源资源的节约到环境保护和生态平衡问题的提出，再到可持续发展、生态良好的文明发展道路，以至于大力推进生态文明建设战略的提出，既是一个认识逐步深化的过程，更是国家意志形成的过程。与此相伴随，亟待于学界深化相关命题的研究：生态文明建设的目标是"以人为本"，还是以"人与自然和谐发展"为本；生产发展、生活富裕和生态良好的关系何在；怎样理解资源节约中的"节约"；"资源节约型、环境友好型社会"建设与其他相关命题之间是什么关系；生态文明是一种新型的文明形态，还是人类迄今最高的文明形态，或者是与物质文明、政治文明、精神文明、社会文明属于同一系列的范畴（文明结构）？①

自从中共十八大报告第八部分提出"大力推进生态文明建设"以来，无论是政界，还是学界，以至于实践层面，都在关注生态文明建设这一事关中国乃至全人类生存与发展的重大命题。毫无疑问，全人类已经别无选择——如果继续沿着过去的工业化道路向前走，必然步入死胡同，因此必须改弦易辙——尽快步入生态文明建设的道路，真正走人与自然和谐发展的道路。但是，相对于传统的工业文明来讲，毕竟"生态文明建设"尚处于萌芽或起步阶段，还有许多问题亟待于理论的深化和实践的大胆探索。在此，笔者主要对20世纪80年代以来中国共产党历次代表大会关于生态文明建设的文献给予梳理；同时，提出需要学界破解的若干命题，以期达到抛砖引玉的目的。

一、生态文明建设：国家意志的形成（十二大到十七大）

关于生态文明建设，从已有的文献方面来看，在中国共产党的历史上，是一个逐步深化的过程。

1982年9月8日，胡耀邦同志在中国共产党第十二次全国代表大会上作了

---

① 本节内容详见作者发表的论文。张贡生.生态文明建设:国家意志与学术疆域[J].经济与管理评论,2013(6):30-36.

题为《全面开创社会主义现代化建设的新局面》①的报告。他在报告中指出："今后必须在坚决控制人口增长、坚决保护各种农业资源、保持生态的同时，加强农业基本建设，改善农业生产条件，实行科学种田，在有限的耕地上生产出更多的粮食和经济作物……要保证国民经济以一定的速度向前发展，必须加强能源开发，大力节约能源消耗。"虽然这里的"生态"和"节约"主要是围绕农业和能源来讲，但我个人认为，其最大的贡献就在于：第一，说明中国在改革开放一开始，中共作为一个负责人的政府，就已经注意到生态环境的改善和资源的节约利用问题；第二，如果我们将布伦特兰夫人的《我们共同的未来》看作是可持续发展开始的话，那么中共要比其早五年时间关注可持续发展问题。

1987年10月25日，中国共产党第十三次全国代表大会通过的《沿着有中国特色的社会主义道路前进》②报告指出："人口控制、环境保护和生态平衡是关系经济和社会发展全局的重要问题。……在推进经济建设的同时，要大力保护和合理利用各种自然资源，努力开展对环境污染的综合治理，加强生态环境的保护，把经济效益、社会效益和环境效益很好地结合起来。"很显然，与十二大相比，这里已经将针对农业的生态转化为针对整个国家的生态环境问题；同时，将针对能源资源的节约转化为整个自然资源，进而提出"生态平衡""加强生态环境的保护""环境污染的综合治理"和三大效益的结合问题。从战略学的角度来讲，中共在改革一开始，即已经清楚地认识到，伴随着经济的发展，必然出现资源的浪费和生态的破坏，因此，当中国开始进行全面经济体制改革的同时，即将生态环境的建设放在突出的位置予以高度重视。

1992年10月12日，江泽民同志在中国共产党第十四次全国代表大会上作了题为《加快改革开放和现代化建设步伐，夺取有中国特色社会主义事业的更大胜利》③的报告。他在"为了加速改革开放，推动经济发展和社会全面进步，必须努力实现十个方面关系全局的主要任务"中指出："要增强全民族的环境意识，保护和合理利用土地、矿藏、森林、水等自然资源，努力改善生态环境。"在此，明确提出"要增强全民族的环境意识"，由此可见，中共已经开始从哲学

---

① 胡耀邦.全面开创社会主义现代化建设的新局面[EB/OL].http://cpc.people.com.cn/GB/64162/64168/64567/65446/4526308.html.1982-09-08.

② 中国共产党第十三次全国代表大会.沿着有中国特色的社会主义道路前进[EB/OL].http://www.cssn.cn/news/136245.htm.1987-10-25.

③ 江泽民.加快改革开放和现代化建设步伐，夺取有中国特色社会主义事业的更大胜利[EB/OL].http://cpc.people.com.cn/GB/64162/64168/64567/65446/4526308.html.1992-10-12.

上——即意识形态领域来谈生态文明建设，可以说是一大历史性的进步。

1997年9月12日，江泽民同志在中国共产党第十五次全国代表大会上作了题为《高举邓小平理论伟大旗帜，把建设有中国特色社会主义事业全面推向二十一世纪》①的报告。他在报告中指出："在前进道路上还有不少矛盾和困难，主要是：……人口增长、经济发展给资源和环境带来巨大的压力等"；在第五章"经济体制改革和经济发展战略"中进一步指出："我国是人口众多、资源相对不足的国家，在现代化建设中必须实施可持续发展战略。坚持计划生育和保护环境的基本国策，正确处理经济发展同人口、资源、环境的关系。资源开发和节约并举，把节约放在首位，提高资源利用效率。统筹规划国土资源开发和整治，严格执行土地、水、森林、矿产、海洋等资源管理和保护的法律。实施资源有偿使用制度。加强对环境污染的治理，植树种草，搞好水土保持，防治荒漠化，改善生态环境。"江泽民同志在这里所讲的"必须实施可持续发展战略""资源开发和节约并举，把节约放在首位，提高资源利用效率"和"改善生态环境"，既是对当时国际社会的积极响应，也是对客观现实的反映，同时更是指导中国未来发展的行动纲领。如果我们将可持续发展看作是目标的话，那么，"统筹规划"和"节约"是手段，对象是"土地、水、森林、矿产、海洋等"，"法律"和"制度"则是保障措施。

2002年11月8日，江泽民同志在中国共产党第十六次全国代表大会上作了题为《全面建设小康社会，开创中国特色社会主义事业新局面》②的报告。他在第三章"全面建设小康社会的奋斗目标"中将可持续发展列为第四个目标，即："可持续发展能力不断增强，生态环境得到改善，资源利用效率显著提高，促进人与自然的和谐，推动整个社会走上生产发展、生活富裕、生态良好的文明发展道路"；在第四章"经济建设和经济体制改革"中首先论述了"走新型工业化道路"的问题，即"坚持以信息化带动工业化，以工业化促进信息化，走出一条科技含量高、经济效益好、资源消耗低、环境污染少、人力资源优势得到充分发挥的新型工业化路子。""走新型工业化道路，……必须把可持续发展放在十分突出的地位，坚持计划生育、保护环境和保护资源的基本国策。……合理开发和节

---

① 江泽民.高举邓小平理论伟大旗帜,把建设有中国特色社会主义事业全面推向二十一世纪[EB/OL].http://cpc.people.com.cn/GB/64162/64168/64567/65446/4526308.html.1997-09-12.

② 江泽民.全面建设小康社会,开创中国特色社会主义事业新局面[EB/OL].http://cpc.people.com.cn/GB/64162/64168/64567/65446/4526308.html.2002-11-08.

约使用各种自然资源。抓紧解决部分地区水资源短缺问题，兴建南水北调工程。实施海洋开发，搞好国土资源综合整治。树立全民环保意识，搞好生态保护和建设。"在第三节"积极推进西部大开发，促进区域经济协调发展"中强调要"重点抓好基础设施和生态环境建设，争取十年内取得突破性进展。"与十五大报告相比，十六大报告更进了一步：一是将可持续发展作为全面建设小康社会的奋斗目标之一；二是为了将其落到实处，提出走新型工业化道路必须坚持"资源消耗低、环境污染少""合理开发和节约使用各种自然资源"；三是明确提出"生态良好的文明发展道路"这一具有划时代意义和世界意义的命题。

2007年10月15日，胡锦涛同志在中国共产党第十七次全国代表大会上作了题为《高举中国特色社会主义伟大旗帜，为夺取全面建设小康社会新胜利而奋斗》[①]的报告。他首先指出："前进中还面临不少困难和问题，突出的是：经济增长的资源环境代价过大……"然后，在第三章"深入贯彻落实科学发展观"中指出："科学发展观，第一要义是发展，核心是以人为本，基本要求是全面协调可持续，根本方法是统筹兼顾""必须坚持全面协调可持续发展。要按照中国特色社会主义事业总体布局，全面推进经济建设、政治建设、文化建设、社会建设……坚持生产发展、生活富裕、生态良好的文明发展道路，建设资源节约型、环境友好型社会，实现速度和结构质量效益相统一、经济发展与人口资源环境相协调，使人民在良好生态环境中生产生活，实现经济社会永续发展""必须坚持统筹兼顾。要正确认识和妥善处理中国特色社会主义事业中的重大关系，统筹城乡发展、区域发展、经济社会发展、人与自然和谐发展、国内发展和对外开放。"在第四章"实现全面建设小康社会奋斗目标的新要求"中提出5个要求，其中的第一个要求是"增强发展协调性，努力实现经济又好又快发展。转变发展方式取得重大进展，在优化结构、提高效益、降低消耗、保护环境的基础上，实现人均国内生产总值到2020年比2000年翻两番。……城乡、区域协调互动发展机制和主体功能区布局基本形成。"第五个要求则是"建设生态文明，基本形成节约能源资源和保护生态环境的产业结构、增长方式、消费模式。循环经济形成较大规模，可再生能源比重显著上升。主要污染物排放得到有效控制，生态环境质量明显改善。生态文明观念在全社会牢固树立""到2020年全面建设小康社会目标实现之时，我们这个历史悠久的文明古国和发展中社会主义大国，将成为工业化

---

① 胡锦涛. 高举中国特色社会主义伟大旗帜，为夺取全面建设小康社会新胜利而奋斗 [EB/OL].http://cpc.people.com.cn/GB/64162/64168/64567/65446/4526308.html.2007-10-16.

基本实现、综合国力显著增强、国内市场总体规模位居世界前列的国家，成为人民富裕程度普遍提高、生活质量明显改善、生态环境良好的国家。"在第五章"促进国民经济又好又快发展"第四节中提出"加强能源资源节约和生态环境保护，增强可持续发展能力。坚持节约资源和保护环境的基本国策，关系人民群众切身利益和中华民族生存发展。必须把建设资源节约型、环境友好型社会放在工业化、现代化发展战略的突出位置，落实到每个单位、每个家庭。要完善有利于节约能源资源和保护生态环境的法律和政策，加快形成可持续发展体制机制。落实节能减排工作责任制。开发和推广节约、替代、循环利用和治理污染的先进适用技术，发展清洁能源和可再生能源，保护土地和水资源，建设科学合理的能源资源利用体系，提高能源资源利用效率。发展环保产业。加大节能环保投入，重点加强水、大气、土壤等污染防治，改善城乡人居环境。加强水利、林业、草原建设，加强荒漠化石漠化治理，促进生态修复。加强应对气候变化能力建设，为保护全球气候做出新贡献。"与十六大报告相比，十七大报告的特点就在于：第一，中共已经明确提出"生态文明"的概念，且要"在全社会牢固树立"这种观念；第二，从实现的时间上来讲，是到 2020 年；第三，路径的选择就是"统筹兼顾""加快转变经济发展方式，推动产业结构优化升级""坚持走中国特色新型工业化道路""帮助资源枯竭地区实现经济转型""发展环保产业""以增强综合承载能力为重点，以特大城市为依托，形成辐射作用大的城市群，培育新的经济增长极""围绕推进基本公共服务均等化和主体功能区建设，完善公共财政体系""建立健全资源有偿使用制度和生态环境补偿机制""积极开展国际能源资源互利合作""完善反映市场供求关系、资源稀缺程度、环境损害成本的生产要素和资源价格形成机制"、着力发展"循环经济"和"建设资源节约型、环境友好型社会"；第四，实施的主体是每个单位、每个家庭；第五，目标是实现"以人为本"。

二、生态文明建设：国家意志的发展（十八大以后）

2012 年 11 月 8 日，胡锦涛同志在中国共产党第十八次全国代表大会上作了题为《坚定不移沿着中国特色社会主义道路前进，为全面建成小康社会而奋斗》[①]的

---

① 胡锦涛.坚定不移沿着中国特色社会主义道路前进,为全面建成小康社会而奋斗[EB/OL]. http://cpc.people.com.cn/GB/64162/64168/64567/65446/4526308.html.2012-11-18.

报告。他在第一章中首先指出："前进道路上还有不少困难和问题。主要是：发展中不平衡、不协调、不可持续问题依然突出……""面向未来，……必须更加自觉地把全面协调可持续作为深入贯彻落实科学发展观的基本要求，全面落实经济建设、政治建设、文化建设、社会建设、生态文明建设五位一体总体布局，促进现代化建设各方面相协调，促进生产关系与生产力、上层建筑与经济基础相协调，不断开拓生产发展、生活富裕、生态良好的文明发展道路。"在第二章"夺取中国特色社会主义新胜利"中强调"新世纪新阶段，党中央抓住重要战略机遇期，在全面建设小康社会进程中推进实践创新、理论创新、制度创新，强调坚持以人为本、全面协调可持续发展，……加快生态文明建设，形成中国特色社会主义事业总体布局""坚持改革开放，解放和发展社会生产力，建设社会主义市场经济、社会主义民主政治、社会主义先进文化、社会主义和谐社会、社会主义生态文明，促进人的全面发展""建设中国特色社会主义，总依据是社会主义初级阶段，总布局是五位一体，总任务是实现社会主义现代化和中华民族伟大复兴""在新的历史条件下夺取中国特色社会主义新胜利，必须牢牢把握以下基本要求，并使之成为全党全国各族人民的共同信念""要坚持以经济建设为中心，以科学发展为主题，以全面推进经济建设、政治建设、文化建设、生态文明建设，实现以人为本、全面协调可持续的科学发展。"在第三章"全面建成小康社会和全面深化改革开放的目标"中讲到五个要求，其中，第一个要求是"经济持续健康发展。转变经济发展方式取得重大进展，在发展平衡性、协调性、可持续性明显增强的基础上，实现国内生产总值和城乡居民人均收入比 2010 年翻一番"；第五个要求则是"资源节约型、环境友好型社会建设取得重大进展。主体功能区布局基本形成，资源循环利用体系初步建立。单位国内生产总值能源消耗和二氧化碳排放大幅下降，主要污染物排放总量显著减少。森林覆盖率提高，生态系统稳定性增强，人居环境明显改善。"为确保这一目标的实现，应"加快建立生态文明制度，健全国土空间开发、资源节约、生态环境保护的体制机制，推动形成人与自然和谐发展现代化建设新格局。"在第四章"加快完善社会主义市场经济体制和加快转变经济发展方式"中开宗明义提出"以经济建设为中心是兴国之要，发展仍是解决我国所有问题的关键。"因此，"要适应国内外经济形势新变化，加快形成新的经济发展方式，把推动发展的立足点转到提高质量和效益上来，……着力构建现代产业发展新体系，……更多依靠节约资源和循环经济推动，更多依靠城乡区域发展协调互动，不断增强长期发展后劲。"在第一节"全面深化经济体制改革"中提出应"完善促进基本公共服务均等化和主体功能区建设的公共财政体系"和"建立公共资源出让收益合理共享机制"。在第八章"大力推进生态文明建设"中分四节较为详尽地阐述了进行生态文明建设的路径（见专栏2-2）。

专栏2-2 十八大关于生态文明的论述

建设生态文明，是关系人民福祉、关乎民族未来的长远大计。面对资源约束趋紧、环境污染严重、生态系统退化的严峻形势，必须树立尊重自然、顺应自然、保护自然的生态文明理念，把生态文明建设放在突出地位，融入经济建设、政治建设、文化建设、社会建设各方面和全过程，努力建设美丽中国，实现中华民族永续发展。

坚持节约资源和保护环境的基本国策，坚持节约优先、保护优先、自然恢复为主的方针，着力推进绿色发展、循环发展、低碳发展，形成节约资源和保护环境的空间格局、产业结构、生产方式、生活方式，从源头上扭转生态环境恶化趋势，为人民创造良好生产生活环境，为全球生态安全做出贡献。

（1）优化国土空间开发格局。国土是生态文明建设的空间载体，必须珍惜每一寸国土。要按照人口资源环境相均衡、经济社会生态效益相统一的原则，控制开发强度，调整空间结构，促进生产空间集约高效、生活空间宜居适度、生态空间山清水秀，给自然留下更多修复空间，给农业留下更多良田，给子孙后代留下天蓝、地绿、水净的美好家园。加快实施主体功能区战略，推动各地区严格按照主体功能定位发展，构建科学合理的城市化格局、农业发展格局、生态安全格局。提高海洋资源开发能力，发展海洋经济，保护海洋生态环境，坚决维护国家海洋权益，建设海洋强国。

（2）全面促进资源节约。节约资源是保护生态环境的根本之策。要节约集约利用资源，推动资源利用方式根本转变，加强全过程节约管理，大幅降低能源、水、土地消耗强度，提高利用效率和效益。推动能源生产和消费革命，控制能源消费总量，加强节能降耗，支持节能低碳产业和新能源、可再生能源发展，确保国家能源安全。加强水源地保护和用水总量管理，推进水循环利用，建设节水型社会。严守耕地保护红线，严格土地用途管制。加强矿产资源勘查、保护、合理开发。发展循环经济，促进生产、流通、消费过程的减量化、再利用、资源化。

（3）加大自然生态系统和环境保护力度。良好的生态环境是人和社会持续发展的根本基础。要实施重大生态修复工程，增强生态产品生产能力，推进荒漠化、石漠化、水土流失综合治理，扩大森林、湖泊、湿地面积，保护生物多样性。加快水利建设，增强城乡防洪抗旱排涝能力。加强防灾减灾体系建设，提高气象、地质、地震灾害防御能力。坚持预防为主、综合治理，以解决损害群众健康突出环境问题为重点，强化水、大气、土壤等污染防治。坚持共同但有区别的责任原则、公平原则、各自能力原则，同国际社会一道积极应对全球气候变化。

(4) 加强生态文明制度建设。保护生态环境必须依靠制度。要把资源消耗、环境损害、生态效益纳入经济社会发展评价体系，建立体现生态文明要求的目标体系、考核办法、奖惩机制。建立国土空间开发保护制度，完善最严格的耕地保护制度、水资源管理制度、环境保护制度。深化资源性产品价格和税费改革，建立反映市场供求和资源稀缺程度、体现生态价值和代际补偿的资源有偿使用制度和生态补偿制度。积极开展节能量、碳排放权、排污权、水权交易试点。加强环境监管，健全生态环境保护责任追究制度和环境损害赔偿制度。加强生态文明宣传教育，增强全民节约意识、环保意识、生态意识，形成合理消费的社会风尚，营造爱护生态环境的良好风气。

我们一定要更加自觉地珍爱自然，更加积极地保护生态，努力走向社会主义生态文明新时代。

与十七大报告相比，十八大报告的创新之处在于：第一，提出"经济建设、政治建设、文化建设、社会建设、生态文明建设五位一体总体布局"，并将生态文明建设"融入经济建设、政治建设、文化建设、社会建设各方面和全过程"，资本主义国家很难做到这一点；第二，创新性的提出"社会主义生态文明"，这是社会主义区别于资本主义国家的根本所在；第三，已经将"生态文明建设"作为全社会行动的指南，即"全党全国各族人民的共同信念"。由此也可以看出，"生态文明建设"已经成为国家意志；第四，继十七大提出"加强应对气候变化能力建设，为保护全球气候做出新贡献"之后，十八大将其进一步细化为"单位国内生产总值能源消耗和二氧化碳排放大幅下降"。很显然，这是中国应对全球气候变暖，走低碳经济发展道路的必然选择。

三、生态文明建设：学术疆域

综上所述，虽然生态文明建设已经成为国家意志和执政党的纲领，并已成为中华民族的共识，但是面对这一重大命题，尚有许多需要从理论上加以深化的问题。具体讲，主要有：

(1) 生态文明建设的目标是"以人为本"，还是以"人与自然和谐发展"为本？围绕生态文明建设，中共十七大提出"核心是以人为本"，十八大细化为"要坚持以经济建设为中心，以科学发展为主题，以全面推进经济建设、政治建设、文化建设、生态文明建设，实现以人为本、全面协调可持续的科学发展"。从哲学的角度来讲，现实世界是"人—社会—自然"的复合生态系统。即世界的存在是：自然存在（自然生态系统）、社会存在（社会生态系统）和精神存在（精神生态系统）。依据生态哲学的整体论观点，在"人—社会—自然"复合生态系统中，各种事物相互联系、相互作用，在这里没有中心，是三者相互联系、相互作用统一的过程①。与此观点不同，陈坚（2008）②认为，"我们现在经常强调以人为本，生态文明则强调以人与自然的和谐为本。两者虽在一定程度上存在矛盾，但提出后者并非是为了否定前者。以人为本我们实际上做得还很不够，依然需要强调。但随着城市的进一步发展，当城市发展以牺牲自然为代价时，我们就必须大力倡导以人与自然和谐为本的原则。这既是以人为本思想的延伸，也是生态文明的要求"。笔者认为，如果将"以人为本"中的"人"理解为"人类"，那么我们必须思考人与人、人与社会、国家与国家之间的（物质占有）欲望以及相互之间欲望的平衡，否则人与自然的关系不可能达到和谐。同时，对"以人为本"我们还必须考虑研究的视角，比如个人的（物质的）需要、家庭的需要、团体的需要、人类组成的社会的需要、国家的（物质的）需要等，都会对自然界产生不同的需求和破坏。最后，如果我们将自然视为母体，人类究竟应当怎样回报她？如果我们将自然界视为客体，自然界很明显又成为被支配的对象；从经济的角度，如果我们将自然界或自然资本视为经济增长的内在因素而不是外在因素，是否稀缺性和可复原性必须放在第一位？总之，如果强调"以人为本"，必须丰富其内涵；如果强调"人与自然和谐发展"，需要限制人的某些自由，遵从自然界——母体的康复或复原。因为人类的（物质的）欲望或需求是有弹性的，相对来讲，自然界的变数非常之小——以至于忽略不计，可见两者的关系取决于人——而不是取决于自然界。

（2）生产发展、生活富裕和生态良好的关系何在？如上所述，继中共十六大提出"推动整个社会走上生产发展、生活富裕、生态良好的文明发展道路"之后，十七大报告将此处的"推动整个社会"一词替换为"坚持"一词，十八大进

---

① 余谋昌.生态文明:人类文明的新形态[J].长白学刊,2007(134):138-140.
② 陈坚.生态文明的含义、要求与实现途径[J].城市问题,2008(9):12-15.

一步替换为"不断开拓"一词。如果我们将十六大的"推动"理解为扶上"道路"的话,那么,很显然十七大中的"坚持"完全可以理解为在"路"上要实现又好又快的发展,进而十八大中的"不断开拓"可以理解为拓宽道路,快马加鞭走向现代化。正因为此,所以十八大报告才提出"经济建设、政治建设、文化建设、社会建设、生态文明建设五位一体的总体布局"。依笔者之见,这里的"生活富裕"不仅指当代人,而且包括子孙后代。这是目的。相对来讲,"生态良好"是前提和保障,必须"融入经济建设、政治建设、文化建设、社会建设各方面和全过程";"生产发展"则是手段——但也是第一要务。因为世界发展史早已经告诉我们:不仅落后就要挨打,而且一定程度上讲也是实现生态文明建设的一大路径。也正因为此,所以继中共十七大报告提出"必须坚持把发展作为党执政兴国的第一要务。发展,对于全面建设小康社会、加快推进社会主义现代化,具有决定性意义。要牢牢扭住经济建设这个中心,坚持聚精会神搞建设、一心一意谋发展,不断解放和发展社会生产力"之后,十八大报告进一步讲"以经济建设为中心是兴国之要,发展仍是解决我国所有问题的关键""要适应国内外经济形势新变化,加快形成新的经济发展方式,把推动发展的立足点转到提高质量和效益上来,……着力构建现代产业发展新体系,……更多依靠节约资源和循环经济推动,更多依靠城乡区域发展协调互动,不断增强长期发展后劲。"

(3)怎样理解资源节约中的"节约"问题?"勤俭节约"作为中华民族的美德,有着悠久的历史。也正因为此,所以改革开放一开始,中共即在十二大报告中提出"节约能源消耗"。此后,十四大提出"合理利用土地、矿藏、森林、水等自然资源";十五大提出"资源开发和节约并举,把节约放在首位,提高资源利用效率";十六大提出"合理开发和节约使用各种自然资源";十七大提出"必须把建设资源节约型、环境友好型社会放在工业化、现代化发展战略的突出位置,落实到每个单位、每个家庭";十八大提出"节约资源是保护生态环境的根本之策。要节约集约利用资源"。那么,究竟应当怎样去理解"节约"呢?依笔者之见,有3个视角,一是微观方面比如企业应当实现减量化、再利用和资源化,以尽可能少的自然资源的投入取得最大的经济效益。再比如,就单位产品而言既要节约资源消耗,更要经久耐用并可以回收——相对来讲,企业必须转变观念,即其向社会出售的是服务,而不是商品本身——想一想,如果我们仍不尽快建立回收体系,中国的汽车报废后会产生多少废物或者垃圾;二是中观方面比如工业园区——以至于城市内部应尽快实现零排放(比如工厂废气、废水、废渣,生活垃圾等);三是总量的节约,即从整个国家来讲应当逐步实现以尽可能少的自然资源消耗取得社会福利的最大化,诚如十八大报告中所讲的"控制能源消费总量"。

(4)"资源节约型、环境友好型社会"建设与其他相关命题之间是什么关系?继中共十七大报告提出"必须把建设资源节约型、环境友好型社会放在工业化、现代化发展战略的突出位置,落实到每个单位、每个家庭"之后,十八大报告在"全面建成小康社会和全面深化改革开放的目标"中进一步强调"资源节约型、环境友好型社会建设取得重大进展。主体功能区布局基本形成,资源循环利用体系初步建立。单位国内生产总值能源消耗和二氧化碳排放大幅下降,主要污染物排放总量显著减少。"至此,我们需要思考:两型社会建设的理念,两型产业、两型城市、两型社会之间是什么关系?这是其一;其二,两型社会与主体功能区、循环经济、低碳经济以至于"绿色发展、循环发展、低碳发展"之间是什么关系?其三,如果说"发展仍是解决我国所有问题的关键"的话,那么是以"发展"为主、"两型"为辅,还是"两型"为主、"发展"为辅?路径不同,结果有可能完全不一样;其四,如果说工业化本身是造成生态环境恶化的罪魁祸首的话,那么,两型社会建设的程度很显然取决于"走新型工业化道路"的快慢,然而,在中国由于绝大多数工业又布局在城市,所以两型社会建设一个非常重要的载体就是城市以及在此基础上形成的城市群,因此十八大报告提出应"以增强综合承载能力为重点,以特大城市为依托,形成辐射作用大的城市群,培育新的经济增长极"。由此又给我们提出一个新的命题,即生态城市基础上的生态城市群建设从何入手?以及在此基础上的新型城市化道路怎么走?如果说两型社会建设是目标的话,那么,走新型工业化道路则是路径,走新型城市化道路当属载体。相伴而生的另外一个问题就是:资源枯竭城市和资源枯竭地区在主体功能区建设、两型社会建设和大力推进生态文明建设的大背景之下实现经济转型的难点和路径何在?

(5)生态文明是"相对于古代文明、工业文明而言的一种新型的文明形态"[①],还是"人类迄今最高的文明形态"[②]?抑或"生态文明并不是继工业文明之后的一个社会发展阶段,而是社会发展过程中人类所应该持有的态度和行为"[③]?或

---

① 张旭平."生态文明"概念辨析[J].系统辩证学学报,2001(2):86-90.

② 王玉玲.生态文明的背景、内涵及实现途径[J].经济与社会发展,2008(9):36-39.

③ 钱俊生.怎样认识和理解"建设生态文明"[J].半月谈,2007(21):6-7.

者"工业文明是与渔猎社会、农业文明、智能文明属于同一系列的范畴（文明形态），生态文明是与物质文明、政治文明、精神文明、社会文明属于同一系列的范畴（文明结构）。正像每一种社会形态和文明形态都有其相应的物质文明等文明结构一样，生态文明是贯穿于所有社会形态和所有文明形态始终的一种基本要求①? 凡此种种，亟待于理论的深化。

①张云飞.试论生态文明的历史方位[J].教学与研究,2009(8):5-11.

第三章 清洁生产与循环经济的背景

当今世界，人类一方面既面临着前所未有的发展机遇，同时也面临着巨大的挑战和风险。清洁生产与循环经济的提出，有其特定的国内外背景。

第一节 环境污染的压力

自从工业革命开始到 20 世纪 80 年代，以世界著名的"八大公害事件"为代表的近代环境问题不断引起人们的关注。如 1930 年比利时马斯河谷烟雾事件，1943 年、1955 年和 1970 年洛杉矶光化学烟雾事件，1948 年美国多诺拉烟雾事件，1948 年伦敦烟雾事件，还有发生在日本的水俣病事件、骨痛病事件、四日哮喘病事件、米糠油事件等。也有人将 1984 年 12 月印度发生的博帕尔毒气泄漏事件和 1986 年 4 月前苏联切尔诺贝利核电站核泄漏事件加上，称为"十大污染事件"。详见专栏 3-1。

专栏 3-1 世界著名的"十大污染事件"

1. 马斯河谷烟雾事件

1930 年 12 月 1 日到 5 日，比利时马斯河谷工业区上空出现了很强的逆温层，致使 13 个大烟囱排出的烟尘无法扩散，大量有害气体积累在近地大气层，对人体造成严重伤害。一周内有 60 多人丧生，许多牲畜死亡。

2. 洛杉矶光化学烟雾事件

1943 年夏季，洛杉矶市 250 万辆汽车燃烧的 1100 吨汽油所产生的碳氢化合物等气体，在太阳紫外线照射下引起化学反应，形成了浅蓝色烟雾，使该市大多市民患了眼红、头疼等病症。1955 年和 1970 年洛杉矶又两度发生该类事件，分别有 400 多人死亡和全市 3/4 的人患病。

3. 多诺拉烟雾事件

1948 年 10 月下旬，美国的宾夕法尼亚州多诺拉城大雾弥漫，受反气旋和逆温控制，工厂排出的有害气体扩散不出去，全城 14000 人中有 6000 人眼痛、喉咙痛、头痛胸闷、呕吐、腹泻，导致 17 人死亡。

4. 伦敦烟雾事件

自 1952 年以来，伦敦发生过 12 次大的烟雾事件。1952 年 12 月那一次，伦敦大雾，燃煤排放的粉尘和二氧化硫无法散去，迫使所有飞机停飞，汽车白天开灯行驶，行人走路困难。烟雾事件使呼吸道疾病患者猛增，5 天内有 4000 多人死亡，两个月内又有 8000 多人死去。

5. 水俣病事件

1953~1956 年，日本熊本县水俣镇一家氮肥公司排放的含汞废水，使汞在海水、底泥和鱼类中富集，又经过食物链使人中毒。1991 年，日本环境厅公布的中毒病人仍有 2248 人，其中 1004 人死亡。

6. 骨痛病事件

1955~1972 年，日本富山县的一些铅锌矿在采矿和冶炼中排放废水，废水在河流中积累了重金属"镉"。人长期饮用这样的河水，食用浇灌含镉河水生产的稻谷，出现了骨骼严重畸形、剧痛，身长缩短，骨脆易折等病症。

7. 四日哮喘病事件

1961 年，日本四日市由于石油冶炼和工业燃油产生的废气，严重污染大气，引起居民呼吸道疾病骤增，尤其是哮喘病的发病率大大提高，形成了一种突出的环境问题。

8. 米糠油事件

1968 年，在日本北九州一带，由于鸡和人吃了含有多氯联苯的米糠油，先是几十万只鸡吃了有毒饲料后死亡，继而有 13000 多人开始眼皮发肿，手掌出汗，全身起红疙瘩，接着肝功能下降，全身肌肉疼痛，咳嗽不止。

9. 博帕尔毒气泄漏事件

印度博帕尔毒气泄漏事件是历史上最严重的工业化学意外，影响巨大。1984 年 12 月 3 日凌晨，印度中央邦的博帕尔市的美国联合碳化物属下的联合碳化物（印度）有限公司设于贫民区附近一所农药厂发生氰化物泄漏，引发了严重的后果。大灾难造成了 2.5 万人直接致死，55 万人间接致死，另外有 20 多万人永久残废的人间惨剧。现在当地居民的患癌率及儿童夭折率，仍然因这场灾难远比其他印度城市要高。由于这次事件，世界各国化学集团改变了拒绝与社区通报的态度，亦加强了安全措施。这次事件也导致了许多环保人士以及民众强烈反对将化工厂设于邻近民居的地区。

10. 切尔诺贝利核电站核泄漏事件

切尔诺贝利核电站是前苏联最大的核电站，共有 4 台机组。1986 年 4 月 26 日，世界上最严重的核事故在切尔诺贝利核电站发生。乌克兰基辅（Ukraine）市以北 130 千米的切尔诺贝利核电站的灾难性大火造成的放射性物质泄漏，污染了欧洲的大部分地区，国际社会广泛批评了苏联对核事故消息的封锁和应急反应的迟缓。在瑞典境内发现放射物质含量过高后，该事故才被曝光于天下。2013 年 2 月 12 日，核电站因结构性损伤导致屋顶坍塌。

据统计，切尔诺贝利核电站事故后的 7 年中，有 7000 名清理人员死亡，其中 1/3 是自杀。参加医疗救援的工作人员中，有 40% 的人患了精神疾病或永久性记忆丧失。

自 20 世纪 80 年代以来，以全球环境问题为代表的当代环境问题已成为当今人类面临的共同挑战。一般意义上的全球性环境问题有十大类：全球气候变暖、臭氧层破坏、生物多样性减少、酸雨蔓延、森林锐减、土地荒漠化、大气污染、水污染、海洋污染和危险性废物越境转移等。

从 1984 年英国科学家发现、1985 年美国科学家证实南极上空出现的"臭氧洞"开始，人类环境问题发展到当代环境问题阶段。这一阶段在全球范围内出现了不利于人类生存和发展的大气污染、酸雨、臭氧层破坏和全球变暖等全球性大气环境问题。与此同时，发展中国家的城市环境问题和生态破坏日益严重，一些国家的贫困化愈演愈烈，水资源短缺在全球范围内普遍发生，其他资源（包括能源）也相继出现将要耗竭的信号。这一切表明，生物圈这一生命支持系统对人类社会的支撑已接近它的极限。这还表明环境问题的复杂性和长远性。

一、大气污染

以我国 2010 年的大气环境质量情况为例进行说明[①]。2010 年，全国 471 个县级及以上城市开展环境空气质量监测，监测项目为二氧化硫、二氧化氮和可吸入颗粒物。其中 3.6% 的城市达到一级标准，79.2% 的城市达到二级标准，15.5% 的城市达到三级标准，1.7% 的城市劣于三级标准。全国县级城市的达标比例为

---

① 中华人民共和国环境保护部.2010 年中国环境状况公报［EB/OL］. http://jcs.mep.gov. cn/hjzl/zkgb/2010zkgb/201106/t20110602_211579.htm.2011－06－03.

85.5%，略高于地级及以上城市的达标比例。地级及以上城市（含地、州、盟所在地）空气质量达到国家一级标准的城市占 3.3%，二级标准的占 78.4%，三级标准的占 16.5%，劣于三级标准的占 1.8%。可吸入颗粒物年均浓度达到或优于二级标准的城市占 85.0%，劣于三级标准的占 1.2%。二氧化硫年均浓度达到或优于二级标准的城市占 94.9%，无劣于三级标准的城市。所有地级及以上城市二氧化氮年均浓度均达到二级标准，86.2%的城市达到一级标准。2010 年，环境保护重点城市总体平均的二氧化氮和可吸入颗粒物浓度与上年相比略有上升，二氧化硫浓度略有降低。全国城市空气质量总体良好，比上年有所提高，但部分城市污染仍较重；全国酸雨分布区域保持稳定，但酸雨污染仍较重。从废气中主要污染物排放量来看，2010 年，二氧化硫排放量为 2185.1 万吨，烟尘排放量为 829.1 万吨，工业粉尘排放量为 448.7 万吨，分别比上年下降 1.3%、2.2%、14.3%，见表 3-1。

表 3-1　全国废气中主要污染物排放量年际变化

年度	二氧化硫排放量(万吨)			烟尘排放量(万吨)			工业粉尘排放量(万吨)
	合计	工业	生活	合计	工业	生活	
2006	2588.8	2234.8	354.0	1088.8	864.5	224.3	808.4
2007	2468.1	2140.0	328.1	986.6	771.1	215.5	698.7
2008	2321.2	1991.3	329.9	901.6	670.7	230.9	584.9
2009	2214.4	1866.1	348.3	847.2	603.9	243.3	523.6
2010	2185.1	1864.4	320.7	829.1	603.2	225.9	448.7

二、全球气候变暖

全球气候变暖（温室效应）是指大气中的二氧化碳等气体可透过太阳短波辐射，使地球表面升温；但阻挡地球表面向宇宙空间发射的长波辐射，热量散失受阻而使大气增温。由于二氧化碳等气体的这一作用与"温室"的作用类似，故称之为"温室效应"。造成这一效应的气体叫作温室气体。二氧化碳、一氧化碳、甲烷、臭氧、水蒸气等都是温室气体，但主要的还是二氧化碳和甲烷。其中二氧化碳的作用占 70%以上。燃煤、燃气、燃油都会排出大量二氧化碳。

1860 年以来，全球平均温度升高了 0.6 ± 0.2 ℃。近百年来最暖的年份均出现在 1983 年以后。20 世纪北半球温度的增幅是过去 1000 年中最高的。地表温度的不断上升，最终导致两极冰川溶化，海平面上升。

海水上涨的后果是灾难性的，它将会给沿海及河口地区甚至全球的生态、农业、森林等造成前所未有的巨大灾难，一些地势低洼的沿海城市或国家将沉入海底。

三、臭氧层破坏

臭氧层位于地球表面 20~50 千米的大气平流层上部，是一层非常稀薄但却集中了地球上 90%臭氧的气体层。这种气体是地球生物的保护伞。它能够吸收和阻止紫外线，保护人类和其他生物不受太阳紫外线和宇宙射线的伤害。没有这个屏障，地球上的生物难以生存。但近几十年来，臭氧层却遭到了严重的破坏。

1984 年英国科学家发现，1977 ~ 1984 年间，南极上空的臭氧明显下降，出现了一个空洞，其面积相当于美国大陆的面积。而且，这里的臭氧损耗严重，局部空间已损耗了 90%。南极臭氧空洞的发现，引起了全世界的极大震惊。1986 年，国际北极探险队宣布，他们又在北极上空发现了一个面积相当于格陵兰岛那样大的臭氧空洞。此后，科学家们对 1988 ~ 1989 年冬天由 14 架飞越北极上空的飞机所测得的资料进行了进一步的分析。结果发现，北极上空 9 ~ 12 英里处的臭氧损耗率为 35%。最近几年，我国气象学家在研究 1977 ~ 1991 年间的气象资料时发现，原来，我国西藏高原上空也有一个臭氧空洞。它的中心位置约在拉萨偏北。每年 6 ~ 10 月，这里的大气臭氧比正常值低 11%。臭氧层受到破坏之后，大量太阳紫外线和宇宙射线直射到地球上，给地球生物带来严重危害。具体表现在：对人体健康的影响；对陆生植物的影响；对水生生态系统的影响；对生物化学循环的影响；对材料的影响；对对流层大气组成及空气质量的影响等。

四、酸雨的危害

酸雨是指 pH（酸碱度）值小于 5.6 的雨、雪、霜、雾或其他形式的大气降水，是大气受污染的一种表现。产生酸雨的罪魁祸首就是二氧化硫和氮氧化物，它来自含硫的煤和石油的燃烧及汽车尾气的排放。酸雨被称为"空中死神"，其潜在的危害主要表现在 4 个方面：对水生系统的危害；对陆地生态系统的危害；对人体的影响；对建筑物、机械和市政设施的腐蚀。

20 世纪 50 年代后期，酸雨首先在欧洲被察觉。进入 80 年代以后，酸雨发生的频率更高，危害更大，并打破国界扩展到世界范围，欧洲、北美和东亚是酸雨危害严重的区域。从 1950 年到 1990 年全球的二氧化硫排放量增加了约 1 倍，现已超过 1.5 亿吨 / 年。全球氮氧化物的排放量也接近 1 亿吨 / 年。

以 2010 年我国酸雨情况为例进行说明[①]。从酸雨频率来看，2010 年，我国监测的 494 个市（县）中，出现酸雨的市（县）249 个，占 50.4%；酸雨发生频率在 25% 以上的 160 个，占 32.4%；酸雨发生频率在 75% 以上的 54 个，占 11.0%，具体见表 3-2。从降水酸度看，与上年相比，发生酸雨（降水 pH 年均值 <5.6）的城市比例降低 3.1 个百分点，发生较重酸雨（降水 pH 年均值 <5.0）和重酸雨（降水 pH 年均值 <4.5）的城市比例基本持平，详见表 3-3。从酸雨分布来看，全国酸雨分布区域主要集中在长江沿线及以南—青藏高原以东地区。主要包括浙江、江西、湖南、福建的大部分地区，长江三角洲、安徽南部、湖北西部、重庆南部、四川东南部、贵州东北部、广西东北部及广东中部地区。

表 3-2　2010 年全国酸雨发生频率分段统计

酸雨发生频率	0%	0% ~ 25%	25% ~ 50%	50% ~ 75%	≥75%
城市数(个)	245	89	57	49	54
所占比例(%)	49.6	18.0	11.5	9.9	11.0

表 3-3　2010 年全国降水 pH 年均值统计

pH 年均值范围	< 4.5	4.5 ~ 5.0	5.0 ~ 5.6	5.6 ~ 7.0	≥7.0
城市数(个)	42	65	69	238	80
所占比例(%)	8.5	13.1	14.0	48.2	16.2

五、水污染

2010 年环境统计年报显示[②]：从废水排放情况看，2010 年，我国废水排放总

---

① 中华人民共和国环境保护部.2010 年中国环境状况公报[EB/OL].http://jcs.mep.gov.cn/hjzl/zkgb/2010zkgb/201106/t20110602_211579.htm.2011-06-03.

② 中华人民共和国环境保护部.2010 年环境统计年报[EB/OL].http://zls.mep.gov.cn/hjtj/nb/2010tjnb/201201/t20120118_222727.htm.2012-01-08.

量 617.3 亿吨，比 2009 年增加 4.7%。工业废水排放量 237.5 亿吨，比 2009 年增加 1.3%；工业废水排放量占废水排放总量的 38.5%，比 2009 年有所降低。生活污水排放量 379.8 亿吨，比 2009 年增加 7.0%；生活污水排放量占废水排放总量的 61.5%，高于 2009 年。自 2001 年以来，废水排放总量呈持续上升趋势。其中，生活污水排放量始终呈增长趋势，而工业废水排放量近年来总体上稳中有降。见表 3-4。

表 3-4 全国废水及其主要污染物排放量年际对比

年度	废水排放量（亿吨）			化学需氧量排放量（万吨）			氨氮排放量（万吨）		
	合计	工业	生活	合计	工业	生活	合计	工业	生活
2001	433.0	202.7	230.3	1404.8	607.5	797.3	125.2	41.3	83.9
2002	439.5	207.2	232.3	1366.9	584.0	782.9	128.8	42.1	86.7
2003	460.0	212.4	247.6	1333.6	511.9	821.7	129.7	40.4	89.3
2004	482.4	221.1	261.3	1339.2	509.7	829.8	133.0	42.2	90.8
2005	524.5	243.1	281.4	1414.2	554.7	859.4	149.8	52.5	97.3
2006	536.8	240.2	296.6	1428.2	542.3	885.9	141.3	42.5	98.8
2007	556.8	246.6	310.2	1381.8	511.0	870.8	132.4	34.1	98.3
2008	571.7	241.7	330.0	1320.7	457.6	863.1	127.0	29.7	97.3
2009	589.7	234.5	355.2	1277.5	439.7	837.8	122.6	27.3	95.3
2010	617.3	237.5	379.8	1238.1	434.8	803.3	120.3	27.3	93.0

从各地区废水及主要污染物排放情况看，2010 年，废水排放量大于 30 亿吨的省份依次为广东、江苏、山东、浙江、河南、广西，6 个省份废水排放总量为 278.1 亿吨，占全国废水排放量的 45.1%。工业废水排放量最大的是江苏，生活污水排放量最大的是广东，与 2009 年相同。化学需氧量排放量前 10 位的省份依次为广西、广东、湖南、江苏、四川、山东、河南、湖北、河北和辽宁，10 个省份的化学需氧量排放量为 702.3 万吨，占全国化学需氧量排放量的 56.7%。工业化学需氧量排放量最大的是广西，生活化学需氧量排放量最大的是广东。氨氮排放量前 10 位的省份依次为广东、湖南、河南、山东、江苏、四川、湖北、辽宁、河北和广西，10 个省份的氨氮排放量为 66.3 万吨，占全国氨氮排放量的 55.1%。工业氨氮排放量最大的是河南，生活氨氮排放量最大的是广东。

从工业行业废水及主要污染物排放情况看，2010 年，在统计的 39 个工业行业中，废水排放量位于前4位的行业依次为造纸与纸制品业、化学原料及化学制品制造业、纺织业、农副食品加工业，4个行业的废水排放量为109.1亿吨，占重点调查统计企业废水排放量的51.5%。2010年，化学需氧量排放量位于前4位的行业依次为造纸与纸制品业、农副食品加工业、化学原料及化学制品制造业、纺织业，4个行业的化学需氧量排放量为219.5万吨，污染贡献率占60.0%。见表3-5。

表3-5　重点行业化学需氧量污染贡献率变化趋势（单位：%）

行业	2003年	2004年	2005年	2006年	2007年	2008年	2009年	2010年
造纸业	34.5	33.0	32.4	33.6	34.7	32.8	28.9	26.0
农副食品加工业	14.4	13.3	13.7	12.8	12.8	14.9	13.9	13.6
化学原料及制品业	10.8	11.2	11.5	11.7	10.3	10.6	11.3	12.2
纺织业	5.6	6.7	6.1	6.8	7.6	8.0	8.3	8.2
累计	65.3	64.2	63.7	64.9	65.4	66.3	62.3	60.0

注：污染贡献率指该行业某种污染物排放量与所有统计行业中此污染物排放总量之比，下同。因2002年后《国民经济行业分类》标准执行GB/T4754-2002，行业分类有所变化，故本表起始年份为2003年。

与2009年相比，2010年造纸与纸制品业、农副食品加工业及纺织业的污染贡献率均有所下降，但化学原料及化学制品制造业的污染贡献率不降反升。2010年造纸与纸制品业、农副食品加工业、化学原料及化学制品制造业3个行业的经济贡献率均变化不大，但纺织业经济贡献率下降较快。

2010年，氨氮排放量位于前4位的行业依次为化学原料及化学制品制造业、造纸与纸制品业、农副食品加工业、纺织业，4个行业氨氮排放量为14.0万吨，占重点调查统计企业氨氮排放量的56.9%。2010年，重金属（汞、镉、六价铬、铅、砷）排放量位于前4位的行业依次为有色金属矿采选业、有色金属冶炼及压延加工业、化学原料及化学制品制造业、金属制品业，4个行业重金属排放量为291.9吨，占重点调查统计企业排放量的84.6%。2010年，石油类排放量位于前4位的行业依次为黑色金属冶炼及压延加工业、化学原料及化学制品制造业、石油加工炼焦及核燃料加工业、煤炭开采和洗选业，4个行业石油类排放量为5725.9吨，占重点调查统计企业石油类排放量的56.5%。

第二节 资源匮乏的危局

一、世界资源的形势

资源是一个国家和地区经济发展不可缺少的要素。地球资源通常指自然资源，包括：土地资源、矿产资源、海洋资源、水资源、森林资源、生物资源和气候资源。由于人类过度开发和利用，至 2050 年，人类将需要额外的 1.3 个地球才能提供足够的供可持续使用的资源[1]，见专栏 3-2。

专栏 3-2 世界资源状况

（1）土地资源。地球陆地面积为 1.49 亿平方千米，其中人类可利用的耕作土地 14.5 亿公顷，牧场 34.2 亿公顷，森林与林地 38.8 亿公顷。由于人类活动而造成的土地退化全球大约 20 亿公顷，相当于地球陆地总面积的 15%。

（2）矿产资源。全球使用的 90% 能源取自化石燃料，即煤炭、石油和天然气，80% 以上工业原料取自金属和非金属矿产资源，这些资源都属于用一点少一点的耗竭性资源。地球上探明的可采石油储量仅可使用 45～50 年，天然气储量总计为 180 亿立方米可使用 50～60 年，煤炭可使用 200～300 年，主要金属和非金属矿产可使用几十年至百余年。按照目前的开采规模，到 2020 年，地球上的大多数矿产资源包括铜、铝、锡、锌、金、银等都将被开采完毕。

（3）海洋资源。海洋和海洋区污染严重。由于陆地和海洋资源压力不断增大以及不断开采海洋沉淀物，导致海洋和海岸不断退化；由于向海洋排放的氮过多，海洋和海岸带都出现了富营养化。

（4）水资源。水覆盖着地球表面 70% 以上的面积，总量达 15 亿立方千米。但是只有 2.5% 为淡水，实际上可供利用的淡水仅占世界淡水总量的 0.3%。据联合国有关组织统计，全球有 12 亿人用水短缺。水已经超出生活资源的范围，而成为重要的战略资源。

（5）森林资源。根据《2005 年全球森林资源评估报告》，2005 年全球森林面积 39.52 亿公顷，占陆地面积（不含内陆水域）的 30.3%，人均森林面积 0.62 公顷，单位面积蓄积 110 立方米/公顷。1990～2000 年，全球年均净减少森林面

---

[1] 中国地质图书馆.世界资源现状［EB/OL］.http://earthday.cgl.org.cn/2010/? p=370. 2010-04-22.

积 890 万公顷。2000～2005 年虽然全球人工林面积每年增加 280 万公顷，但是年均净减少森林面积 730 万公顷。

（6）生物资源。据美国国家科学基金会"生命之树"项目的统计，目前可能有 500 万～1 亿种生物生存在地球上。然而世界上每年至少有 5 万种生物物种灭绝，平均每天灭绝的物种达 140 个。

（7）气候资源。空气污染严重，气候变化明显。工业革命以后，大量化石燃料燃烧、大幅度变化的土地利用、水泥生产和生物燃烧所引起的二氧化碳排放，导致了地球的臭氧层破坏，形成温室效应，导致全球变暖。到 21 世纪末，温室气体排放的增长将使这些气体在大气中的浓度增加一倍，最终将导致全球的平均温度上升 6 ℃。

二、我国资源的形势

我国资源总量虽然较多，但人均占有量少。人均淡水资源占有量仅为世界人均占有量的 1/4，人均耕地不到世界平均水平的 40%，人均森林面积仅为世界人均占有量的 1/5，45 种主要矿产资源人均占有量不到世界平均水平的一半。过去几十年，由于我国长期沿用以追求增长速度、大量消耗资源为特征的粗放型线性发展模式，在由贫困落后逐步走向富强的同时，自然资源的消耗也在大幅度的上升[①]，见专栏 3-3。

专栏 3-3　中国资源状况

（1）土地资源。据中华人民共和国统计局统计数据显示，2008 年，我国人口数量已经达到 13.3 亿，人均土地面积 0.72 公顷，特别是人均耕地面积只有 0.09 公顷。土地资源总体质量不高，有 60% 的耕地分布在山区、丘陵和高原地带。目前，我国水上流失、土地沙化、盐渍化和草场退化现象也比较严重，进一步降低了我国土地资源的总体质量。据 2008 年中国环境状况公报统计，我国现有水土流失面积 356.92 万平方千米，占国土总面积的 37.2%。土地沙漠化面积约为 153 万平方千米，且有进一步扩大的趋势。土壤盐渍化面积为 99.1 万平方千米，受盐碱影响的耕地面积达 9.3 万平方千米。

---

① 中国地质图书馆. 我国资源现状 ［EB/OL］. http://earthday.cgl.org.cn/2010/? p=372. 2010-04-22

(2) 矿产资源。我国矿产资源总量丰富、品种齐全。据《2008 年中国矿业年鉴》统计，截至 2007 年年初，全国已发现了矿产 171 种，有查明资源储量的矿产 159 种（其中能源矿产 10 种，金属矿产 54 种，非金属矿产 92 种，水气矿产 3 种），矿产地 2 万多处，已探明的矿产资源总量约占世界的 12%，是世界上矿产资源总量丰富、矿种比较齐全的少数几个资源大国之一。但是我国人均矿产品占有量不足，仅为世界人均占有量的 58%，居世界第 53 位。而且我国大型和超大型矿床比重很小，45 种主要矿产资源人均占有量不足世界平均水平的一半。石油、天然气、铜、铝等重要矿产资源的人均储量最低，只占世界平均水平的 1/25。50 年后中国除了煤炭外，几乎所有的矿产资源都将出现严重短缺，其中 50% 左右的资源面临枯竭。

(3) 水资源。我国水资源总量为 2.8 万亿立方米左右，居世界第 6 位。但是我国人均水资源只有 1931.46 立方米，只占世界人均水平的四分之一。全国 600 多座城市中就有 400 多个存在供水不足问题。全国缺水总量为 60 亿立方米。特别是西部地区缺水非常严重，一些山区地方连人、畜饮水都非常困难。

(4) 森林资源。我国森林资源总量不足，森林面积 17491 万公顷，居世界第 5 位；森林覆盖率只有 18.21%，居世界第 130 位；森林蓄积 124.56 亿立方米，居世界第 6 位；全国人均森林面积 0.132 公顷，居第 134 位；中国的人工林面积 5365 万公顷，居世界第一。

(5) 生物资源。据初步统计，中国植物种数占世界总数的 11%。同时哺乳类、鸟类、爬行类和两栖类动物的拥有量也占世界总量的 10%。然而，我国生物种类正在加速减少和消亡。《联合国濒危野生动植物种国际贸易公约》列出的 740 种世界性濒危物种中，我国占 189 种，为总数的四分之一。

第三节　能源危机的困境

一、世界能源的形势

能源是人类生存和发展的重要物质基础，攸关国计民生和国家安全。构建安全、稳定、经济、清洁的现代能源产业体系，对于保障国家经济社会可持续发展具有重要战略意义。

由于石油、煤炭等大量使用的传统化石能源枯竭，同时新的能源生产供应体系又未能建立而在交通运输、金融业、工商业等方面造成的一系列问题统称能源危机。根据经济学家和科学家的普遍估计，到 21 世纪中叶，也即 2050 年左右，石油资源将会开采殆尽，其价格升到很高，不适于大众化普及应用的时候，如果新的能源体系尚未建立，能源危机将席卷全球，尤以欧美极大依赖于石油资源的发达国家受害为重。最严重的状态，莫过于工业大幅度萎缩，或甚至因为抢占剩余的石油资源而引发战争①。

目前人类的能源消费结构中，石油、煤炭、天然气、铀等矿物资源，占到了能源供给量的 80% 以上。到 2010 年，全球将消耗掉从经济成本和技术角度考虑较容易开发的石油储量的一半。据统计，地球上尚未开采的原油储藏量不足两万亿桶，可供人类开采时间不超过 60 年，而且随着易开采部分的开采殆尽，原油开采的成本将越来越高；天然气储备估计在 131800~152900 兆立方米，将在 57~65 年内枯竭；煤的储量约为 5600 亿吨，可以供应约 160 年；铀的年开采量目前为每年 6 万吨，可维持 70 年左右。如果矿石资源一旦短缺，而新的能源体系又没有完全建立，将有可能造成全球性的能源危机，从而导致全球性的经济危机。此外，传统的化石初级能源除了不可再生所造成的有限性外，另一个弊端就是使用后对环境的污染性。石油和煤燃烧后所产生的二氧化碳、二氧化硫等气体的大量直接排放所造成的温室效应、臭氧层空洞、酸雨等问题，如果再不加以控制就会对人类的生存环境造成灾难性的后果。

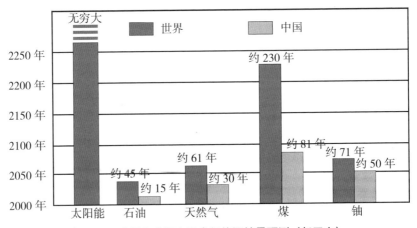

图3-1 世界和中国主要常规能源储量预测（赵玉文）

---

① 和讯网. 全球能源危机［EB/OL］. http://xianhuo.hexun.com/2012-10-22/147071642.html. 2012-10-22.

二、我国能源的形势

我国是一个能源生产大国和消费大国，拥有丰富的化石能源资源。2006 年，煤炭保有资源量为 10345 亿吨，探明剩余可采储量约占全世界的 13%，居世界第三位。但是中国的人均能源资源拥有量较低，煤炭和水力资源人均拥有量仅相当于世界平均水平的 50%，石油、天然气人均资源拥有量仅为世界平均水平的 1/15 左右。能源资源赋存不均衡，开发难度较大，已探明石油、天然气等优质能源储量严重不足。再加上能源利用技术落后，利用低下，在经济高速增长的条件下，我国能源的消耗速度比其他国家更快，能源枯竭的威胁可能来得更早、更严重。因而，日益增长的对外能源需求造成的能源压力迫使我们不得不寻找解决能源危机的突围之路[①]。

"十二五"期间我国面临的能源形势依然严峻。从国际看，全球气候变化、国际金融危机、欧洲主权债务危机、地缘政治等因素对国际能源形势产生重要影响，世界能源市场更加复杂多变，不稳定性和不确定性进一步增加。一是能源资源竞争日趋激烈。一些发达国家长期形成的能源资源高消耗模式难以改变，发展中国家工业化和现代化进程加快，能源消费需求将不断增加，全球能源资源供给长期偏紧的矛盾将更加突出。二是能源供应格局深刻调整。作为全球油气输出重地的西亚、北非地区局势持续动荡。美国和加拿大页岩气、页岩油等非常规资源开发取得重大突破，推动全球化石能源结构变化。美国出台了《未来能源安全蓝图》，提出"能源独立"新主张，加大本土能源资源开发，调整石油进口来源。日本福岛核电站核泄漏事故不仅影响了世界核电发展进程，而且对全球能源开发利用方式产生了深远影响。欧盟制定了 2020 年能源战略，启动战略性能源技术计划，着力发展可再生能源，减少对化石能源的依赖。世界能源生产供应及利益格局正在发生深刻调整和变化。三是全球能源市场波动风险加剧。在能源资源供给长期偏紧的背景下，国际能源价格总体呈现上涨态势。发达国家能源需求增长减弱，已形成适应较高能源成本的经济结构，并将继续掌控世界能源资源和市场主导权，能源市场波动将主要给发展中国家带来风险和压力。四是围绕气候变化的博弈错综复杂。气候变化已成为涉及各国核心利益的重大全球性问题，围绕排

---

① 和讯网. 中国面临的能源危机[EB/OL]. http://xianhuohexun.com/2012−10−24/147155338. html. 2012−10−24.

放权和发展权的谈判博弈日趋激烈。发达国家一方面利用自身技术和资本优势加快发展节能、新能源、低碳等新兴产业，推行碳排放交易，强化其经济竞争优势；另一方面，通过设置碳关税、"环境标准"等贸易壁垒，进一步挤压发展中国家发展空间。我国作为最大的发展中国家，面临温室气体减排和低碳技术产业竞争的双重挑战。五是能源科技创新和结构调整步伐加快。国际金融危机以来，世界主要国家竞相加大能源科技研发投入，着力突破节能、低碳、储能、智能等关键技术，加快发展战略性新兴产业，抢占新一轮全球能源变革和经济科技竞争的制高点。高效、清洁、低碳已经成为世界能源发展的主流方向，非化石能源和天然气在能源结构中的比重越来越大，世界能源将逐步跨入石油、天然气、煤炭、可再生能源和核能并驾齐驱的新时代[①]。

第四节　节能减排的需要

一、我国的能源利用现状

近年来，我国经济建设取得了世界瞩目的成就，而资源消耗也成为世人所关注的焦点。2003 年 GDP 1.4 万亿美元，占世界的 4%；2009 年 GDP 5.2 万亿美元；2010 年 GDP 7.0 万亿美元；2011 年 GDP 7.3 万亿美元；2012 年 GDP 8.3 万亿美元。从资源消耗角度看，我国的消耗增长速度惊人。1983 年我国成品钢材消费量仅为 3000 多万吨，2003 年，我国的钢材消费量已经达到大约 2.5 亿吨，20 年增长了 8 倍，接近美国、日本和欧盟钢铁消费量的总和，约占世界总消费量的 25%；水泥消费约 8 亿吨，约为 1983 年的 8 倍，约占世界的 50%；电力消费已经超过日本，居世界第二位，仅低于美国。从资源利用效率来看，我国仍然处于粗放型增长阶段。以单位 GDP 产出能耗来计算能源利用效率，我国与发达国家差距非常大。日本为 1，意大利为 1.33，法国为 1.5，德国为 1.5，英国为 2.17，美国为 2.67，加拿大为 3.5，而我国高达 11.5。我国的耗能设备能源利用效率比发达国家普遍低 30%~40%。每 1000 美元 GDP 排放的二氧化硫，美国为 2.3 千克，日本为 0.3 千克，而中国高达 18.5 千克。2003 年我国 GDP 仅占世界的

---

① 国务院.关于印发能源发展"十二五"规划的通知[EB/OL].http://www.nea.gov.cn/2013-01/28/c_132132808.htm.2013-01-28.

4%，却消耗了世界 1/4 以上的钢、30% 的煤和一半的水泥。从资源再生角度看，我国资源重复利用率远低于发达国家。比如，尽管我国人均水资源拥有量仅为世界平均水平的 1/4，但水资源循环利用率比发达国家低 50% 以上。资源再生利用率也普遍较低。我国即将进入汽车社会，大量废旧轮胎再生利用率仅有 10% 左右，远低于发达国家。根据《2004 年中国可持续发展战略报告》数据显示，见表 3-6 和图 3-2。

表 3-6 我国主要耗水指标与发达国家比较

指标	我国	发达国家
万元 GDP 用水量(吨)	465	13 ~ 91
万元工业增加值用水量(吨)	95	19 ~ 85
工业用水重复利用率(%)	55	85
农业 GDP 用水效益(美元 / 吨)	10.7	85.5

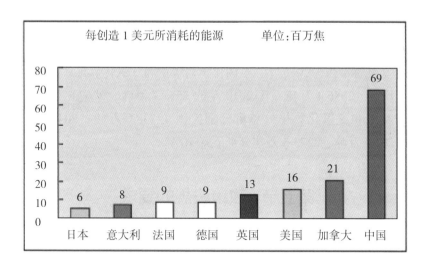

图 3-2 我国能源消耗与 G7 国家水平比较

二、节能减排已有量化指标的目标值

在《国民经济和社会发展第十二个五年规划纲要》中，也明确提出了资源环境方面的具体指标，且为约束性指标。见表 3-7。

表 3-7　国民经济和社会发展"十二五"规划的相关指标

指标类型	具体指标	2010 年	2015 年	年均增长值(%)	属性
经济发展	国内生产总值(万亿元)	39.8	55.8	7	预期性
	服务业增长值比重(%)	43	47	⌊4⌋	预期性
	城镇化(%)	47.5	51.45	⌊4⌋	预期性
资源环境	耕地保有量(亿亩)	18.18	18.18	⌊0⌋	约束性
	单位工业增加值用水量降低(%)	0.5	0.53	⌊30⌋	约束性
	农业灌注用水有效利用系数	8.3	11.4	⌊0.03⌋	预期性
	非化石能源占一次能源消费比重(%)			⌊3.1⌋	约束性
	单位国内生产总值能源消耗降低(%)			⌊16⌋	约束性
	单位国内生产总值二氧化碳降低(%)			⌊17⌋	约束性
主要污染物排放总量减少(%)	化学需氧量			⌊8⌋	约束性
	二氧化硫			⌊8⌋	约束性
	氨氮			⌊10⌋	约束性
	氮氧化物			⌊10⌋	约束性

　　"十二五"节能减排综合性工作方案提出，到 2015 年，全国万元国内生产总值能耗下降到 0.869 吨标准煤（按 2005 年价格计算），比 2010 年的 1.034 吨标准煤下降 16%，比 2005 年的 1.276 吨标准煤下降 32%；"十二五"期间，实现节约能源 6.7 亿吨标准煤。2015 年，全国化学需氧量和二氧化硫排放总量分别控制在 2347.6 万吨、2086.4 万吨，比 2010 年的 2551.7 万吨、2267.8 万吨分别下降 8%；全国氨氮和氮氧化物排放总量分别控制在 238.0 万吨、2046.2 万吨，比 2010 年的 264.4 万吨、2273.6 万吨分别下降 10%[①]。

第五节　政策法规的要求

一、制定的法律法规

　　我国已制定了《中华人民共和国清洁生产促进法》和《中华人民共和国循环经济促进法》。2002 年 6 月 29 日第九届全国人民代表大会常务委员会第二十八

---

　　① 国务院. 关于印发"十二五"节能减排综合性工作方案的通知[EB/OL].http://www.gov.cn/zwgk/2011-09/07/content_1941731.htm.2011-09-07.

次会议通过，根据 2012 年 2 月 29 日第十一届全国人民代表大会常务委员会第二十五次会议《关于修改〈中华人民共和国清洁生产促进法〉的决定》。《中华人民共和国循环经济促进法》已由第十一届全国人民代表大会常务委员会第四次会议于 2008 年 8 月 29 日通过，自 2009 年 1 月 1 日起施行。我国也已经制定了一系列关于清洁生产与循环经济的法律、法规、部门规章以及技术性文件，还有与清洁生产与循环经济紧密相关的环境保护、节能减排等政策，这些构成了整个的政策法规体系（见表 3-8 和表 3-9）。

表 3-8 我国有关清洁生产的法律法规和政策

序号	名称	颁布机构	颁布日期	实施日期
1	中华人民共和国清洁生产促进法	第九届全国人民代表大会常务委员会	2002 年 6 月 29 日	2003 年 1 月 1 日实施，2012 年 2 月 29 日修订
2	清洁生产审核暂行办法	国家发展和改革委员、国家环境保护总局	2004 年 8 月 16 日	2004 年 10 月 1 日
3	关于印发重点企业清洁生产审核程序的规定的通知，环发〔2005〕151 号	国家环保总局	2005 年 12 月 13 日	2005 年 12 月 13 日
4	关于进一步加强重点企业清洁生产审核工作的通知，环发〔2008〕60 号	环境保护部	2008 年 07 月 01 日	2008 年 07 月 01 日
5	关于深入推进重点企业清洁生产的通知，环发〔2010〕54 号	环境保护部	2010 年 04 月 22 日	2010 年 04 月 22 日
6	关于印发《中央财政清洁生产专项资金管理暂行办法》的通知，财建〔2009〕707 号	财政部、工业和信息化部	2009 年 10 月 30 日	2009 年 10 月 30 日
7	工业清洁生产推行"十二五"规划，工信部联规〔2012〕29 号	工业和信息化部、科学技术部、财政部	2012 年 1 月 18 日	2012 年 1 月 18 日

表 3-9　我国有关循环经济的法律法规和政策

序号	名称	颁布机构	颁布日期	实施日期
1	中华人民共和国循环经济促进法	第十一届全国人民代表大会常务委员会	2008 年 8 月 29 日	2009 年 1 月 1 日
2	关于加快发展循环经济的若干意见	国务院	2005 年 7 月 2 日	2005 年 7 月 2 日
3	关于印发《循环经济发展规划编制指南》的通知,发改办环资〔2010〕3311 号	国家发展改革委办公厅	2010 年 12 月 31 日	2010 年 12 月 31 日
4	关于印发《循环经济发展专项资金管理暂行办法》的通知,财建〔2012〕616 号	财政部、国家发展改革委	2012 年 7 月 20 日	2012 年 9 月 1 日
5	印发《循环经济发展战略及近期行动计划》,国发〔2013〕5 号	国务院	2013 年 1 月 23 日	2013 年 1 月 23 日

二、制定的有关规划计划

2012 年 3 月,为提升工业清洁生产水平,指导工业领域全面推行清洁生产,工业和信息化部、科技部、财政部制定《工业清洁生产推行"十二五"规划》(以下简称《规划》)。明确了"十二五"期间工业清洁生产总体目标、主要任务、重点工程和保障措施。"十二五"总体目标是:全国工业领域清洁生产推进机制进一步健全,技术支撑能力显著提高,清洁生产服务体系更加完善,重点行业、省级以上工业园区企业清洁生产水平大幅提升,清洁生产对科学利用资源、节能减排的促进作用更加突出,为全面建立清洁生产方式奠定坚实基础。该《规划》还提出实施七大工程,包括化学需氧量削减工程、二氧化硫削减工程、氨氮削减工程、氮氧化物削减工程、汞污染削减工程、铬污染削减工程、铅污染削减工程。《规划》还确定了有关主要任务,包括开展工业产品生态设计、提高生产过程清洁生产技术水平、开展有毒有害原料(产品)替代。《规划》还要求加大财政资金支持力度:充分发挥中央财政清洁生产资金的支持引导作用,扩大资金规模,加大支持力度。重点支持重大关键共性清洁生产技术产业化应用示范等工作。地方财政要加大对清洁生产的支持力度，鼓励具备条件的设立地方清洁生产专项资金。根据《规划》，中小企业发展基金要安排适当数额支持中小企业实施清洁生产。中央财政在安排技术改造、节能减排、循环经济等有关专项资金时，把清洁生产技术改造项目作为重点支持方向，加大支持力度，加快提升清洁生产水平。充分利用地方节能减排资金、技术改造资金等资金渠道，加大对清洁生产项目特别是中小企业清洁生产项目的支持力度。关于"十二五"工业清洁生产的主要指标见表3-10[①]。

表3-10 "十二五"工业清洁生产主要指标

指 标	2010 年	2015 年
清洁生产培训和审核		
规模以上工业企业负责人培训比例	［23.4%］	［>50%］
规模以上工业企业通过审核比例	［9%］	［>30%］
审核报告中清洁生产技术改造实施率	［44.3%］	［>60%］
削减生产过程污染物产生量		
化学需氧量	［245.6 万吨］	65 万吨
二氧化硫(排放量)	—	60 万吨
氨氮	［5.6 万吨］	10.8 万吨
氮氧化物	—	120 万吨
汞使用量	—	638 吨
铬渣及含铬污泥	—	73 万吨
铅尘	—	0.2 万吨
重点行业清洁生产水平		
重点行业达到"清洁生产先进企业"比例	—	［>70%］
培育清洁生产示范企业	—	［500 家］

注：［ ］表示2003~2010年累计数。

2013 年 1 月，国务院印发了《循环经济发展战略及近期行动计划》，明确了

① 工业和信息化部,科技部,财政部.工业清洁生产推行"十二五"规划［EB/OL］. http://www.miit.gov. cn/n11293472/n11293832/n11293907/n11368223 /n14484353.files/n14484198. pdf. 2012-03-02.

发展循环经济的主要目标、重点任务和保障措施。这是我国首部国家级循环经济发展战略及专项规划。在这个规划中，提出了关于发展循环经济的目标和主要任务（见专栏3-4）。循环经济发展的中长期目标是：循环型生产方式广泛推行，绿色消费模式普及推广，覆盖全社会的资源循环利用体系初步建立，资源产出率大幅提高，可持续发展能力显著增强。到"十二五"末的目标（近期目标）是：主要资源产出率比"十一五"末提高15%，资源循环利用产业总产值达到1.8万亿元[①]。

专栏3-4 中国"十二五"期间发展循环经济的主要任务

四项重点任务：构建循环型工业体系、构建循环型农业体系、构建循环型服务业体系、推进社会层面循环经济发展。

在构建循环型工业体系方面，全面推行循环型生产方式，实施清洁生产，促进源头减量；推动资源综合开发利用，废物循环利用；推进园区循环化改造，实现能源梯级利用、水资源循环利用、废物交换利用、土地节约集约利用，促进企业循环式生产、园区循环式发展、产业循环式组合，增强产业可持续发展能力。

在构建循环型农业体系方面，加快推动资源利用节约化、生产过程清洁化、产业链接循环化、废物处理资源化，形成农林牧渔多业共生的循环型农业生产方式，推进农业现代化，改善农村生态环境，提高农业综合效益，促进农业发展方式转变。

在构建循环型服务业体系方面，推进服务主体绿色化、服务过程清洁化，促进服务业与其他产业融合发展，发挥服务业在引导人们树立绿色循环低碳理念等方面的积极作用。

在推进社会层面循环经济发展方面，完善再生资源和垃圾分类回收体系，推动再生资源利用产业化，发展再制造，推进餐厨废弃物资源化利用，实施绿色建筑行动和绿色交通行动，推行绿色消费，实施大循环战略，加快建设循环型社会。

[①] 国务院. 关于印发循环经济发展战略及近期行动计划的通知 [EB/OL]. http://www.gov. cn/zwgk/2013-02/05/content_2327562.htm.2013-02-05.

第四章　循环经济的原理和发展

第一节　循环经济的内涵、特征和意义

循环经济这个虽然备受西方学界欢迎的词语在中国出现的时间并不长，但是，学界却给予了极大的关注。原因就是中国实现全面建成小康社会的目标和走可持续发展的道路呼唤着循环经济。因此，本节对于循环经济的内涵、特点、意义及对策给予了综述①。究竟何谓循环经济，它有哪些特征，中国应该怎样走循环经济之路，才有利于人口、资源、环境、经济与社会的协调发展，亟待于理论的深化。

一、循环经济的内涵界定

吴季松先生认为，"循环经济"一词，是由美国经济学家 K.波尔丁在 20 世纪 60 年代提出的，它是指在人、自然资源和科学技术的大系统内，在资源投入、企业生产、产品消费及其废弃物的全过程中，不断提高资源利用效率，把传统的、依赖资源净消耗线形增加来发展的经济，转变为依靠生态型资源循环来发展的经济。循环经济的原则有 8 个：大系统分析的原则；生态成本总量控制的原则；资源循环的 3R 原则（资源利用的减量化原则、产品生产的再使用原则和废弃物的再循环原则）；尽可能利用可再生资源原则；尽可能利用高科技原则；把生态系统建设作为基础设施建设的原则；建立绿色国内生产总值统计与核算体系的原则；建立绿色消费制度的原则②。

冯之浚等人认为，循环经济要求遵循生态学规律，合理利用自然资源和环境容量，在物质不断循环利用的基础上发展经济，使经济系统和谐地纳入到自然生

---

① 本节的主要内容作者已公开发表。详见：张贡生.关于循环经济的内涵、特点、意义及对策综述[J].长春工业大学学报(社会科学版),2004 16(2):23-28.

② 吴季松.循环经济——全面建设小康社会的必由之路[M].北京:北京出版社,2003.

态系统的物质循环过程中，实现经济的生态化。它本质上是一种生态经济①。

邹声文先生认为，循环经济追求资源利用最大化和污染排放最小化，是一种将清洁生产、资源综合利用、生态设计和可持续消费等融为一体的经济发展战略②。

我国环保事业的奠基人曲格平先生认为，所谓循环经济，本质上是一种生态经济，它要求运用生态学规律而不是机械论规律来指导人类社会的经济活动。与传统经济相比，循环经济的不同之处在于：传统经济是一种"资源—产品—污染排放"单向流动的线性经济，其特征是高开采、低利用、高排放。与此不同，循环经济倡导的是一种与环境和谐的经济发展模式。它要求把经济活动组织成一个"资源—产品—再生资源"的反馈式流程，其特征是低开采、高利用、低排放。所有的物质和能源要能在这个不断进行的经济循环中得到合理和持久的利用③。

原国家经贸委副主任谢旭人先生认为，循环经济是指以资源节约和循环利用为特征的经济形态，也可称为资源循环型经济。大力发展循环经济可以从根本上改变我国资源过度消耗和环境污染严重的局面，是我国实现可持续发展战略的必然选择④。

时任贵阳市市长孙国强先生认为，所谓循环经济，是一种按照自然生态系统物质循环流动方式为特征的经济模式。发展循环经济，就是要以循环经济的理念作为指导思想，把清洁生产、生态工业、生态农业等措施整合起来，形成一套系统的战略，以此来调整城市空间结构布局，调整和优化经济结构⑤。

王成新、李昌峰认为，所谓循环经济，即在经济发展中，遵循生态学规律，将清洁生产、资源综合利用、生态设计和可持续消费等融为一体，实现废物减量化、资源化和无害化，使经济系统和自然生态系统的物质和谐循环，维护自然生态平衡⑥。

时任广东省可持续发展研究会副理事长陈之泉先生认为，所谓循环经济，就是在可持续发展的思想指导下，按照清洁生产的方式，对资源及其废弃物实行综合利用的生产活动过程。"循环经济"相对于传统经济而言，是一场革命，是生

① 冯之浚，张伟，郭强，等."循环经济"是个大战略[N].光明日报，2003-09-22.
② 邹声文.我国开始建设首座循环经济型生态城市[EB/OL].新华网，2003-09-15.
③ 曲格平.发展循环经济是 21 世纪的大趋势[J].机电产品与创新，2001，(6).
④ 谢旭人.发展循环经济实现可持续发展[J].节能与环保，2003(3)：18-19.
⑤ 孙国强.以循环经济模式建设生态城市[EB/OL].新华网，2003-08-31.
⑥ 王成新，李昌峰.循环经济：全面建设小康社会的时代抉择[J].理论学刊，2003(1).

产关系领域里的一场革命，是保护资源、保护地球生态环境的一种现代文明行为。"循环经济"所倡导的生产过程，要求将资源作为一种循环使用的原材料，重复使用或者重复多次使用。这里首要的问题是要强化对资源生命周期的管理，既要管理好资源的开发过程和资源的生产加工过程，努力做到最大限度地保护资源、爱护资源，减少浪费，提高其利用率；同时还要求生产厂家在产品生产和产品使用过程中不发生或少发生污染（即不产生或少产生废气、废水和废渣），不向社会投放有毒或有污染的产品。也就是说，在经济发展过程中要努力做到少投入、多产出，少污染或无污染，实现"资源—产品—再生资源—再生产品"的循环式的经济发展模式①。清洁生产的实质是贯彻污染预防原则，从生产设计、能源与原材料选用、工艺技术与设备维护管理等社会生产和服务的各个环节实行全过程控制，从源头削减污染，提高资源利用率，减少或者避免生产、服务和产品使用过程中污染物的产生和排放，以减轻或者消除对人类健康和环境的危害，促进资源的循环利用，实现经济效益与环境效益的统一。实施清洁生产具有重要的现实意义和长远的战略意义：可以节约资源，削减污染，降低污染治理设施的建设和运行费用，提高企业经济效益和竞争能力；实施清洁生产，将污染物消除在源头和生产过程中，可以有效地解决污染转移问题；可以挽救一大批因污染严重而濒临关闭的企业，缓解就业压力和社会矛盾；可以从根本上减轻因经济快速发展给环境造成的巨大压力，降低生产和服务活动对环境的破坏，并为探索和发展"循环经济"奠定良好的基础②。

江金骐认为，循环经济是指依靠人的智力和智力产生的科技进步，按照清洁即无公害生产的方式，将资源和废弃物作为一种循环使用的原材料，重复多次使用，在产品生产过程中不发生或少发生污染。这样，人类就可以最大限度地利用地球有限的自然资源，降低资源消耗量；并且在不破坏或少破坏生态环境的条件下创造财富、发展经济③。

循环经济就是在可持续发展的思想指导下，按照清洁生产的方式，对能源及其废弃物实行综合利用的生产活动过程。它要求把经济活动组成一个"资源—产品—再生资源"的反馈式流程；其特征是低开采，高利用，低排放。本质上是一

---

① 陈之泉. 人类呼唤"循环经济"[EB/OL]. http://rdczq739.blog.163.com/blog/static/18347246820126301037278/.2001-10-12.

② 胡春冬. 循环经济的首要原则是减量化[EB/OL]. http://www.cenews.com.cn/historynews/200804/t20080420_425677.html. 2002-12-02.

③ 江金骐. 循环经济——21世纪的战略选择[J]. 中国经济快讯周刊, 2002(3).

种生态经济，要求运用生态学规律来指导人类社会的经济活动①。

张思锋、张颖认为，循环经济的含义是：以可循环资源为来源，以环境友好的方式利用资源，保护环境和发展经济并举，把人类生产活动纳入自然循环过程中，所有的原料和能源都能在这个不断进行的经济循环中得到合理的利用，从而把经济活动对自然环境的影响控制在尽可能小的程度；经过相当长一段时间的努力，使生态负增长转变为生态正增长，实现人类与生态的良性循环②。

2008年8月通过，自2009年1月1日起施行的《中华人民共和国循环经济促进法》指出：本法所称循环经济，是指在生产、流通和消费等过程中进行的减量化、再利用、资源化活动的总称。

二、循环经济的特征

原国家环境保护总局局长解振华先生认为，循环经济的技术经济特征之一是提高资源利用效率，减少生产过程的资源和能源消耗。这是提高经济效益的重要基础，也是污染排放减量化的前提；循环经济的技术经济特征之二是延长和拓宽生产技术链，将污染尽可能地在生产企业内进行处理，减少生产过程的污染排放；循环经济的技术经济特征之三是对生产和生活用过的废旧产品进行全面回收，把可以重复利用的废弃物通过技术处理进行无限次的循环利用。这将最大限度地减少初次资源的开采，最大限度地利用不可再生资源，最大限度地减少造成污染的废弃物的排放；循环经济的技术经济特征之四是对生产企业无法处理的废弃物集中回收、处理，扩大环保产业和资源再生产业的规模，扩大就业③。

吴季松先生认为，循环经济的主要特征如下：①新的系统观。循环经济观要求人在考虑生产和消费时不再置身于这一大系统之外，而是将自己作为这个大系统的一部分来研究符合客观规律的经济原则，将"退田还湖""退耕还林""退牧还草"等生态系统建设作为维持大系统可持续发展的基础性工作来抓。②新的经济观。在传统工业经济的各要素中，资本在循环，劳动力在循环，而唯独自然

---

① 中国宁波网. 什么是循环经济 [EB/OL]. http://www.cnnb.com.cn/gb/node2/newspaper/node19916/node38388/9/node51228/node51230/userobject7ai1221620.html.2005-9-25.

② 张思锋，张颖. 对我国循环经济研究若干观点的述评 [J].西安交通大学学报（社会科学版),2002（9）.

③ 解振华.关于循环经济理论与政策的几点思考[J].环境保护,2004(1).

资源没有形成循环。循环经济观要求运用生态学规律，而不是仅仅沿用 19 世纪以来机械工程学的规律来指导经济活动。不仅要考虑工程承载能力，还要考虑生态承载能力。在生态系统中，经济活动超过资源承载能力的循环是恶性循环，会造成生态系统退化；只有在资源承载能力之内的良性循环，才能使生态系统平衡地发展。③新的价值观。循环经济观在考虑自然时，不再像传统工业经济那样将其作为"取料场"和"垃圾场"，也不仅仅视其为可利用的资源，而是将其作为人类赖以生存的基础，是需要维持良性循环的生态系统；在考虑科学技术时，不仅考虑其对自然的开发能力，而且要充分考虑到它对生态系统的修复能力，使之成为有益于环境的技术；在考虑人自身的发展时，不仅考虑人对自然的征服能力，而且更重视人与自然和谐相处的能力，促进人的全面发展。④新的生产观。传统工业经济的生产观念是最大限度地开发利用自然资源，最大限度地创造社会财富，最大限度地获取利润。而循环经济的生产观念是要充分考虑自然生态系统的承载能力，尽可能地节约自然资源，不断提高自然资源的利用效率，循环使用资源，创造良性的社会财富。同时，在生产中还要求尽可能地利用可循环再生的资源替代不可再生资源，如利用太阳能、风能和农家肥等，使生产合理地依托在自然生态循环之上；尽可能地利用高科技，尽可能地以知识投入来替代物质投入，以达到经济、社会与生态的和谐统一，使人类在良好的环境中生产生活，真正全面提高人民生活质量。⑤新的消费观。循环经济观要求走出传统工业经济"拼命生产、拼命消费"的误区，提倡物质的适度消费、层次消费，在消费的同时就考虑到废弃物的资源化，建立循环生产和消费的观念。同时，循环经济观要求通过税收和行政等手段，限制以不可再生资源为原料的一次性产品的生产与消费，如宾馆的一次性用品、餐馆的一次性餐具和豪华包装等①。

曲格平先生认为，传统经济的特征是高开采、低利用、高排放。循环经济的特征是低开采、高利用、低排放②。

时任国家经贸委副主任谢旭人先生认为，循环经济是指以资源节约和循环利用为特征的经济形态。传统经济是以"资源—产品—废弃物"污染物排放单向流动为基本特征的线性经济发展模式，表现为"两高一低"，即高消耗、低利用、高污染，是不能持续发展的模式。循环经济是以"资源—产品—再生资源—产

---

① 吴季松.循环经济——全面建设小康社会的必由之路[M].北京:北京出版社,2003.
② 曲格平.发展循环经济是 21 世纪的大趋势[J].机电产品与创新,2001(6).

品"为特征的经济发展模式，表现为"两低两高"，即低消耗、低污染、高利用率和高循环率，使物质资源得到充分、合理的利用，把经济活动对自然环境的影响降低到尽可能小的程度，是符合可持续发展原则的经济发展模式。循环经济的主要特征是废弃物的减量化、资源化和无害化[①]。

时任贵阳市市长孙国强先生认为，循环经济是一种以自然生态系统物质循环流动方式为特征的经济模式[②]。

两院院士陆钟武先生认为，循环经济是一种以物质闭环流动为特征的生态经济，即"资源—产品—再生资源"[③]。

冯久田先生认为，循环经济体现了可持续发展的理念，是充分利用科技成果，实现人与自然、经济、资源协调统一的最佳经济发展模式，其特征：一是物质的循环流动，二是能源的梯次使用，三是清洁生产，源头治理，在环境方面表现为污染低排放甚至零排放[④]。

张凯先生认为，流动形式是线状特征的，即"资源—产品—废物"，称为线性经济；流动形式具有环状（立体交叉）特征的，即"资源—产品—再生资源"，称为循环经济。当前，人类社会正处于线性经济向循环经济的经济转型期[⑤]。

冯之浚等人认为，循环经济以资源节约和循环利用为特征，因此，也可称为资源循环型经济[⑥]。

三、中国发展循环经济的意义

时任国家经贸委副主任谢旭人认为，中国发展循环经济的意义就在于：第一，是实施资源战略，促进资源永续利用，保障国家经济安全的重大战略措施；第二，是防治污染、保护环境的重要途径；第三，是应对入世挑战，促进经济增

---

① 谢旭人. 发展循环经济实现可持续发展[J]. 节能与环保,2003(3):18-19.

② 孙国强. 以循环经济模式建设生态城市[EB/OL]. 新华网,2003-08-31.

③ 陆钟武. 以循环经济穿越"环境高山"[N]. 辽宁日报,2003-08-25.

④ 冯久田,尹建中,郭枚,等.循环型经济社会：一项可持续发展的系统工程[J].中国人口·资源与环境,2002,(5):29-32.

⑤ 张凯.发展循环经济是迈向生态文明的必由之路[J].环境保护,2003,(5):3-5.

⑥ 冯之浚,张伟,郭强,等.循环经济是个大战略[N].光明日报,2003-09-22.

长方式转变，增强企业竞争力的重要途径和客观要求[①]。

冯之浚等人认为，我国发展循环经济的重大意义在于：一是实施可持续发展战略的需要；二是防治污染、扭转防治思想的重要途径；三是我国调整产业结构，扩大就业的一条有效途径；四是我国应对入世挑战，增强国际竞争力的重要途径和客观要求[②]。

王成新、李昌峰认为，发展循环经济的意义主要在于：一是能够极大地减少污染排放；二是促进资源的高效利用；三是促进经济的健康发展，因为循环经济是"点绿成金"的经济；四是有利于缩小城乡差别、工农差别和地区差别[③]。

张思锋、张颖认为，大力发展循环经济的意义在于：一是适应可持续发展的需要；二是先进的经济发展模式；三是遏制环境恶化的必然选择[④]。

四、中国发展循环经济的对策

解振华先生认为，大力发展循环经济的对策主要有以下几点：第一，加快制订促进循环经济发展的政策、法律法规。第二，加强政府引导和市场推进作用。第三，在经济结构战略性调整中大力推进循环经济。第四，以绿色消费推动循环经济发展。第五，探索建立绿色国民经济核算制度。在经济核算体系中，要改变过去重经济指标、忽视环境效益的评价方法，开展绿色经济核算，并纳入国家统计体系干部考核体系。目前，应重点开展环境污染和生态损失及环境保护效益计量方法和技术的研究工作，并进行统计和核算试点。第六，开发建立循环经济的绿色技术支撑体系[⑤]。他还讲到，过去我们采取的措施主要是：① 调整产业结构，解决结构性污染，依法淘汰了一批技术落后、浪费资源、污染严重、没有市场、治理无望的生产工艺、设备和企业，减轻了工业污染负荷，缓解了结构性污染，创造了企业间公平竞争的环境。②调整能源结构，减少煤炭在能源结构中的比例，提高煤炭的利用效率，推广清洁煤技术，大力发展水电，积极开发可再生

① 谢旭人. 发展循环经济实现可持续发展[J]. 节能与环保, 2003(3):18-19.
② 冯之浚, 张伟, 郭强, 等. 循环经济是个大战略[N]. 光明日报, 2003-09-22.
③ 王成新, 李昌峰. 循环经济:全面建设小康社会的时代抉择[J]. 理论学刊, 2003(1).
④ 张思锋, 张颖. 对我国循环经济研究若干观点的述评[J]. 西安交通大学学报(社会科学版), 2002(9).
⑤ 解振华. 大力发展循环经济[J]. 求是, 2003(13).

能源。③严格控制新污染和生态破坏，对所有建设项目实行环境影响评价制度，努力做到增产不增污、增产减污。2002年制定2003实施的《中华人民共和国环境影响评价法》，不仅要求对建设项目进行环境影响评价，并要求对发展规划进行环境影响评价，保证了环境保护参与经济社会发展综合决策。④推行清洁生产，开展环境审计，鼓励和引导企业实行ISO14000环境管理体系认证。《中华人民共和国清洁生产促进法》要求工业企业污染由末端治理向生产全过程控制转变，既治标又治本。⑤一批城市调整了规划布局，加快城市污水和垃圾处理等环境基础设施的建设，治理城市生活污染。⑥调整农业结构，实行退耕还林、退田还湖，发展生态农业、有机农业，保护生态环境，防治农业面源污染。⑦加大对环境保护的投入。1998~2002年，用于环境保护的投入5800亿元人民币，相当于1950~1997年环境保护投入总和的1.7倍。为推动上述措施的实行，我们采取了法律的、行政的、技术的措施，特别是坚持"污染者付费"的原则，制定和实施了一些包括价格、税收等适应市场机制的经济政策。这些措施对促进发展方式转变发挥了很大的作用①。

陈之泉先生认为，在我国人们对循环经济的认识尚不到位的条件下，要逐步将这一新型理论落到实处，需从以下几方面入手：一是要大力发动各行各业的科学研究部门把"循环经济"如何与实践结合的问题作为一个课题进行研究，通过研究要提出本行业产品的产生过程如何实现"循环经济"的具体措施，并能结合实践情况总结经验，制定出相关的技术标准和规范；二是各行各业的设计单位，要根据"循环经济"的指导思想设计本行业产品可持续利用的生产工艺及其组装模式，经试点并总结经验后逐步推广，努力做到资源消耗少、生产污染少、产品质量高（即两少一高），使其废弃物料实现"减量化、无害化、资源化"；三是政府主管部门要加强领导，不断推广发展"循环经济"的经验，大力淘汰生产工艺落后、资源浪费严重、污染严重的各类后进企业；四是新闻媒体要大力宣传在实践"循环经济"中的先进典型，将"循环经济"的科学生产方式全面地推向社会，让其遍布社会的各个角落，使21世纪能真正成为"循环经济"全面发展的世纪。具体而言，一是要大力调整产业结构，根治和减少污染严重的企业，用高新技术改造传统产业，大力推进清洁生产，淘汰落后的生产工艺、设备和产品，

---

① 解振华.走循环经济之路实现可持续生产与消费——在联合国环境规划署第22届理事会暨全球部长级环境论坛上的发言［EB/OL］. http://www.epvalley.com/simple-chinese/forum/030211.htm.2003-02-11.

这是实施可持续发展的根本，是推行循环经济的关键。二是改造传统产业。具体办法是：各级政府要高度重视这一工作，并尽快提出实施循环经济的具体行政措施；各行业的主管部门，要对其所管辖的研究和设计单位提出具体要求，并下达有关回收利用本行业报废产品的研究课题，同时对国有研究部门要配有一定量的研发费用（由同级财政拨款）；研究和设计单位要针对本行业的特点，研究其实施循环经济的具体工艺；有关自动化生产设备的设计单位，要根据其资源回收利用的工艺，研究并设计适用的自动化生产线及相关设备；政府有关主管部门要尽快建立回收运转机制，各生产厂家要承担报废后的大部分回收、利用费用（将报废产品回收再生费用计入销售价格），各用户要承担资源再生的部分运转资金；立法部门要根据需要尽快制订相关法律①。

曲格平先生认为，面对国际上发展循环经济的新趋势，我们必须把发展循环经济确立为国民经济和社会发展的基本战略目标，进行全面规划和实施，只有这样，才可能有效克服在现代化过程中出现的环境与资源危机。我们已经历从计划经济向市场经济的转轨过程，我们还需要经历从传统工业经济向循环经济的转轨过程。这是对传统经济发展方式、传统的环境治理方式的重大变革。在这样一个变革过程中，从总体上来讲需要政府的积极倡导和扶助，需要产业界积极创新和开发，需要公众的参与和支持。从政府来讲，需要制定相应的法律、法规和相应的规划、政策，对不符合循环经济的行为加以规范和限制。除了采取一些必要的行政强制措施外，应当更加注意应用经济激励手段和措施，以及其他激发民间自愿行动的手段和措施，以推动循环经济的顺利发展。从产业界来讲，需要把资源循环利用和环境保护纳入企业总体的创新、开发和经营战略中，自觉地在生产经营和各个环节采取相应的技术和管理措施，引导有利于循环经济的消费和市场行为。从公众来讲，需要树立同环境相协调的价值观和消费观，自愿地选择有利于环境的生活方式和消费方式，推动市场向循环经济方向转变。当前，国际上出现了清洁生产浪潮，这是实施循环经济的重要进展，借鉴国际上发展循环经济的基本经验，主要做法为：一是转变设计思想和原则，把经济效益、社会效益和环境效益统一起来，充分注意到使物质循环利用；二是依靠科技进步，积极采用无害或低害新工艺、新技术，大力降低原材料和能源的消耗，实现少投入、高产出、

---

① 陈之泉. 人类呼唤"循环经济"[EB/OL]. http://rdczq739.blog.163.com/blog/static/18347246 82012630103 72278/.2001—10—12.

低污染，尽可能把对环境污染的排放物消除在生产过程之中；三是实行资源的综合利用，使废弃物资源化、减量化和无害化，把有害环境的废弃物减少到最低限度。工业生态园是推行循环经济的一种好方式；四是进行科学和严格的管理。循环经济是一种新型的、先进的经济形态。但是，不能设想仅靠先进的技术就能推行这种经济形态，它是一门集经济、技术和社会于一体的系统工程，科学地和严格地管理是做好这种经济的重要条件。因此，需要建立一套完备的办事规则和操作规程；五是推行循环经济，环保产业可以发挥积极的作用。环保产业应当突破传统专业领域的局限，向绿色产品、绿色工艺技术以及各种人工生态系统的规划开发、设计、营销的广阔领域进军，有效满足市场上逐步形成的对有关各种产品和服务的需求。这是蕴含着无数商机和巨大潜力的市场①。

原国家经贸委副主任谢旭人先生认为，发展循环经济的基本途径包括推行清洁生产、综合利用资源、建设生态工业园区、开展再生资源回收利用、发展绿色产业和促进绿色消费等许多方面。从具体对策上讲，包括：第一，加快制定我国循环经济发展战略，采用系统工程的思想和方法，提出我国循环经济发展的思路、目标、步骤和政策措施等，指导全国循环经济的健康发展。第二，建立促进循环经济发展的法律法规体系，依法推动循环经济发展。一是认真贯彻落实已有相关法律法规和规定，如《节约能源法》《清洁生产促进法》，国务院《关于进一步开展资源综合利用的意见》，依法促进废物减量化、资源化、无害化等。二是加强循环经济法律法规体系的研究。抓紧制定相关法规和规章，如《再生资源回收管理条例》《废旧家电回收利用管理办法》《清洁生产审核办法》《重点行业清洁生产评价指标体系》《强制回收的产品和包装物回收管理办法》等。第三，强化政策导向，坚持鼓励与限制相结合，形成循环经济发展的激励机制。一是用足用好国家对资源综合利用的优惠政策，充分发挥优惠政策的鼓励、引导和扶持作用；二是以与时俱进精神，完善资源综合利用的优惠政策；三是研究制定适应新形势的政策体系，包括财政、税收、金融、投资、技术等促进循环经济发展的经济技术政策。第四，依靠技术进步，为循环经济发展提供有力的技术支撑。一要加快用高新技术和先进适用技术提升循环经济发展的技术水平；二要组织重大示范项目。要以解决循环经济发展中的共性和关键技术为重点，选择具有标志性目标和有广泛推广前景的先进适用技术，在重点行业、重点企业组织实施

---

① 曲格平.发展循环经济是21世纪的大趋势[J].机电产品与创新,2001(6).

一批重大示范工程；三要加快先进适用技术的推广。不要仅仅搞示范，还要使示范的技术开花结果，发挥效益。技术推广这个环节很重要，特别要做好推广技术的筛选、信息传播和技术服务工作。第五，突出重点，注重实效。发展循环经济，涉及面广，必须抓住重点不放松。一是以节水、节能为重点，促进企业节能降耗，提高资源利用效率；二是以推行清洁生产和发展环保产业为重点，促进工业污染防治从末端治理向污染预防转变；三是以产业废弃物综合利用和再生资源回收利用为重点，促进资源综合利用再上新台阶，为新型工业化奠定坚实的基础。第六，加大示范试点和典型企业的推动和辐射作用。一是继续推进清洁生产示范试点计划的实施；二是开展"清洁生产先进企业"创建活动。使企业经过几年努力，其清洁生产主要指标要达到国内同行业的领先水平或国际先进水平，污染物达到或接近"零排放"，为可持续发展做出积极贡献。在开展创建活动中，要特别注重工作机制和方式方法的创新，更好地发挥市场机制的作用；三是以循环经济的要求，推进生态工业示范园区的建设，特别是新建的经济技术开发区或工业园区，从规划、设计到整个实施过程中，都要符合循环经济的要求；四是抓紧推动全国发展循环经济示范试点城市的工作。第七，加强宣传培训，提高全民发展循环经济的意识，提高公众参与水平。

冯之浚等人认为，发展循环经济的对策主要有：第一，加快法律法规系统的建设。在这些法律法规中应在以下方面有所体现：明确定义"可循环资源"和"循环型社会"；优先体现减量化、再使用、再循环、热能循环和适当处理原则；详细规定废物产生者以及延伸意义上的后续产生者的责任和义务，生产商和经销商有回收旧货的义务，对商品的终生负责；规定废物利用循环利用的百分比率；要求废物产生者发布废物循环利用和处理信息，受社会和公众的监督。第二，强化政策引导，形成循环经济发展的激励机制。即政府财政、税收、信贷、征费等应引导企业自愿发展循环经济。同时，政府有必要设置专门的部门以负责指导和协调全国范围的循环经济的建设。即将原来的环保产业升级为环境产业，并适时发展环境市场：一是生产活动源头无废或少废产业市场；二是再生资源回收利用市场和多元化经营市场，包括废旧物资交易市场和可再生资源分拣、再加工和综合利用市场，以及垃圾末端处置的能源转化市场；三是绿色产品和绿色消费市场；四是相关科技产品市场，如管理软件、技术专利以及先进设备和工艺市场。第三，加快建设环境产业市场，发挥市场对循环经济建设的推动作用。第四，加快相关理论和科技发展，为循环经济发展提供有力的技术支撑。第五，建立信息交换平台，保障信息畅通。第六，探索建立绿色国民经济核算体系。绿色国内生产总值（EDP）等于国内生产总值减去产品资本折旧、自然资源损耗和环境资源损耗（环境污染损失）之值。建立循环经济要求改革现行的经济核算体系，从企业到国家建立一套绿色经济核算制度，包括企业绿色会计制度、政府和企业绿色审计制度、绿色国民经济核算体系等，与传统的核算体系并行，或者以此为主，达到结合环境因素和消耗量全面和客观地评价经济状况。第七，加强循环经济的宣传和教育，积极倡导绿色消费。第八，加强国际合作，追踪先进理论和科技[①]。

第二节　循环经济与传统经济的区别

循环经济本质上是一种生态经济。传统经济强调污染的末端治理，循环经济则主要强调从源头上治理污染。传统经济在发展模式上为"资源—产品—污染排放"单向流动的线性经济，而循环经济则为"资源—产品—再生资源"的反馈式经济[②]。

中国发展循环经济的路径主要是：加快制订促进循环经济发展的政策、法律与法规；积极探索建立绿色国民经济核算制度；倡导清洁生产并建立绿色利润制度；提倡绿色消费；推行绿色分配；建立生态工业园区；依据循环经济的思想，改造传统产业。

受生态环境日趋恶化的影响，近年来，国内越来越多的专家、学者开始关注和研究循环经济，如吴季松的《循环经济——全面建设小康社会的必由之路》[③]，毛如柏和冯之浚的《论循环经济》[④]，王如松和杨建新的《从褐色工业到绿色文明——产业生态学》[⑤]等，无不对循环经济及其思想加以大力宣扬。但是，究竟何谓循环经济，它与传统经济的区别何在，中国应该怎样走循环经济之路，才有利于人口、资源、环境、经济与社会的协调发展，却有待于理论的进一步深化和实践的大胆探索。

综观国内外浩如烟海的文献资料，虽然学界对于循环经济并没有一个统一的

---

① 冯之浚,张伟,郭强,等.循环经济是个大战略[N].光明日报,2003-09-22.
② 本节内容作者已公开发表,详见:张贡生.循环经济与传统经济的区别及其中国的选择[J].华东理工大学学报(社会科学版),2004(4).
③ 吴季松.循环经济——全面建设小康社会的必由之路[M].北京:北京出版社,2003.
④ 毛如柏,冯之浚.论循环经济[M].北京:经济科学出版社,2003.
⑤ 王如松,杨建新.从褐色工业到绿色文明——产业生态学[M].上海:上海科学技术出版社,2003.

认识，但是就其本质的内涵来讲，并没有太大的区别——它要求遵循生态学规律，合理利用自然资源的环境容量，在物质不断循环利用的基础上发展经济，使经济系统和谐地纳入到自然生态系统的物质循环过程中，实现经济的生态化。因此，它本质上是一种生态经济。其运行模式如图 4-1[①]。

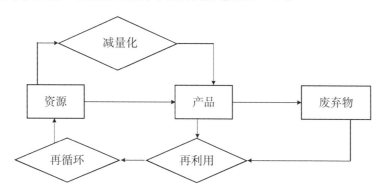

图 4-1 循环经济运行模式

但是，国内也有学者将循环经济概括为：在经济发展中，遵循生态学规律，将清洁生产、资源综合利用、生态设计和可持续消费等融为一体，实现废物减量量化、资源化和无害化，使经济系统和自然生态系统的物质和谐循环，进而维护自然生态的平衡。其经济系统模式如图 4-2 所示[②]。

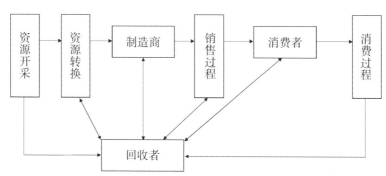

图 4-2 经济系统模式

综上所述，"循环经济"相对于传统经济而言，是一场革命——首先是生产

① 冯之浚,张伟,郭强,等.循环经济是个大战略[N].光明日报,2003-09-22.
② 王成新,李昌峰.循环经济:全面建设小康社会的时代抉择[J].理论学刊,2003(1).

关系领域里的一场革命，是保护资源、保护地球生态环境的一种现代文明行为。"循环经济"所倡导的生产过程，要求将资源作为一种循环使用的原材料，重复使用或者重复多次使用。这里首要的问题是要强化对资源生命周期的管理，即要管理好资源的开发过程和资源的生产加工过程，努力做到最大限度地保护资源、爱护资源，减少浪费，提高其利用率；同时还要求生产厂家，在产品生产和产品使用过程中不发生或少发生污染（即不产生或少产生废气、废水和废渣），不向社会投放有毒或有污染的产品。也就是说，在经济发展过程中要努力做到少投入、多产出，少污染或无污染，实现"资源—产品—再生资源—再生产品"的循环式的经济发展模式①。具体讲，循环经济与传统经济的区别主要表现在以下16个方面（见表4-1）。

表4-1 循环经济与传统经济的对比

序号	比较项目	传统经济	循环经济
1	指导思想	机械论规律、自然资源取之不尽、用之不竭	可持续发展、生态学规律
2	增长方式	数量型经济	质量型经济增长
3	资源使用特征	高开采、低利用、高排放	低开采、高利用、低排放
4	人与自然的关系	高高居上或人统治自然、征服自然	人与自然协调发展
5	污染治理	末端处理	源头上处理：即提倡清洁生产
6	经济发展模式	"资源—产品—污染排放"单向流动的线性经济	"资源—产品—再生资源"的反馈式流程
7	经济发展的要素	土地、劳动力、资本	劳动力、资本、环境、自然资源和科学技术等要素
8	发展目标	经济效益最大化、物质财富的快速增长	生态环境改善基础上的社会物质财富和精神财富的增长
9	原则	企业利润的最大化和国家经济的快速发展	资源利用的减量化、产品生产的再使用和废弃物的再循环
10	技术的作用	主要用于经济的增长	既要用于经济的发展，更要用于生态环境的改善
11	生产者与消费者的关系	商品的交换与买卖关系	服务与享受的关系

① 陈之泉. 人类呼唤"循环经济"[EB/OL]. http://rdczcq739.blog.163.com/blog/static/183472468201263010372278/.2001-10-12.

续表

序号	比较项目	传统经济	循环经济
12	价值观	金钱至上,竞争	经济、社会、人类、自然和环境的协调发展
13	企业的责任	利润的最大化;污染治理的外部化	清洁生产基础上的最大化;污染治理的内部化
14	企业之间的关系	竞争至上	共生关系
15	经营理念	一切为了生产和销售新的产品,从而造成产品使用的短效性	延长产品的使用寿命,而不是最大限度地生产、最大规模地销售以及推销寿命很短的产品
16	注意力	劳动生产率	资源生产率

第三节 循环经济中的公众参与

可持续发展（Sustainable Development）是我国的基本国家战略之一，循环经济（Circular Economy）是实施该战略的重要途径和实现模式，公众参与（Public Participation）是发展循环经济的重要动力和实现可持续发展战略的必然选择。但是目前我国学术界对发展循环经济中的公众参与问题缺乏深入研究，探讨公众参与的含义和基础、公众参与循环经济的意义、循环经济中的公众参与的方式和内容以及如何构建公众参与循环经济的支持保障体系等问题，无疑具有重要意义。本节分析了公众参与的含义及理论和法律基础，论述了公众参与循环经济的意义，概括了我国循环经济中的公众参与的方式和内容，并从法制保障、公众素养、制度环境、社会动力和参与渠道5个层面提出了构建公众参与循环经济的支持保障体系的对策[1]。

一、公众参与的基本理论概述

公众指的是政府为之服务的主体群众，而公众参与是指群众参与政府公共政策的权利。我们提倡公众参与，是因为中国发展观与执政观的伟大进步，是因为中国民主法制与政治文明的逐步成熟[2]。循环经济中的公众参与的主体具有广泛

---

[1] 本小节内容作者已公开发表,详见:花明,陈润羊.论循环经济中的公众参与[J].江西社会科学,2007(4):116-119.

[2] 潘岳.环境保护与公众参与[J].理论前沿,2004(6):12-13.

性，有广义和狭义之分。广义的公众包括公民、专家、企业、社会团体等组织，狭义的公众主要是指公民个人和民间社会组织。世界银行认为"公众"包括直接受影响的人群、受影响团体的代表和其他感兴趣的团体三大部分①。

综合国内外对公众参与内容的研究，公众参与的基本理论基础主要有二：

（一）其一是环境公共财产论和环境公共委托论

此理论认为，鉴于空气、水、阳光等环境要素之于人类生活不可或缺，应摒弃将环境要素当作"自由财产"的传统做法，将其视为全体国民的"公共财产"；国民为了合理利用和保护这些"公共财产"，将其委托给国家，由国家加以管理；国家作为全体共有人的委托代理人，必须对全体国民负责，应对环境资源予以保护和维持。

（二）其二是公民是环境权（Environmental right）理论

该理论认为，每一个公民都有在良好环境下生活的权利，公民的环境权是最基本的权利之一，有些国家的法律也已将环境权确立为人的一项基本权利。环境权的确立，为公众参与环境管理及其相关事务提供了权利基础，也确立公众参与循环经济的资格，为公众参与奠定了坚实的理论基础。

二、公众参与循环经济的意义

循环经济与传统的线性经济相比，从根本上讲是一种公众经济，而公众参与是循环经济发展的主要内容和必然选择，其在循环经济的发展中具有重大意义。

（1）公众参与是维护公众权益的重要体现，也是推动循环经济发展的重要动力和建立资源节约型、环境友好型社会的必要基础。公众作为循环经济的基本主体，应当享有全面参与循环经济的权利。为有效地维护公众自身的权益，必然要求公众主动地在循环经济立法、执法过程中行使知情权、参与权、监督权和诉讼权。公众在行使自身权益的同时，也会提高循环利用、环境保护、资源节约意识，从而又会进一步推动循环经济和资源节约型、环境友好型社会的发展。

（2）公众参与是增强公共政策、决策合法性和正当性的需要，也是协调不同利益主体之间的关系、预防社会纠纷的有效手段。循环经济中的公众参与，可以使政府在决策过程中充分听取各方面利益代表和公众的意见建议，从而在决策时

---

① 国家环境保护总局监督管理司. 中国环境影响评价培训教材[M]. 北京:化学工业出版社，2000:434.

尽可能兼顾各方利益，特别是充分考虑受影响的公众的利益，以便考虑采取可行的对策措施，关切公众的忧虑和担心及其利益，事先预防和化解有可能带来的社会矛盾。

（3）公众参与是完善政府决策科学化的重要手段，也是社会民主的充分体现。循环经济过程中实行公众参与，可以使政府决策考虑相关利害关系方各自的关切，协调经济建设和保护环境以及社会进步之间的相互关系，统筹当前利益和长远利益。公众参与的过程，也是推动社会的民主化和政府决策科学化的过程。公众参与的水平既是国家环境意识发育程度的衡量指标，也是社会民主进程和政治文明发育水平的重要标志。

（4）公众参与是公民主体意识成熟的重要体现，也是实现可持续发展战略的必然选择。公民社会的发展，有待于公民主体意识的成熟和觉醒。公众参与的方式与参与的程度，决定着可持续发展目标实现的进程。可持续发展的目标和行动方案，必须依靠公众及社会组织最大限度的认同、支持和参与，只有通过公众参与，可持续发展战略和此战略主要实现模式的循环经济才能真正落到实处。

总之，公众参与原则是民主主义在环境、经济、社会管理及其相关事务中的延伸，是民主精神在循环经济领域里的具体体现和贯彻。

三、循环经济中的公众参与的现状分析

（一）公众参与的政策、法律、机制不断完善

1969 年美国《国家环境政策法》在立法上最早确立了公众参与原则。1972年首次人类环境会议通过的《人类环境宣言》首次确认了公众的环境权："人类有权在一种能够过尊严和福利生活的环境中，享有自由、平等和充足的生活条件的基本权利。"德国 1996 年实施的《循环经济与废物管理法》中就有公众参与的基本内容；日本《环境基本法》和《建立循环型社会基本法》中将公众参与定为基本原则，并规定公众既有减少资源能源消耗与垃圾排放、分类回收和处理付费的责任，又有监督政府和企业的责任[①]；俄罗斯、加拿大、泰国、乌克兰等国在法律上规定了公民环境权、公众参与环境影响评价、环境信息公开等方面的内容。

中国宪法规定的国家"一切权力属于人民"的内容是公众参与循环经济的宪

---

① 周国梅,任勇,陈燕平.发展循环经济的国际经验和对我国的启示[J].中国人口·资源与环境,2005,15（4）:137-142.

法根据；《环境保护法》等确定了公民的监督、检举和控告的权利。2003年开始实施的《清洁生产促进法》和《环境影响评价法》等更是明确把鼓励和支持公众参与作为基本规定；2005年颁布的《国务院关于落实科学发展观加强环境保护的决定》对发挥社会团体的作用、推动环境公益诉讼、公开环境信息和强化社会监督等方面都有相应的规定；2006年开始实施的《环境影响评价公众参与暂行办法》是我国首部具体规定公众参与公共事务管理的部门规章，也是我国首部从国家层面上规定公众参与的规范性文件。

（二）循环经济中的公众参与的方式不断拓展

目前，我国循环经济中的公众参与的方式主要有以下几种①：①通过人大制度和政协制度进行参与：人大代表和政协委员，通过代议制的形式，提出有关循环经济的议案、审议循环经济相关的法律、听取与循环经济有关的报告、督促和监督相关法律的贯彻等；②通过新闻媒体舆论监督制度和信息传播制度进行参与：新闻传媒宣传和传播循环经济的理念、知识、信息，教育受众，监督浪费资源能源和污染环境的行为；③通过环保组织等团体的力量进行参与：社会组织特别是非政府组织（Nongovernmental Organization，NGO），已成为公众参与的一种有效的组织方式，其在立法建议、决策咨询、公众教育、执法监督等方面发挥着独特作用；④通过举报制度、信访制度和诉讼制度进行参与：公众对一些破坏资源、违反循环经济法律、侵害公众权益和国家、集体利益的行为进行举报、信访和诉讼；⑤通过论证会、听证会、座谈会以及公众信箱、热线电话等传统途径进行参与：在环境影响评价、项目论证、立法和决策时，通过以上形式来听取公众的意见建议；⑥通过电视电话会议、手机短信、网上投票和网络论坛及留言等现代通讯途径进行参与：循环经济试点示范、生态工业园区建设、企业清洁生产等，依靠以上途径传播信息，和公众进行互动。

（三）循环经济中的公众参与的内容不断充实

目前，我国循环经济中的公众参与的内容主要集中在以下领域：①资源能源节约：公众自觉地节约水、电、天然气、粮食等，从而从源头上控制污染物的排放，提高资源能源的利用效率；②垃圾分类和回收：公众将生活垃圾进行初步的分类，不可重新利用的分门别类地送交环卫部门进行处理处置；可重新利用的进行回收使用；③生活垃圾的减量化和无害化：公众尽量少使用一次性的物品，多

---

①王辉，郑祥民，郝瑞彬.发展循环经济中的公众参与 ［J］.环境与可持续发展,2006(1)：33—35.

使用可回收和可循环利用的物品，尽量减少废弃物的发生，防止过量包装，尽可能减少包装垃圾，以达到环境友好消费的目的；④循环和综合利用：公众树立循环经济的理念，从物质和产品的大循环的角度考虑问题，真正做到物尽其用、物尽所用；⑤循环经济的宣传教育和传播活动：公众参观循环经济和清洁生产博览会、展览、文艺演出、社会宣传、公益活动等；⑥监督企业和政府行为：公众监督企业和政府相关部门遵守国家有关循环经济、节约能源资源、循环利用等方面的法律，督促有关部门加强执法，纠正违法行为和危害环境的社会行为；⑦绿色消费：公众通过环境友好和资源节约的消费方式，推动环境标志产品、有机食品、节能产品的认证，促进生态旅游等绿色服务业的发展，创建生态建筑、绿色社区、绿色学校等；⑧参加循环经济立法和听证：这是较高层面的公众参与，政府在制定发展循环经济的政策法规或论证建设项目可行性时征询公众意见，听取其合理部分，对不宜采纳的说明理由。

（四）我国循环经济中的公众参与存在的不足

我国循环经济中公众参与的法律、方式和内容尽管在不断充实和完善，也形成了自己的特点，但受各种条件的限制，仍存在许多局限和不足：①公众参与的主要形式属于政府主导下的参与：我国的公众参与不像西方国家主要是"自下而上"的方式，而大多是政府主导下的"自上而下"的形式。这种公众参与的方式缺乏系统性和持续性，而且参与程度和参与效果很大程度上受主管的行政部门的态度决定。另外，这种政府主导下的公众参与，如不涉及自己的根本利益，公众很难把自己的独立立场充分地表达出来，从而很难实现真正意义上的公众参与对政府决策和政策执行的有效监督；②参与领域不平衡：目前我国的公众参与在循环经济领域发展不平衡，除与循环经济相关的环境影响评价和清洁生产方面的立法保障比较有力外，在其他方面颇显不足；在公众参与循环经济的具体范围、程序、方式、期限和公众知情权和参与权的保障措施等方面尚需进一步完善；③参与的过程主要侧重于末端参与：我国现行立法关于公众参与的规定，基本上是末端参与，而事前的参与不够，这种末端参与不利于及时有效地防止社会纠纷和危害，与公众参与的根本性质有很大差距，也与实现可持续发展的目标相差甚远；④社会组织特别是非政府组织的影响力非常有限：非政府组织的会员人数、规模、资金、号召力、组织能力、对政府决策的影响力等都很有限，与发达国家有很大的差距；⑤公众普遍的文化素养和法治意识不强：我国目前经济发展水平和教育水平相对较低，公众的文化素质偏低，权利义务观念淡薄，民主参与理念不强。公众的参与意识和知识水平还都处于较低的水平，我国公众参与意识中具有很强的依赖政府型的特征。总体来看，我国公众参与循环经济的总体水平偏低，参与意识不强，参与程度不高，参与的效果不理想。

四、 构建公众参与循环经济的支持保障体系

鉴于公众参与循环经济的重大意义，依据目前我国循环经济中的公众参与的现状以及存在的以上不足，必须要构建公众参与循环经济的支持保障体系。

（一）建立健全法律法规体系，确立公众参与的保障体系

建立完善的循环经济法律法规体系是发达国家发展循环经济的基本经验，也是推进循环经济中的公众参与的重要保障。在循环经济促进法中，确立循环经济中的公众参与原则。在法律上确立可实施的公民环境权，不断扩展公众参与环境与发展决策的途径和方式，规范各种行政许可公众参与的法定程序；完善涉及公民环境权的相关民事、行政诉讼制度和民事、行政赔偿制度；公众参与规定中设立法律责任条款，对有责任协助实施但拒绝者施以惩戒，以保障公众参与落到实处①。

（二）加强宣传教育，培育公众的循环经济观念和参与意识，增强公民的素质

公民素质是提高循环经济中公众参与效果的基础。要完善包括基础教育、在职培训、高等教育和社会教育在内的教育体系，组织开展形式多样的宣传教育活动，普及循环经济知识，宣传典型案例，提高全社会对发展循环经济意义的认识，引导全社会树立正确的消费观。增强全社会的资源忧患意识和节约资源、保护环境的责任意识，把节约资源、回收利用变成全民的自觉行为，逐步形成节约资源能源和保护环境的生活方式和消费模式。充分发挥现代大众传媒报纸、电视、广播和网络在教育公众方面的优势，提升全民的素质，激发公众的主体意识，使公众积极投身于循环经济的具体行动中。

（三）完善信息公开制度，扩大公众的知情权，为公众参与循环经济提供良好的制度环境

信息公开是公众有效参与的基本条件和前提。信息公开制度主要是通过各种媒体将行为主体的有关信息进行公开，通过社区和公众的舆论，使行为主体产生

---

① 花明,陈润羊.环境保护中的公众参与[G].中国环境科学学会.中国环境科学学会2006年学术年会优秀论文集[C].北京:中国环境科学出版社,2006:1542-1545.

改善环境和节约资源能源行为的压力，从而达到保护环境和节约资源能源的目的。信息公开，可完善和改进现行的环境管理，促进企业改善其社会行为，促进公众参与和提高环境意识①。加快制定《政府信息公开条例》，保证信息的透明性以及公众获得的便利性；深入信息公开策略和信息公开技术的研究，加大信息公开的技术规范化和制度化力度。完善国家环境、资源、能源信息公开发布制度，建立企业社会行为公开制度，鼓励公众监督，从而促进全社会参与循环经济。

（四）积极鼓励和引导绿色消费，塑造全社会绿色消费的氛围，促进循环经济的深入发展

绿色消费是推动循环经济的关键和动力。发展循环经济需要每一位公民形成符合可持续发展的生活方式和消费方式，形成清洁消费和节约消费的良好习惯。鼓励绿色消费，建立绿色标志制度，倡导绿色食品、家电、汽车和社区。对绿色生产和消费实行减免税，引入零增值税政策来鼓励可再生清洁新能源。在消费引导方面，各级政府起好表率作用，通过政府的绿色采购和消费行为影响企事业单位和公众。公众的绿色消费又可刺激和引导绿色生产，从而促进循环经济的深入发展。

（五）鼓励和引导非政府组织发展壮大，建立有效的公众参与机制

NGO 是公众参与的主体之一，是实现公众参与的一种有效的组织形式。NGO 强调非政府性、非营利性，通常把提供公益和公共服务当作主要目标，所以 NGO 的参与是保证决策代表性的前提条件，因为在代表公众的长远利益方面，它向社会提供一种非商业、非自利的公益性价值观，是对注重经济增长不惜透支环境承载力的价值观的有力反击，从某种意义上说，它是通过修正政府失灵和市场失灵，代替政府向公众提供外部性很强的公共产品——良好的环境，有助于解决公众利益代理人缺失的问题②。政府应为 NGO 提供更为开放的政治空间和宽松的政治环境，使其在保持独立性的前提下真正成为沟通政府和民众的渠道，进一步发挥 NGO 协调不同利益主体、不同时期、不同区域之间利益的功能。

总之，循环经济是实施可持续发展战略的主要模式和重要途径，而公众参与是发展循环经济的重要动力。发展有中国特色的循环经济离不开公众参与，要不

---

① 曹东,王金南,杨金田,等.环境信息公开:21世纪环境管理的新手段[G].王金南,邹首民,洪亚雄.中国环境政策(第二卷)[M].北京:中国环境科学出版社,2006:3-43.

② 付涛.中国的环境NGO:在参与中成长[G].中国社会科学院环境与发展研究中心.中国环境与发展评论(第二卷)[M].北京:社会科学文献出版社,2004:432.

断完善包括法制保障、公众素养、制度环境、社会动力和参与渠道等在内的支持保障体系，坚持以企业为主体，政府调控、市场引导、公众参与相结合，形成有利于促进循环经济发展的社会氛围，以推动可持续发展战略的实施。

第四节　国内外发展循环经济的实践

一、国外的实践

综观国外发展循环经济的实践，相关国家主要从3个层面从事这一方面的工作。

（一）小循环：单个企业的循环经济

美国的杜邦化学公司模式最具典型意义。这种模式可称之为企业内部的循环经济。其方式是组织厂内各工艺之间的物料循环。20世纪80年代末，杜邦公司的研究人员把工厂当作试验新的循环经济理念的实验室，创造性地把循环经济三原则发展成为与化学工业相结合的"3R制造法"，以达到少排放甚至零排放的环境保护目标。他们通过放弃使用某些环境有害型的化学物质、减少一些化学物质的使用量以及发明回收本公司产品的新工艺，到1994年已经使该公司生产造成的废弃塑料物减少了25%，空气污染物排放量减少了70%。同时，他们在废塑料如废弃的牛奶盒和一次性塑料容器中回收化学物质，开发出了耐用的乙烯材料等新产品①。

（二）中循环：生态工业园区——面向共生企业的循环经济

在这一方面，当属丹麦的卡伦堡生态工业园区模式最具有代表性。这种模式可称之为企业之间的循环经济，其方式是把不同的工厂联结起来，形成共享资源和互换副产品的产业共生组合，使得一家工厂的废气、废热、废水、废渣等成为另一家工厂的原料和能源；丹麦卡伦堡工业园区是世界上工业生态系统运行最为典型的代表。

这个工业园区的主体企业是电厂、炼油厂、制药厂和石膏板生产厂。以这4个企业为核心，通过贸易方式，利用对方生产过程中产生的废弃物或副产品作为自己生产中的原料。这不仅大大减少了废物的产生量和处理的费用，而且还产生了很好的经济效益，形成经济发展和环境保护的良性循环。其中燃煤电厂位于这

---

① 谢旭人. 发展循环经济实现可持续发展[J]. 节能与环保, 2003(3): 18-19.

个工业生态系统的中心，对热能进行了多级使用，对副产品和废物进行了综合利用。电厂向炼油厂和制药厂供应发电过程中产生的蒸汽，从而使炼油厂和制药厂获得了生产所需的热能；通过地下管道向卡伦堡全镇居民供热，由此关闭了镇上3500座燃烧油渣的炉子，减少了大量的烟尘排放；将除尘脱硫的副产品工业石膏，全部供应附近的一家石膏板生产厂作原料。同时，还将粉煤灰出售——供造路和生产水泥之用。当然，炼油厂和制药厂也进行了综合利用——炼油厂产生的火焰气通过管道供石膏厂用于石膏板生产的干燥，从而减少了火焰气的排放；脱硫气则供给电厂燃烧。与此同时，卡伦堡生态工业园还进行了水资源的循环使用。炼油厂的废水经过生物净化处理，通过管道向电厂输送，每年输送电厂70万立方米的冷却水。整个工业园区由于进行了水的循环使用，因此每年减少25%的需水量①，见图4-3。

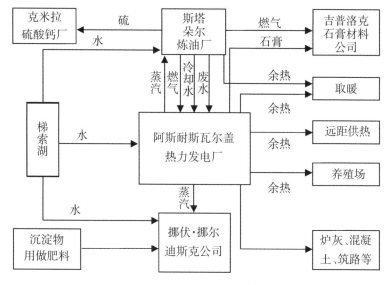

图4-3 卡伦堡生态工业园区企业间主要废料交换流程示意

（三）大循环：生产与消费之间的循环经济

德国1996年就颁布实施了《循环经济与废物管理法》。该法规定对废物问题的优先顺序是：避免产生—循环使用—最终处置。其要义是，首先要减少经济源

---

① 王如松,杨建新.从褐色工业到绿色文明——产业生态学[M].上海:上海科学技术出版社,2003.

头的污染物的产生量。因此，工业界在生产阶段和消费者在使用阶段就要尽量避免各种废物的排放。其次是对源头不能消减但又可利用的废弃物和经过消费者使用的包装废物、旧货等要加以回收利用，使它们回到经济循环中去；只有那些不能利用的废弃物，才允许作最终的无害化处置。以固体废弃物为例，循环经济要求的分层次目标是：通过预防减少废弃的产生；尽可能多次使用各种物品；尽可能使废弃物资源化；对于无法减少、再使用、再循环的废弃物则焚烧或处理，见图 4-4。2000 年成为日本建设循环型经济社会史上最关键的一年。同年，日本召开了一届"环保国会"，通过和修改了多项环保法规。即：《推进形成循环型社会基本法》《特定家庭用机械再商品化法》《促进资源有效利用法》《食品循环资源再生利用促进法》《建筑工程资材再资源化法》《容器包装循环法》《绿色采购法》《废弃物处理法》《化学物质排出管理促进法》。上述法规对不同行业的废弃物处理和资源再生利用等均作了具体规定，除《建筑工程资材再资源化法》外，都已在 2002 年 4 月之前相继付诸实施。特别是第一项"基本法"最具重要意义，因为它从法制上确定了 21 世纪日本经济和社会发展的方向，提出了建立循环型经济社会的根本原则："根据有关方面公开发挥作用的原则，促进物质的循环，减轻环境负荷，从而谋求实现经济的健康发展，构筑可持续发展的社会。"这标志着日本在环保技术和产业上迈入新的发展阶段（陆彩荣、林英，2004）①。

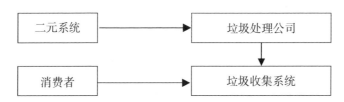

图 4-4　德国的二元系统、垃圾处理公司和消费者之间的关系

二、国内的实践

我国循环经济的实践，需经历一个由前期的试点示范到全面展开的过程。在前期，主要从 3 个层次进行循环经济的试点。一是企业层面，开展清洁生产和

① 陆彩荣，林英. 曲格平指出：必须走循环经济之路［J/OL］. http://www.gmw.cn/01gmrb/2004-03/30/content_8828.htm.2004-03-30.

ISO 14000 认证；二是在工业集中地区层面，把上游企业的废料作为下游企业的原料，并不断延长生产链条，建设生态工业园；三是在城市和区域层面，以可持续生产与消费为主体，把工业与农业、城市与农村有机结合起来，建设生态省（市、县）、环境保护模范城市、生态示范区、环境优美乡镇、环境友好企业、绿色社区、绿色学校等[①]。

近年来，我国循环经济试点取得明显成效。经国务院批准，在重点行业、重点领域、产业园区和省市开展了两批国家循环经济试点，各地区结合实际开展了本地循环经济试点。通过试点，总结凝练出 60 个发展循环经济的模式案例，涌现出一大批循环经济先进典型，探索了符合我国国情的循环经济发展道路，"十一五"时期我国循环经济也取得了显著成绩，见表 4-2[②]。

表 4-2 "十一五"时期循环经济发展情况

指标名称	单位	2005 年	2010 年	2010 年比 2005 年提高(%)
能源产出率	万元 / 吨标准煤	1	1.24	24
水资源产出率	元 / 立方米	41.9	66.7	59
矿产资源总回收率	%	30	35	[5]
共伴生矿综合利用率	%	35	40	[5]
工业固体废物综合利用量	亿吨	7.70	16.18	110.1
工业固体废物综合利用率	%	55.8	69	[13.2]
主要再生资源回收利用总量	亿吨	0.84	1.49	77.4
主要再生有色金属产量占有色金属总产量比重	%	19.3	26.7	[7.4]
农业灌溉用水有效利用系数	—	0.45	0.5	11.1
工业用水重复利用率	%	75.1	85.7	[10.6]
秸秆综合利用率	%		70.6	

注：1. 能源产出率、水资源产出率按 2010 年可比价计算。

2. 主要再生资源包括废金属、废纸、废塑料、报废汽车、废轮胎、废弃电器电子产品、废玻璃、废铅酸电池等。（下同）

3. 主要再生有色金属包括再生铜、再生铝、再生铅 3 种。（下同）

4. ［ ］内为提高的百分点。（下同）

---

① 齐建国,等.中国循环经济的实践问题[J/OL].www.china.com.cn/tech/zhuanti/wyh/2008-01/11/content_9519209.htm.2008-01-11.

② 国务院.关于印发循环经济发展战略及近期行动计划的通知[EB/OL].http://www.gov.cn/zwgk/2013-02/05/content_2327562.htm.2013-02-05.

2005 年 10 月，国家发展和改革委员会、国家环保总局等 6 个部门联合选择了钢铁、有色、化工等 7 个重点行业的 42 家企业，再生资源回收利用等 4 个重点领域的 17 家单位，13 个不同类型的产业园区，涉及 10 个省份的资源型和资源匮乏型城市，开展第一批循环经济试点（见表 4-3），目的是探索循环经济发展模式，推动建立资源循环利用机制[①]。

表 4-3 国家循环经济试点单位（第一批）

重点行业	(1)钢铁、(2)有色、(3)煤炭、(4)电力、(5)化工、(6)建材、(7)轻工
重点领域	(1)再生资源回收利用体系建设、(2)废旧金属再生利用、(3)废旧家电回收利用、(4)再制造
产业园区	天津经济技术开发区、苏州高新技术产业开发区、河北省曹妃甸循环经济示范区、内蒙古蒙西高新技术工业园区、青海省柴达木循环经济试验区、陕西省杨凌农业高新技术产业示范区等
省市	北京市、辽宁省、上海市、江苏省、山东省、重庆市(三峡库区)、宁波市、铜陵市、贵阳市、鹤壁市

2007 年 12 月，国家发改委又组织开展了第二批国家层面的循环经济示范试点工作。第二批试点工作仍从重点企业、资源综合利用领域、产业园区和省市 4 个方面开展。重点企业除继续选择资源能源消耗高、污染排放强度大的钢铁、有色、煤炭、电力、化工、建材等行业中重点企业开展试点外，还选择第一批试点尚未涉及、对实现节能减排目标有重要意义的农业、矿产资源、皮革、食品、包装、纺织印染等行业；资源综合利用领域选择再生资源拆解加工利用集散市场、废旧金属再生利用、装备再制造、废旧电池及城市生活垃圾资源化等有典型示范意义的相关企业和地方政府开展试点；产业园区重点选择资源消耗高、节能减排任务较重的重化工业集聚区、产业关联度高的工业园区和集约型农业生产、农产品加工、农业废弃物综合利用一体化的农业园区；省市试点选择以重化工业为支柱产业的资源型城市，能源水资源短缺、资源约束矛盾突出的城市以及依靠高科技、轻型产业结构推进循环经济发展的典型城市或省市（见表 4-4）[②]。

---

① 国家发展改革委,环保总局,科技部,等.关于组织开展循环经济试点(第一批)工作的通知 [EB/OL]. http://www.sdpc.gov.cn/zcfb/zcfbtz/zcfbtz2005/t20051101_47934.htm.2005-11-01.

② 国家发展改革委.关于组织开展循环经济示范试点(第二批)工作的通知[EB/OL].http:// www.sdpc.gov.cn/hjbh/hjjsjyxsh/t20071217_179134.htm.2007-12-17.

表4-4 国家循环经济试点单位（第二批）

重点行业	(1)钢铁、(2)有色、(3)煤炭、(4)电力、(5)化工、(6)建材、(7)造纸、(8)纺织(印染)、(9)机械制造、(10)农产品加工、(11)农业(林业)
重点领域	(1)再生资源加工利用基地;(2)再生金属回收利用;(3)废电子、废轮胎、废电池回收利用;(4)包装物回收利用
产业园区(重化工集聚区)	天津市临港工业区、江西永修云山经济开发区、四川成都市青白江工业集中发展区、重庆长寿化工产业园区、青海省西宁市经济技术开发区、宁夏宁东能源化工基地、新疆库尔勒经济开发区等
省市	天津市、山西省、浙江省、河南省、甘肃省;青岛市、深圳市;邯郸市、阜新市、白山市、七台河市、淮北市、萍乡市、荆门市、榆林市、石嘴山市、石河子市

第五节 中国发展循环经济的路径选择

一、加快制订促进循环经济发展的政策、法律和法规

借鉴日本、德国等国经验，着手制订绿色消费、资源循环再生利用以及家用电器、建筑材料、包装物品等行业在资源回收利用方面的法律法规，建立健全各类废物回收制度，明确工业废物和产品包装物由生产企业负责回收，建筑废物由建设和施工单位负责回收，生活垃圾回收主要是政府的责任，排放垃圾的居民和单位要适当缴纳一些费用，制订充分利用废物资源的经济政策，在税收和投资等环节对废物回收采取经济激励措施等[1]。

二、积极探索建立绿色国民经济核算制度，并提倡绿色消费

首先，在经济核算体系中，要改变过去重经济指标、忽视环境效益的评价方法，开展绿色经济核算，并纳入国家统计体系和干部考核体系[2]。绿色国内生产

---

[1]本节的部分内容作者已公开发表。详见:张贡生.关于大力发展循环经济的几个问题[J].甘肃省经济管理干部学院学报,2005,18(2):3-7.

[2]解振华.大力发展循环经济[J].求是,2003(13).

总值（EDP）等于国内生产总值减去产品资本折旧、自然资源损耗和环境资源损耗（环境污染损失）之值。建立循环经济要求改革现行的经济核算体系，从企业到国家建立一套绿色经济核算制度，包括企业绿色会计制度、政府和企业绿色审计制度、绿色国民经济核算体系等，与传统的核算体系并行，或者以此为主，以达到结合环境因素和消耗量全面、客观地评价经济状况。目前，应重点开展环境污染和生态损失及环境保护效益计量方法和技术的研究工作，并进行统计和核算试点。其次，就绿色消费而言，一是有关媒体应通过广泛的宣传教育活动，提高公众的环境意识和绿色消费意识；二是各级政府应倡导绿色消费，优先采购经过生态设计或通过环境标志认证的产品，以及经过清洁生产审核或通过 ISO 14000 环境管理体系认证的企业的产品，鼓励节约使用和重复利用办公用品；三是要逐步制订鼓励绿色消费的经济政策和法律。

三、推行绿色分配

以税收和财政补贴政策为例，一是"进行税制转移——降低所得税、提高会破坏环境的种种行为的征税额，以便市场反映真理"。"其基本构想，是建立一个能够将经济活动给社会间接造成的成本反映出来的税制体系。例如，对烧煤这一活动所征收的税项中，就应当包括与吸入被污染空气有关的保健费用的增加、酸雨造成的损害以及影响气候的代价"。"削减所得税，减少的部分由向有害环境活动征税（比如：征收填地税、交通拥堵税、立木税等）来弥补"。二是立即或分步骤取消对能源消耗的补贴，最终将补贴用于风力、太阳能、地热能等不危害或少危害气候的能源；或者将补贴从用于公路建设转而用于铁路建设上。这样做一般来说会增加运输能力，同时减少碳排放。三是政府应加强"两基教育"投资和环境保护事业，促进人与自然的协调发展。

四、在工业集中区建立由共生企业群组成的生态工业园区

这些园区都是根据生态学的原理组织生产，使上游企业的"废料"成为下游企业的材料，从而尽可能减少污染排放，争取做到"零排放"。如广西贵港国家生态工业园区就是由蔗田、制糖、酒精、造纸和热电等企业与环境综合处置配套系统组成的工业循环经济示范区，通过副产品、能源和废弃物的相互交换，形成比较完整的闭合工业生态系统，达到园区资源的最佳配置和利用，并将环境污染

减少到最低水平，从而大大提高了制糖行业的经济效益，进而为制糖业的结构调整和结构性污染治理开辟出一条新路，最终取得社会、经济、环境效益的统一[①]。与此同时，在区域范围内进行循环经济的试点。一是关闭污染环境的企业和项目，加快城市污水和垃圾处理等环境基础设施的建设，治理城市生活污染。二是调整农业结构，实行退耕还林、退田还湖，发展生态农业、有机农业，保护生态环境，防治农业污染。三是调整产业结构，解决结构性污染，依法淘汰一批技术落后、浪费资源、污染严重、没有市场、治理无望的企业和生产工艺、设备，以减轻工业污染负荷，缓解结构性污染，创造企业间公平竞争的环境。四是贯彻落实"污染者付费"的原则，制定和实施一些包括价格、税收等适应市场机制的经济政策。五是加快环保产业向环境产业转变的步伐，并适时发展环境市场：①生产活动源头无废或少废产业市场；②再生资源回收利用市场和多元化经营市场，包括废旧物资交易市场和可再生资源分拣、再加工和综合利用市场，以及垃圾末端处置的能源转化市场；③绿色产品和绿色消费市场；④相关科技产品市场，如管理软件、技术专利以及先进设备和工艺市场。总之，实现产业发展的生态化，既是实现人与自然和谐发展的前提和条件，也是"中国制造"走向世界的必然选择。因此，各地区应根据各自的实际制定发展循环经济的策略和措施。

五、在企业层次，倡导清洁生产，并建立绿色利润制度

绿色利润等于传统的利润剔除企业本身或政府直接用于或可能用于生态、环境保护的支出。其实质就是强调污染治理的内部化而不是外部化，由社会其他成员来支付污染治理的成本[②]。一是转变设计思想和原则，把经济效益、社会效益和环境效益统一起来，充分注意到物质的循环利用。在产品设计中，尽量采用标准设计，使一些装备便捷地升级换代，而不必整机报废。在产品使用生命周期结束以后，也易于拆卸和综合利用。同时，在产品设计中，要尽量使之不产生或少产生对人体健康和环境的危害；不使用或尽可能少使用有毒有害的原料。科学合理的设计，是推行循环经济的前提条件，是循环经济的首要环节。二是依靠科技

---

① Friedrich Schmidt-Bleek.人类需要多大的世界:MIPS——生态经济的有效尺度[M].北京：清华大学出版社,2003.

② 张贡生.走向生态文明的路径依赖与现实选择[J].中国经济评论,2004(8).

进步，积极采用无害或低害新工艺、新技术，大力降低原材料和能源的消耗，实现少投入、高产出、低污染，尽可能把对环境污染的排放物消除在生产过程之中。西方国家推行清洁生产的实践证明，这种要求是可以做到的。以德国为例，在 20 世纪 70 年代 GDP 增长两倍多的情况下，主要污染物减少了近 75%，收到了经济效益和环境效益"双赢"的效果。三是实现资源的综合利用，使废弃物资源化、减量化和无害化，把有害环境的废弃物减少到最低限度[1]。四是开展环境审计，鼓励和引导企业实行 ISO 14000 环境管理体系认证。

六、依据循环经济的思想，改造传统产业

具体的办法就是：各级政府要高度重视这一工作，并尽快提出实施循环经济的具体行政措施；各行业的主管部门，要对其所管辖的研究和设计单位提出具体要求，并下达有关回收利用本行业报废产品的研究课题，同时对国有研究部门要配有一定量的研发费用（由同级财政拨款）；研究和设计单位要针对本行业的特点，研究其实施循环经济的具体工艺；有关自动化生产设备的设计单位，要根据其资源回收利用的工艺，研究并设计适用的自动化生产线及相关设备；政府有关主管部门要尽快建立回收运转机制，各生产厂家要承担报废后的大部分回收、利用费用（将报废产品回收再生费用计入销售价格），各用户要承担资源再生的部分运转资金；立法部门要根据需要尽快制订相关法律。

有学者认为：从循环经济建设的单元看，循环经济的建设是从企业层面，到园区层面，再延伸至城市层面，最后实现全社会资源循环利用。不同层面的循环经济重点技术、建设模式均有所差异。我国循环经济总体建设方案如图 4-5 所示[2]。

为了支撑从企业到社会层次的循环经济大规模发展，依据我国不同层面循环经济建设重大需求，构建循环经济发展重点技术体系，以系统化的理念引导各地区选择和建设适宜本地的循环经济发展战略。构建的循环经济发展重点技术体系主要包括核心技术层、模式构建层、信息平台支撑层、组织与政策保障体系和科技创新保障体系 5 个层面。其整体构架如图 4-6 所示[3]。

---

① 曲格平.发展循环经济是 21 世纪的大趋势[J].机电产品与创新,2001(6).
②③ 王晓宁.循环经济建设框架与技术体系[J].高科技与产业化,2012(4).

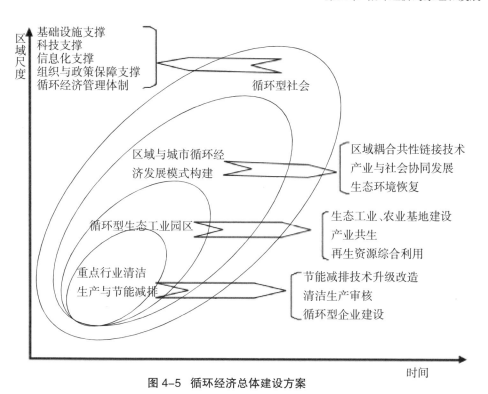

图 4-5　循环经济总体建设方案

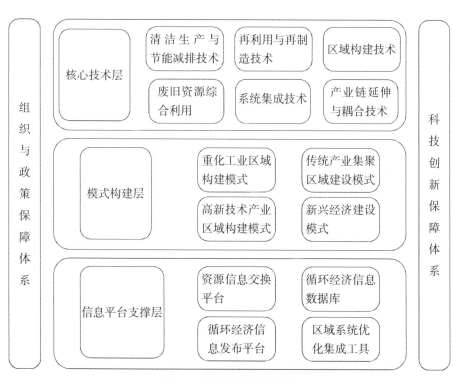

图 4-6　循环经济技术体系

第五章 循环经济的指标体系和评价

第一节 城市循环经济发展水平的评价

发展循环经济已成为全球实现可持续发展的有效模式，循环经济发展的尺度反映了社会发展进步的尺度。进行城市循环经济指标体系和发展水平的定量测度、量化研究，是联结循环经济的理论与实践之间的纽带，可以促进该方面的理论探索和深入研究。在实践意义上，循环经济指标体系和发展水平的定量测度具有描述、评价、监测预警和规划决策功能，为掌握循环经济运行效果提供定量评价工具，也为制定相关战略和政策提供技术依据①。

定量地测度循环经济发展水平，是当今循环经济研究的方向之一，也是制定循环经济发展对策的主要依据。在综述了国内外循环经济指标体系构建和定量评价的基础上，依据 3R 原则、整体性原则、区域性原则、可比性原则、可操作性原则等 5 个原则，采用层次分析法，构建了城市循环经济发展水平评价的指标体系，该指标体系由目标层、控制层、指标层 3 个层次，经济系统、资源系统、环境系统、再利用系统 4 个系统，15 个指标构成。提出了城市循环经济发展水平的评价模型，采用两种原始数据的标准化处理方法，并分别对 2003~2007 年江西省抚州市循环经济的发展水平进行了综合评价，两种方法虽然有差异，但得出的综合评价结果总的发展趋势是相同的。

一、循环经济指标体系的构建研究综述

近年来，在循环经济基本研究方法如环境库兹涅茨曲线、生态效率评价、物质流分析法、层次分析法等的推动下，学术界日益重视循环经济的量化研究。城市循环经济指标体系规定了评价的具体内容，揭示了指标之间的相互关系，是循

---

① 本小节内容作者已经发表，详见：陈润羊，王坚. 城市循环经济发展水平实证研究[J]. 江西科学，2009，27（3）：419~423，434.

环经济分析与评价的重要依据。由于评价方法、评价目标等的不同，不同研究者构建的指标体系各有区别，实践中都是根据具体问题进行具体设计，但相同类型和性质的城市其指标体系也有类似性。常见的循环经济指标体系的指标构架主要有：环境—经济—社会—制度架构、压力—状态—响应架构 PSR（Pressure-State-Response）、"3R"架构（减量化、资源化、无害化）、系统层次架构、基于归纳法和物质流分析方法建立的循环经济指标体系的理论架构等[①]。目前，国内一些研究者已经开始了循环经济指标构建和量化方面的研究，如借鉴了生态效率进行设计的；从循环经济的基本原则"3R"入手构建的；也有构建了包括经济发展、绿色发展、人文发展指数在内的指标体系；实证研究上，包含的区域也比较多，如上海、南京、哈尔滨、银川、贵阳、南通、常州等地的实证分析；但在这方面的研究上存在着指标体系不完整、有的指标主观性较强、数据不可获得、信息重复，以及大城市关注度高，中小城市研究薄弱等问题[②]。

二、循环经济指标体系的构建

（一）构建的总体思想

从循环经济发展的系统结构和要素出发，以科学发展观为指导，在涉及城市发展的各个环节落实循环经济理念，构建循环经济发展模式，实现生产发展、生活富裕和生态良好的生态文明目标，并体现节约发展、清洁发展和持续发展的思想。

（二）构建指标体系应遵循的原则

城市循环经济水平评价和度量是一项涉及多方面、多层次的系统工程，在构建指标体系时，应遵循一定原则：

（1）3R 原则：减量化、再利用、再循环原则（3R 原则）是循环经济的基本原则，也是构建指标体系的原则；

---

① 刘滨，王苏亮，吴宗鑫.试论以物质流分析方法为基础建立我国循环经济指标体系[J].中国人口·资源与环境,2005,15（4）:32-36；徐一剑，张天柱，石磊，等.贵阳市物质流分析[J].清华大学学报（自然科学版）,2004,44(12):1688-1691.

② 章波，黄贤金.循环经济发展指标体系研究及实证评价[J].中国人口·资源与环境,2005(3):22；国家统计局"循环经济评价指标体系"课题组，"循环经济评价指标体系"研究[J].统计研究,2006（9）:23-161；雷学勤，袁九毅，潘峰，等.我国区域循环经济评价指标体系研究进展[J].环境与可持续发展,2008,（1）:15-17.

（2）区域性原则：由于各个城市自然条件、发展水平等方面的差异，发展循环经济遇到的问题、发展要求和目标不同，评价的重点也不同，指标体系需能反映出区域间的差异；

（3）整体性原则：评价指标应能全面反映城市循环经济的内涵，反映城市循环经济的总体水平；

（4）可比性原则：循环经济的评价指标要具有统一的量纲，可以进行横向和纵向的对比，指标应尽量采取国际上通用的概念与计算方法，使之具有可比性；

（5）定量为主，定性为辅原则：评价指标体系应尽可能采用定量指标，对一些无法量化的指标可用定性的描述来阐述其规律，但不宜过多；

（6）可操作性原则：评价指标体系应充分考虑到数据的可获得性和指标量化的难易程度，应着眼于可操作性，力求选取的指标数值可直接或通过计算等数学方法获得。

（三）指标体系框架

通过现有城市循环经济指标体系的比较，结合中小城市的实际，采用层次分析法和系统层次架构进行指标体系的构建。依据指标体系的设计原则，将整个指标体系分为 4 个层次：目标层、系统层、控制层、指标层，其中循环经济总体发展水平为目标层；经济、环境和资源为 3 个系统层；表征 3 个系统层的为控制层；构成控制层的为指标层，总共有 15 个指标，其中城镇居民恩格尔系数、单位 GDP 能耗、单位工业产值水耗 3 个为负作用指标，其他均为正作用指标，具体指标体系见表 5-1。

表 5-1 循环经济指标体系及权重值

目标层	系统层	权重	控制层	权重	指标层	权重
循环经济总体发展水平	经济系统	0.25	社会经济指标	0.25	人均 GDP C_1(元／人)	0.05
					城镇居民恩格尔系数 C_2(%)	0.05
					城镇居民可支配收入 C_3(元)	0.05
					农民人均纯收入 C_4(元／人)	0.05
					工业企业增加值 C_5(亿元)	0.05
	资源系统	0.5	资源投入指标	0.25	单位 GDP 能耗 C_6(标煤吨／万元)	0.083
					单位工业产值水耗 C_7(吨／万元)	0.083
					工业污染治理设施运行费用 C_8(万元)	0.083

续表

目标层	系统层	权重	控制层	权重	指标层	权重
循环经济总体发展水平	资源系统	0.5	资源再利用指标	0.25	工业用水重复利用率 C_9(%)	0.125
					工业固体废弃物综合利用率 C_{10}(%)	0.125
	环境系统	0.25	环境污染指标	0.125	工业废水排放达标 C_{11}(%)	0.0625
					工业废水排放量 C_{12}(万吨)	0.0625
			环境建设指标	0.125	城市生活垃圾处理 C_{13}(%)	0.0416
					城市污水集中处理率 C_{14}(%)	0.0416
					新增治理废水能力 C_{15}(吨/日)	0.0416

三、城市循环经济发展水平评价模型

（一）指标的标准化

标准化使得各个指标成为可量化的及单位统一的，从而可对各指标进行加权平均、指数化等，以进行指标的综合评价、比较和绘图分析，不同指标的标准化方法不同。通常采用的指标标准化方法是选定无量纲化的合成公式，确定适当的参照值，将所有指标实际值归一化到0~1的单位区间中。

（1）对原始数据进行标准化处理方法1：

正作用指标：$z^+ = c_i / max\ c_{ij}$ （式5-1）

负作用指标：$z^- = min\ c_{ij} / c_i$ （式5-2）

式中 z^+ 和 z^- 分别为正作用指标和负作用指标标准化后的值，c_i 某一单项指标的原始值，$max\ c_{ij}$ 和 $min\ c_{ij}$ 分别为各年第i单项指标中的最大值和最小值。

（2）对原始数据进行标准化处理方法2：

$z^+ = (x_i - x_{i\ min}) / (x_{i\ max-i\ min})$ （式5-3）

$z^- = (x_{i\ min} - x_i) / (x_{i\ max-i\ min})$ （式5-4）

式中 $x_{i\ max}$ 和 $x_{i\ min}$ 分别表示单一项指标的最大值和最小值，x_i 为指标的原始值。

（二）指标权重的确定

确定指标权重就是衡量各项指标和各领域层对其目标层的贡献程度大小，指标权重的合理与否直接影响着评价结果的科学性与准确性。权值确定可分为主观赋权法和客观赋权法以及两者相结合的方法。主观赋权法是研究者根据其主观价值判断来指定各指标权重的方法，主要包括专家评判法、层次分析法等；客观赋权法则按照计算准则得出各指标权重，主要有熵值法、主成分分析法、因子分析法等。两种方法各有优点，实际中根据研究和应用需要而确定所采取的方法。

（三）指标的综合评判

根据标准化后的数据与权重计算综合评价分值，采用线性加权法，其公式为：

$$s = \sum_{i=1}^{n} z_i \times w_i \qquad\qquad （式5-5）$$

其中 z_i 为各单项指标的标准化值；w_i 为各指标相对应的权重；s 为目标层综合得分和各项控制层的得分。

四、中小城市循环经济发展水平评价的实证分析

根据以上指标体系和评价模型，以江西省抚州市为实证研究对象，进行分析。

（一）原始数据收集整理

数据来源主要为：江西省和抚州市统计年鉴（2002~2007年）、2002~2007年抚州市国民经济和社会发展统计公报等[①]。

（二）指标权重的确定

采用主观赋权法，这样得出的结果更符合中小城市的实际，同时不同的城市也可根据实际情况进行调整。经济系统和环境系统各占0.25，资源系统更重要所以占0.5；再按照构成各系统层的控制层数目进行等权均分，然后对构成各控制层的指标按数目进行等值赋权，权重见表5-1。

（三）原始数据的标准化

根据式5-1至5-4分别对原始数据进行标准化。

（四）结果评价

标准化后的数据按式5-5进行综合评价，评价结果见表5-2和表5-3。

---

① 江西省抚州市统计局. 抚州统计年鉴（2002-2007）[M]. 北京：中国统计出版社，2003-2008；江西省统计局.江西统计年鉴(2002-2007)[M].北京:中国统计出版社,2003-2008;抚州市统计局. 抚州市国民经济和社会发展统计公报（2002-2007）[EB/OL].http://www.jxstj.gov.cn/tjgb/sqstjgb/；抚州市统计局.抚州市国民经济和社会发展统计公报(2002-2007)[EB/OL].http://tjj.jxfz.gov.cn/.

（五）结果分析

1. 标准化方法 1 结果分析

从表 5-2、图 5-1 和图 5-2 可以看出：循环经济总体发展水平在 2003~2007 年稳定向前发展。其中：社会经济层和资源再利用层发展水平不断增强，但资源投入层、环境污染层和环境建设层发展不稳定，如资源投入层在 2004 年略有下降，其他年份一直平稳发展；环境污染层在 2007 年下降剧烈；环境建设层在 2005 年最低，其后上升明显。

2. 标准化方法 2 结果分析

从表 5-3、图 5-3 和图 5-4 可见：循环经济总体发展水平在 2003~2007 年一直在快速发展。其中：资源再利用层和环境建设层一直快速升高。但社会经济层、资源投入层、环境污染层表现不稳定。社会经济层在 2004 年有所下降；资源投入层在 2004 年最低；环境污染层在 2007 年下降突出。

3. 两方法的综合结果分析

由于对原始数据进行无量纲化处理时采取的方法不一样，所以得出的结果存在差别，但趋势图的总体走向一致。从两种方法综合结果对比看，总体呈上升趋势，向好的方向发展，但方法 1 的循环经济的总体指数发展比较平缓，2003 年的起点已经达到 0.521；方法 2 所得结果的上升幅度较大，2003 年的起点却很低，仅为 0.1474；但两种方法 2007 年的结果是基本一致的。

五、结论和探讨

①采用层次分析法和系统层次架构进行中小城市循环经济发展水平评价的指标体系是可行的，具有科学性和实用性，但为了更完整体现循环经济的系统特性，继续研究应综合考虑资源、环境、经济、社会、科技 5 个子系统，并纳入指标体系；②本文评价方法所采用的是数据对比法，其优点是比较简单实用，通过各年度之间的数据的对比判断发展的纵向态势，在做横向比较时，就要根据各自单项指标和综合指标的变化幅度来进行比较；③循环经济评价结果的准确性受到指标体系的架构、项目数、权重、数据的完整性、评价方法等多种因素的影响，就数据对比法本身而言，所用样本量越大、数据越完整，结果就越趋于实际。

表 5-2 方法 1 控制层评价指数和综合指数

指 标	2003	2004	2005	2006	2007
社会经济	0.152	0.151	0.172	0.212	0.25
资源投入	0.145	0.114	0.159	0.164	0.162
资源再利用	0.153	0.193	0.232	0.23	0.25
环境污染	0.071	0.079	0.089	0.125	0.0625
环境建设	0	0.007	0.001	0.125	0.0832
总发展水平	0.521	0.544	0.653	0.809	0.808

表 5-3 方法 2 控制层评价指数和综合指数

指 标	2003	2004	2005	2006	2007
社会经济	0.0624	0.0306	0.0845	0.1589	0.25
资源投入	0.085	0.0324	0.1333	0.1648	0.163
资源再利用	0	0.097	0.197	0.196	0.25
环境污染	0	0.097	0.063	0.124	0.0625
环境建设	0	0.007	0.0076	0.0416	0.0832
总发展水平	0.1474	0.192	0.4854	0.6853	0.8087

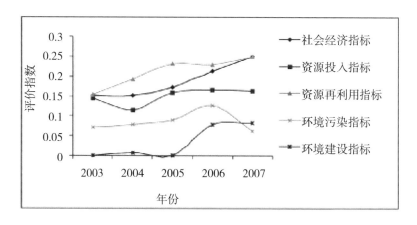

图 5-1 方法 1 循环经济水平控制层评价结果

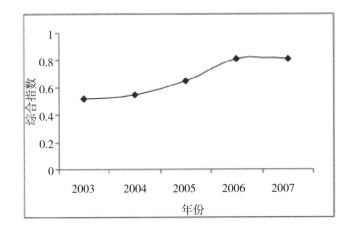

图 5-2 方法 1 循环经济发展水平综合评价结果

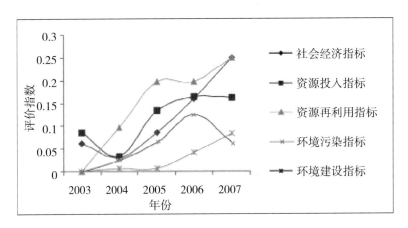

图 5-3 方法 2 循环经济水平控制层评价结果

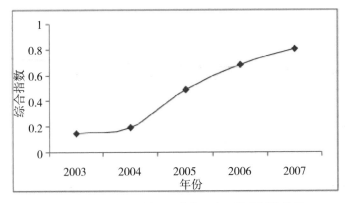

图 5-4 方法 2 循环经济发展水平综合评价结果

第二节 省域循环经济发展水平的评价

在当前建设资源节约型和环境友好型社会的背景下，循环经济是实现资源、环境和经济协调发展的重要途径。《甘肃省循环经济总体规划》是国务院批准实施的第一个地区性循环经济发展规划，甘肃循环经济示范区是国务院批准的全国唯一一个国家级示范区。本文以甘肃省为例，通过循环经济指标体系的构建，利用时间序列数据，对甘肃省循环经济发展水平进行综合分析评价，为深入推动甘肃省循环经济实际工作提供科学依据，也为全国其他地区提供必要借鉴[①]。

通过构建循环经济发展评价的指标体系，以 2000~2009 年时间序列数据为样本，运用层次分析法，对甘肃省的循环经济发展水平进行了实证研究。研究结果表明：甘肃省循环经济综合发展水平呈逐年上升趋势，但波动较大；资源循环利用指数处于较高水平，资源消耗和环境污染指数处于中间水平，且二者呈现出高度相关性；经济社会发展指数较低，对甘肃省循环经济发展的支撑能力相对有限，但是未来发展潜力较大。

一、循环经济指标体系构建

循环经济的发展是一项涉及面广、综合性强的系统工程。为了科学评价循环经济的发展水平，有必要利用统计数据，建立一套设计合理、操作性较强的循环经济评价指标体系。

（一）指标体系构建的基本原则

（1）全面性原则。指标体系作为一个有机整体是多种因素综合作用的结果[②]，循环经济发展涉及资源、环境、经济、社会和物质能量的循环利用等诸多领域。因此，在构建循环经济指标体系时，要尽可能地把相关指标囊括进去，体现循环经济的全面性。

（2）层次性原则。甘肃省循环经济指标体系构建主要从微观、中观、宏观 3 个层次上进行分析，采用"单项指标—系统指数—综合指数"三层的框架结构，通过单项指标的计算来表征系统指数，然后再通过系统指数来表征综合指数。

---

① 本小节已发表，详见：张永凯，陈润羊. 循环经济发展评价的指标体系构建与实证分析——以甘肃省为例[J]. 工业技术经济，2012，31（6）：81-86.

② 王永龙. 现代循环经济发展论[M]. 北京：中国社会科学出版社，2009.

（3）科学性原则。指标体系要能够客观、准确地反映循环经济发展的目标和内涵，要尽量选取具有代表性的指标，避免相同或相近的变量重复出现。

（4）可操作性原则。在实证研究中，发现预设的很多指标很难找到，或者根本不可能找到，必须对指标体系进行调整。因此，在循环经济指标体系构建中，需要根据数据采集的可能性与可靠性，尽量选取易获取和易量化的指标。

（二）指标体系框架设计

在上述指标体系构建原则的基础上，根据目前可获取的时间序列数据，设计甘肃省循环经济发展评价的分析框架，指标体系由单项指标（A）、系统指数（B）和综合指数（C）3个层次构成，共16个单项指标构成，包括经济社会发展、资源消耗、资源循环利用、污染物排放等子系统（表5-4）。

表5-4 循环经济发展的指标体系和权重表

单项指标（A）	指标属性	权重	系统指数（B）权重	综合指数（C）
A_1 地区生产总值（亿元）	+	0.0083		
A_2 人均生产总值（元）	+	0.0166		
A_3 农民人均纯收入（元）	+	0.0166	经济社会发展指数（B_1） 0.0832	
A_4 居民消费水平（元／人）	+	0.0083		
A_5 全社会固定资产投资（万元）	+	0.0166		
A_6 R&D 经费支出（亿元）	+	0.0166		
A_7 能源消耗总量（万吨标准煤）	−	0.0520		循环经济发展综合指数
A_8 万元生产总值能耗（吨标准煤／万元）	−	0.0521		
A_9 电力消费总量（亿千瓦小时）	−	0.0390	资源消耗指数（B_2） 0.2602	
A_{10} 万元生产总值电耗（千瓦小时／万元）	−	0.0520		
A_{11} 能源消费弹性系数		0.0651		
A_{12} 工业废水排放达标率（%）	+	0.1975	资源循环利用指数（B_3） 0.3950	
A_{13} 工业固体废物综合利用率（%）	+	0.1975		
A_{14} 工业废水排放量（万吨）	−	0.0916		
A_{15} 工业废气排放量（亿标立方米）	−	0.0917	污染物排放指数（B_4） 0.2616	
A_{16} 二氧化硫排放量（万吨）	−	0.0785		

注："+"表示正向指标，"−"表示逆向指标。能源消费弹性系数等于能源消费量年平均增长速度与国民经济年平均增长速度之比，它反映能源消费增长速度与国民经济增长速度之间比例关系的指标。

二、指标体系的计算与综合发展水平的测度

（一）权重的确定

权重是指某个指标在整体评价中的相对重要程度，指标权重的合理与否对评价结果的科学性和准确性产生重要影响。本节利用层次分析法，通过构建两两比较判断矩阵，对同一层的指标进行两两比较，并以 1～7 标度法表示，进行归一化，求解每个矩阵最大特征根的特征向量，最后以方根法计算各指标的相对权重（表 5-4），计算步骤如下[①]：

步骤 1：计算判断矩阵每一行元素的乘积。

$$M_i = \prod_{j=1}^{n} b_{ij} \ (i = 1, 2, \cdots, n)$$

步骤 2：计算 M_i 的 n 次方根。

$$\overline{w_i} = \sqrt[n]{M_i} \ (i = 1, 2, \cdots, n)$$

步骤 3：将向量 $\overline{w} = [\overline{w_1}, \overline{w_2}, \cdots, \overline{w_n}]^T$ 归一化。

$$w_i = \overline{w_i} / \sum_{i=1}^{n} \overline{w_i} \ (i = 1, 2, \cdots, n)$$

步骤 4：计算最大的特征根。

$$\lambda_{max} = \sum_{i=1}^{n} (AW)_i / nw_i$$

（二）数据的标准化处理

为了统一各指标的量纲，本节采用极差方法对数据进行标准化处理，各单项指标具体分为两种类型：一类是正向指标，这类指标的数值越大越有利于循环经济的发展；另一类是逆向指标，这类指标的数值越小越有利于循环经济的发展。具体标准化处理如下公式所示，其数值分布于 0～1 之间。

正向指标：$x'_{ij} = [x_{ij} - x_j(min)] / [x_j(max) - x_j(min)] (i = 1, 2, \cdots n)$

逆向指标：$x'_{ij} = 1 - [x_{ij} - x_j(min)] / [x_j(max) - x_j(min)] (i = 1, 2, \cdots n)$

（三）循环经济发展的综合水平测度

循环经济发展的综合水平测度就是各个指标的测算值乘以各自的权重后进行

[①] 徐建华.现代地理学中的数学方法[M].北京:高等教育出版社,2002.

求和，然后依次逐层推演，计算公式如下：

$$x_1 = \sum_{i=1}^{k} B_i W_i \times 100$$

其中，B_i 为某指标值，W_i 为某指标的权重，k 为指标所属的下一级指标的项数。

三、实证分析

（一）数据来源

本节的数据主要来源于甘肃年鉴（2001~2009 年）和甘肃发展年鉴（2010 年）以及甘肃省统计信息网的部分公开数据，选取了 2000~2009 年甘肃省的主要经济社会、资源消耗、资源循环利用、污染物排放等统计指标。

（二）计算结果

在循环经济发展评价指标体系的框架下，根据 2000~2009 年的时间序列数据对甘肃省进行实证分析评价。首先对原始数据进行标准化处理，然后采用相应的权重对甘肃省循环经济进行测算（表 5-5）。经过计算，测出 2000~2009 年甘肃省循环经济发展综合指数（图 5-5）及经济社会发展指数（B_1）、资源消耗指数（B_2）、资源循环利用指数（B_3）、污染物排放指数（B_4）（图 5-6）。

表 5-5　2000~2009 年甘肃省循环经济发展评价值

指标	2000	2001	2002	2003	2004	2005	2006	2007	2008	2009
A_1	0.00	0.03	0.06	0.12	0.23	0.31	0.44	0.59	0.75	0.83
A_2	0.00	0.05	0.12	0.25	0.46	0.64	0.88	1.18	1.51	1.66
A_3	0.00	0.09	0.17	0.26	0.45	0.59	0.75	0.96	1.39	1.66
A_4	0.00	0.04	0.09	0.16	0.27	0.37	0.46	0.58	0.73	0.83
A_5	0.00	0.05	0.11	0.17	0.26	0.35	0.48	0.71	1.05	1.66
A_6	0.00	0.79	0.92	0.31	0.40	0.69	0.93	1.03	1.41	1.66
A_7	5.20	5.08	4.86	4.12	3.31	2.35	1.55	0.78	0.29	0.00
A_8	0.00	0.73	1.52	1.78	2.88	3.14	3.45	3.93	4.50	5.21
A_9	3.90	3.80	3.45	2.92	2.41	2.05	1.61	0.86	0.26	0.00
A_{10}	0.48	1.47	0.78	0.00	1.97	3.66	4.18	3.59	3.57	5.20
A_{11}	5.74	6.51	5.13	1.49	0.00	2.10	3.42	4.08	5.02	6.18

续表

指标	2000	2001	2002	2003	2004	2005	2006	2007	2008	2009
A_{12}	0.00	15.34	15.30	17.23	15.68	15.68	18.74	19.69	8.58	19.75
A_{13}	0.00	9.03	1.98	15.80	17.76	11.23	6.99	23.37	19.75	18.40
A_{14}	0.00	3.55	4.75	3.34	6.35	8.07	8.34	9.16	8.53	8.57
A_{15}	9.17	8.72	5.95	6.65	6.85	5.39	4.05	1.29	1.64	0.00
A_{16}	6.16	7.85	5.99	2.18	2.49	0.00	0.52	1.25	1.94	1.98
B_1	0.00	1.05	1.47	1.27	2.07	2.95	3.94	5.05	6.84	8.30
B_2	15.32	17.59	15.74	10.31	10.57	13.30	14.21	13.24	13.64	16.59
B_3	0.00	24.37	17.28	33.03	33.44	26.91	25.73	43.06	28.33	38.15
B_4	15.33	20.12	16.69	12.17	15.69	13.46	12.91	11.70	12.11	10.55
C	30.65	63.13	51.18	56.78	61.77	56.62	56.79	73.05	60.92	73.59

注：2000~2004 年万元生产总值能耗和电耗是按现价计算，2005 年以后是按 2005 年可比价计算的。

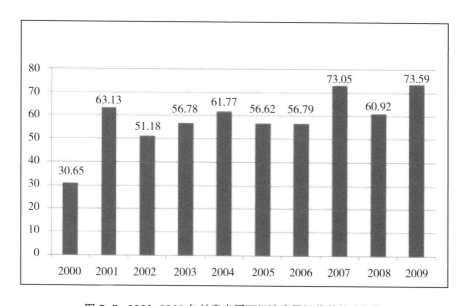

图 5-5 2000~2009 年甘肃省循环经济发展评价的综合指数

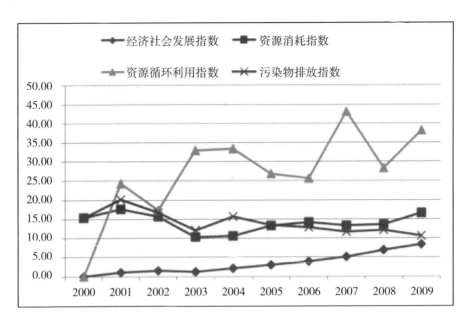

图 5-6　2000~2009 年甘肃省循环经济发展的系统层指数

（三）分析与评价

根据王良健（2006）提出的循环经济发展评判标准，当 C<50 时（C 表示循环经济发展综合指数），循环经济发展处于准备阶段；当 50<C<70 时，循环经济发展处于初期阶段；当 70<C<85 时，循环经济发展处于中期阶段；当 C>85 时，循环经济发展处于高级成熟阶段[①]。从总体上看，甘肃省循环经济发展的综合指数在逐年提高，循环经济发展的综合指数从 2000 年的 30.65 增加到 2009 年的 73.59，特别是 2001 年、2007 年和 2009 年的增长势头较为迅猛。从计算结果来看，2000 年甘肃省循环经济发展处于准备阶段，2001 年至 2006 年以及 2008 年甘肃省循环经济发展则处于初期阶段，2007 年和 2009 年开始向循环经济的中级阶段迈进，但甘肃省的循环经济发展水平具有一定的起伏波动，呈现出相对的不稳定性。就发展阶段而言，甘肃省循环经济仍然处于初级阶段向中级阶段过渡，距离高级成熟阶段尚远。

从资源循环利用方面来看，资源循环利用指数在子系统中处于较高水平，但波动也最为强烈，与循环经济综合指数保持较高的一致性。从 2000 年到 2009 年，甘肃省资源循环利用指数的波动主要归根于工业废水排放达标率和工业固体

---

① 王良健. 地方循环经济发展评估指标体系及评估方法研究 ［J］. 煤炭经济研究, 2006(2)：
6-8

废物综合利用率的波动较大。

从资源消耗和环境污染方面来看，甘肃省循环经济发展的资源消耗指数和环境污染指数在整个子系统中处于中间水平，在 2000 年到 2009 年之间的波动不大，且二者表现出极高的相关性；但从未来发展趋势上看，资源消耗指数呈现上升态势，而环境污染指数则显示下降趋势，这种趋势是符合循环经济发展的客观规律和要求的，也表明甘肃省循环经济正在向健康的方向发展。

从经济社会方面来看，经济社会发展指数处于最低水平，对甘肃省循环经济发展的支撑能力比较薄弱，但从 2000 年到 2009 年的发展趋势看，呈现持续增长态势，特别是 R&D 支出的增长对整个子系统的贡献较大。未来随着甘肃省经济的发展和科技的进步，将对循环经济发展的影响和作用越来越大。

四、主要结论和建议

从本节实证分析的结果来说，甘肃省循环经济的发展水平并不高，但发展潜力较大，且目前正处在从初级阶段向中级阶段过渡的关键时期。作为国务院批准的全国唯一一个国家级循环经济示范区，发展循环经济面临难得的政策机遇。《国务院办公厅关于进一步支持甘肃经济社会发展的若干意见》中也明确提出，甘肃要大力发展循环经济。可以期待，在这些政策叠加作用下，甘肃的循环经济将迈向更高和更稳定的水平。

由于甘肃省地域辽阔，区域发展条件差异悬殊，在循环经济发展过程中，一定要因地制宜，探索适合当地实际的循环经济模式，努力建设循环农业体系、循环工业体系和循环社会体系。同时，面对经济、科技对循环经济发展支撑能力不足的现状，甘肃省需要实行资金、技术、人才、管理四管齐下的战略性举措，解决循环经济发展的资金短缺、技术创新薄弱、人才匮乏和管理水平低等问题，推进甘肃省循环经济持续健康发展。

第三节　铀矿业循环经济发展水平的评价

铀矿资源是重要的战略物资，也是发展新能源的物质基础。铀矿业是为国防军工和核电能源供应战略性铀资源的关键产业，铀矿山是其主要构成部分。发展循环经济是构建和谐矿区，实现矿区可持续发展的必然选择，建立循环经济评价指标体系是评判循环经济发展质量的主要依据①。

我国铀矿工业具有矿石处理量大、"三废"产生率高、影响范围广、废物辐射潜在危害时间长、存在非放射性有害物质影响等特点。我国铀矿工业由于本身行业的特点和外界环境的制约，正面临着严峻的形势：铀矿资源短缺、综合利用水平低、铀矿山"三废"对环境的污染日益严重、安全压力逐渐加大等②。

按照循环经济（减量化、再利用、再循环）的原则，铀矿开采必须达到"低开采、高利用、低排放"，从而使经济发展及增长对环境的影响降到最低程度。因此，立足社会持续、经济持续、生态和资源持续发展，循环经济的发展模式是铀矿开采的必然选择③。在阐述了铀矿山企业循环经济发展水平评价目的和指导思想的基础上，依据8个基本原则，构建了一套铀矿山循环经济发展水平评价指标体系，该指标体系由总体层、系统层、状态层、变量层4个等级，管理、环境、经济3个系统，26个指标组成，并提出了铀矿山循环经济发展水平评价模型。

大力发展循环经济模式，是我国铀矿业未来必然的、不可回避的战略选择，也是实现铀矿山人与自然和谐发展的根本途径④。循环经济评价指标体系的制定不仅是量化经济发展的基础性工作，也是循环经济发展理论研究的基本内容，是评判循环经济发展质量的主要依据。

一、构建铀矿山循环经济指标体系的总体思路

（一）铀矿山循环经济发展水平评价的目的

循环经济评价是以循环经济系统为评价对象，对循环经济的评价是其发展从理论探讨阶段进入实际操作阶段的前提，通过评价应达到如下目标：①对循环经济系统运行现状进行评价；②监测循环经济系统状态的变化趋势；③建立循环经济预警系统；④为优化管理决策提供依据。

（二）铀矿山循环经济发展水平评价指标体系的指导思想

铀矿山循环经济评价指标体系的构建要以可持续发展战略思想为指导，体现

---

① 本小节部分内容作者已发表，详见：花明，陈润羊，陈淑杰.铀矿山循环经济发展水平评价指标体系构建研究[J].矿业研究与开发，2009，29(1)：85-87，91.

② 潘英杰.浅论我国铀矿工业的环境保护技术及展望[J].铀矿冶，2002，21(1)：43-46.

③ 朱国根.浅谈循环经济对铀矿开采的启示[J].中国矿业，2003(11)：12-15.

④ 陈淑杰，花明.关于我国铀矿山人与自然和谐发展的探讨[J].中国矿业，2007，15(6)：142-144.

新型工业化发展和生态建设，体现资源能源和废物产生减量化及环境无害化的废弃物循环回用和再生利用。具体地说要以下几方面为指导：①体现发展循环经济的战略思想；②体现从线性经济向循环经济转变的思想；③体现保护生态环境的理念；④体现资源的节约与合理利用；⑤体现科学技术的支撑作用。

（三）铀矿山循环经济发展水平评价指标体系构建原则

铀矿企业发展循环经济模式的效果评价指标体系的设计，既要不失一般性，又必须紧紧围绕铀矿企业特征及循环经济的本质特征，充分体现评价对象的属性。依据循环经济发展的理论和目标，建立指标体系应遵循如下 8 个统一性原则[1]：

①科学性和实用性相统一的原则。指标的选取建立在系统研究的科学基础上，指标设置要简单明了，容易理解，考虑数据取得的难易程度和可靠性，尽可能选择那些有代表性的综合指标和重点指标。②系统性与层次性相统一的原则。循环经济是一项复杂的系统工程，指标要全面地反映各个方面，在不同层次上采用不同的指标，以有利于政府决策、资源配置和环境优化。③全面性和代表性的统一原则。指标体系反映影响循环经济发展系统的各个方面，对于要表达的各个子系统，指标选取强调代表性、典型性，避免选择意义相近、重复的指标，使指标体系简洁易用。④可比性和可靠性相统一的原则。指标体系的设计应注重时间、地点和范围的可对比性，以便于纵横向比较，体现其特点。纵横向比较与统计指标口径的可比性及资料来源的可靠性关系很大，这是进行指标设计时应关注的关键。⑤相关性和整体性相统一的原则。循环经济发展系统的各要素相互联系构成一个有机整体。指标选取包括不同支持子系统之间、相同子系统不同主题之间相互联系、相互协调的指标，从而有利于对循环经济发展系统进行整体性的框架把握。⑥动态性与静态性相统一的原则。指标内容在一定的时期内保持相对稳定，才可比较分析循环经济发展的过程和趋势。循环经济是一个持续改进的过程，设计指标体系时应考虑系统的动态变化，能综合反映发展趋势，便于进行预测与管理。⑦引导性与针对性相统一的原则。指标体系在用来评价经济、社会、生态环境态势的同时，还应结合循环经济战略目标，用指标权重变化引导战略目标的优化，根据不同区域的实际情况，有区别、有针对性地进行指标体系的设置

① 于丽英,冯之浚.城市循环经济评价指标体系的设计[J].中国软科学,2005(12):44-53;张杰，沈继红，张仁忠.城市循环经济发展水平动态评价研究 [J].广西大学学报（自然科学版），2007,32(1):79-83;安乐、李宇斌.辽宁省循环经济指标体系的建立与评价[J].辽宁省循环经济指标体系的建立与评价.气象与环境学报,2007, 23(3):23-27.

和评价。⑧可操作性与简明性相统一的原则。指标体系中的指标内容要简单明了、含义明确，数据相对容易获得，评价过程具有可操作性。

二、铀矿山循环经济发展水平评价指标体系的构建

循环经济的内容涵盖面广，其内容既包括资源开采、产品生产、废物利用等，也包括发展战略、规划设计、政策手段、科技支持以及方法。因此，构建循环经济的评价指标体系，必须兼顾现状与发展，从战略的角度通盘考虑。我国循环经济发展理论还不完善，对循环经济发展水平评价的研究较少，根据循环经济的基本原理和指导原则，借鉴可持续发展、工业生态效率和清洁生产等相关理论的指标，采用系统分析、频度分析和专家咨询等方法，参考已有的循环经济的研究成果，考虑铀矿业的特殊性，进行评价指标筛选，力图建立起一套科学、完备、适用的指标体系[①]。

从循环经济的内涵来看，铀矿山企业循环经济发展模式必须能够通过对铀矿开采、加工、储运等环节的物质能量的梯次闭路循环使用和管理，同时获得生态环境、经济和社会效益，实现可持续发展。根据循环经济的内涵，对铀矿企业循环经济发展水平的评价可以从管理、经济、环保及循环经济特征等多个方面综合进行衡量。

因此，该指标体系按层次可划分为总体层、系统层、状态层、变量层4个等级，其中最低层变量由26个指标组成。总体层：综合表达循环经济的发展能力，代表循环经济发展总体运行情况和效果，用字母 A 表示；系统层：将循环经济发展指标体系解析为互相联系的3个子系统指标体系，选用管理、环境、经济（生态环保及循环经济等）特征因素作为系统层评价指标，分别用 B_1、B_2、B_3 表示；状态层：状态层指标是评价以上3个子系统状态的指标，分别用 C_{ij} 表示。变量层：用来表述状态层的具体变量，对其状态的数量、强度等进行度量，分别用 U_{ijk} 表示。具体指标体系如表5-6所示。

---

① 向来生,郭亚军,孙磊等.循环经济评价指标体系分析[J].中国人口·资源与环境2007,17（2）:76-78;国家统计局"循环经济评价指标体系"课题组."循环经济评价指标体系"研究[J].统计研究,2006(9):23-26.

表5-6 铀矿山循环经济发展水平评价指标体系

总体层	系统层	状态层	变量层(指标层)
铀矿山循环经济发展水平(A)	管理系统(B_1)	生产管理(C_{11})	ISO 14000 认证率(U_{111})
			开展清洁生产比率(U_{112})
		安全管理(C_{12})	关键人群中的公众年有效剂量(U_{121})
			辐射工作人员年有效剂量(U_{122})
	环境系统(B_2)	环境质量指标(C_{21})	平均空气环境质量等级(U_{211})
			平均水体环境质量等级(U_{212})
		污染排放强度指标(C_{22})	万元产值废水排放量(U_{221})
			万元产值废气排放量(U_{222})
			万元产值固体废物排放量(U_{223})
		污染强度控制指标(C_{23})	废水排放达标率(U_{231})
			废气处理率(U_{232})
			固体废物处理率(U_{233})
			环保科技人员比率(U_{234})
	经济系统(B_3)	经济效益指标(C_{31})	人均 GDP(U_{311})
		资源消耗指标(C_{32})	单位 GDP 能耗(U_{321})
			单位 GDP 物耗(U_{322})
			单位 GDP 水耗(U_{323})
		资源减量化指标(C_{33})	单位 GDP 能耗下降率(U_{331})
			单位 GDP 水耗下将率(U_{332})
			单位 GDP 电耗下将率(U_{333})
	经济系统(B_3)	资源利用效率指标(C_{34})	铀矿采收率(U_{341})
			共伴生矿物开发率(U_{342})
		再利用及资源化指标(C_{35})	水资源复用率(U_{351})
			固体废物综合利用率(U_{352})
			物料循环利用率(U_{353})
			破坏土地复用率(U_{354})

三、铀矿山循环经济评价的理论依据

铀矿山循环经济发展水平评价,本质上是一个多指标、多层次的复杂大系统的评价问题。所谓多指标综合评价,是指把多个描述被评价事物不同方面且量纲不同的统计指标,转化为无量纲的相对评价值,并综合这些评价值实现该事物整体评价的方法。目前,对于这类多指标、多层次的复杂大系统的综合评价,通常采用的方法主要有加法评价法、加权评分法、模糊综合评判法、灰色关联度法、层次分析法及熵权系数法。其中前两种为经典综合评价法，后四种为现代数学综合评价法。经典评价方法虽然简单易行，结果明了，但对于某些系统因素的内涵或外延不明确而具有模糊性质时，却常常不能正确反映被评价对象的实际情况。

铀矿山循环经济发展水平是一个模糊概念，它没有明确的外延，其内涵也十分丰富而显得复杂，运用经典方法难以取得切合实际的评价结论，而以模糊数学为代表的现代数学方法为我们解决这类问题提供了科学有效的手段①。采用模糊综合评判法对铀矿山循环经济发展水平进行评价，综合考虑了各级隶属度对最后评价结果的影响，信息利用度高，一般可以获得更为客观的综合评价效果，并容易被决策者理解和接受。

因此，我国铀矿山发展循环经济水平评价指标体系是一个递阶层次结构，故对铀矿山发展循环经济水平进行评价也是一个由低到高、逐层加权合成计算的过程。其数学模型为：

设在第 k 层中第 m 个子系统包含 n 个下级（第 $k+1$ 层）子系统，其第 j 个下级子系统第 i 阶段的指标评价值为 F_{ij}^{k+1}，相应权重为 A_j^{k+1}，则第 k 层第 m 个子系统的综合评价值 F_{im}^k 的计算公式如：

$$F_{im}^k = \sum_{j=1}^{n} A_j^{k+1} F_j^{k+1}$$

在对 k 层次上所有子系统做出综合评价之后，将所得到的综合评价值作为对 $k-1$ 层某一系统进行评价的指标评价值，如此逐层推进，直至计算出铀矿山循环经济发展水平的综合评价值。铀矿山循环经济发展水平评价的具体步骤主要包括：确定因素集及评语集、确定各评价指标的权重、确定隶属函数、构造模糊关系矩阵、模糊矩阵复合运算、得出评价结果。

四、铀矿循环经济发展水平评价模型

发展循环经济是构建和谐矿区，实现矿区可持续发展的必然选择。采用模糊综合评判法，实现了铀矿循环经济发展水平的综合评价；并以我国南方某铀矿为例，在现场收集资料的基础上，针对该铀矿的实际情况，对其进行循环经济发展水平的综合评价②。

---

① 姚敏,黄燕君.模糊决策方法研究[J].系统工程理论与实践,1999(17):12-16;廖国礼,吴超.模糊数学方法在矿山环境综合评价中的应用[J].环境科学动态,2004(3):15-17.
② 本小节详见作者发表的论文:陈润羊,花明,陈淑杰.我国南方某铀矿循环经济发展水平评价[J].矿业研究与开发,2009,(3):86-88.

（一）评价方法的选择

铀矿循环经济发展水平是一个多指标、多层次的复杂大系统。铀矿循环经济发展水平是一个模糊概念，模糊数学是科学有效的评价手段[1]，该方法信息利用度高，容易被决策者理解。

（二）模糊数学模型的构建

首先，建立评价对象的因素集 $U=\{u_1, u_2, u_3, \cdots, u_n\}$，因素是参与评价的评价指标，共 n 个因子。U 是被评判的模糊现象，U_i 是影响对象 U 的 i 个因素。其次建立评价集 $V=\{V_1, V_2, \cdots\cdots V_m\}$，将评语分为四个等级："高"等级，表明循环经济特征非常明显；"较高"等级，表明循环经济达较高程度；"一般"等级，表明循环经济水平一般；"差"等级，表明不具备循环经济的特征。

（三）确定评价因素的模糊权向量

权重是体现重要性程度的数值，采用模糊层次分析法（简称 FAHP）获得权重。建立优先关系矩阵 F，再将模糊优先关系矩阵改造成模糊一致矩阵[2]。利用 *Matlab* 计算 R 的最大特征值，对应特征向量归一化后就是权向量 W_i。

（四）确定隶属函数

隶属函数是用来刻画某因子 U_i 在评语集中对 V_j 级别的逼近程度。对于那些其值越大，对铀矿循环经济发展水平负效应越大的评价因子，采用降半梯形分布函数来描述它们的隶属度。对于那些其值越大，对铀矿循环经济发展水平正效应越大的评价因子，采用升半梯形分布函数来描述它们的隶属度。

（五）构造模糊关系矩阵

对 U 中全部元素分别进行单因素评价，则可获得从 U 到 V 的一个模糊关系矩阵 R：

$$R=\begin{bmatrix} r_{11} & r_{12} & \cdots & r_{1m} \\ r_{21} & r_{22} & \cdots & r_{2m} \\ \cdots & \cdots & \cdots & \cdots \\ r_{n1} & r_{n2} & \cdots & r_{nm} \end{bmatrix}$$

$[R]_{n\times m}$ 称为单因素评判矩阵，一般 $0 \leqslant r_{ij} \leqslant 1$（$i=1, 2, \cdots, n; j=1, 2, \cdots, m$）。其中，$r_{ij}$ 表示第 i 个评价指标 U_i 隶属于第 j 个评语等级 V_j 的程度。

---

① 叶文虎,栾胜基.环境质量评价学[M].北京:高等教育出版社,1994,279-282;李宝旭,卢国斌.矿区环境影响模糊综合评价[J].辽宁工程技术大学学,2005(24):266-267;廖国礼,吴超.模糊数学方法在矿山环境综合评价中的应用[J].环境科学动态,2004(3):15-17;姚敏,黄燕君.模糊决策方法研究[J].系统工程理论与实践,1999(17):12-16.

② 郎庆田.煤炭企业发展循环经济的实践与思考[J].山东环境,2003(114):7-9.

（六）模糊矩阵复合运算

根据模糊数学原理，有如下模糊变换，S 表示评语集上各评语等级的可能性系数组成的向量；W 表示因素 U_i 的权重。

$$S=W\cdot R$$

（七）评价

建立三级模糊综合评判模型，分别计算出铀矿循环经济发展水平属于各阶段的隶属度，在得到决策集 S 后，根据最大隶属度原则，取与 $max\ (A_i)$ 相对应的等级作为评价结果。

五、我国南方某铀矿循环经济发展水平评价

以我国南方某铀矿为研究对象，收集并计算了各指标的现状值。参考环境资源、放射性的法律法规及各种环境标准，可持续发展、循环经济和生态工业研究的相关成果，根据评价指标设置的相关准则[1]，并经过专家咨询，通过隶属度的试算，构建铀矿循环经济发展的评价标准。具体现状值和标准值见表 5-7。依据上述步骤和公式，得到各相关的计算结果，如表 5-8 和表 5-9 所示。

表 5-7　南方某铀矿循环经济发展水平现状值和标准值

状态层	变量层	现状值	是否正效应值	1 级	2 级	3 级	4 级	单位
生产管理 F_1	ISO 14000 认证率	0	是	80	50	30	10	%
	开展清洁生产比率	50	是	100	80	64	51.2	%
安全管理 F_2	关键人群公众年有效剂量	0.59	否	0.4287	0.4513	0.475	0.5	mSv/a
	辐射工作人员年有效剂量	22	否	17.58	18.5	19	20	mSv/a
环境质量 F_3	平均空气质量等级	5	否	2	3	4	5	级
	平均水体质量等级	5	否	2	3	4	5	级

① 于丽英,冯之浚.城市循环经济评价指标体系的设计[J].中国软科学,2005(12):44-53;张杰，沈继红，张仁忠.城市循环经济发展水平动态评价研究[J].广西大学学报（自然科学版），2007,32(1):79-83;安乐,李宇斌.辽宁省循环经济指标体系的建立与评价[J].辽宁省循环经济指标体系的建立与评价.气象与环境学报,2007,23(3):23-27;向来生,郭亚军,孙磊,等.循环经济评价指标体系分析[J].中国人口·资源与环境 2007,17(2):76-78;国家统计局"循环经济评价指标体系"课题组."循环经济评价指标体系"研究[J].统计研究,2006(9):23-26.

续表

状态层	变量层	现状值	是否正效应值	1级	2级	3级	4级	单位
污染排放强度 F_4	万元产值废水排放量	200.16	否	35	45	47	50	吨/万元
	万元产值废气排放量	7064.52	否	2.0	3.0	3.2	3.5	立方米/万元
	万元产值固体废物排放量	10.99	否	0.01	0.03	0.05	0.08	万立方米/万元
污染控制 F_5	废水排放达标率	81	是	100	80	64	51.2	%
	废气处理率	85	是	100	80	64	51.2	%
	固体废物处理率	33	是	80	64	51.2	40.96	%
	环保科技人员比率	3.2	是	12	8	5	2	%
经济效益 F_6	人均GDP	1.5	是	2.4	1.6	1.4	1.2	万/人
资源消耗 F_7	单位GDP物耗	1.33	否	1.0	1.2	1.3	1.4	
	单位GDP水耗	255	否	100	200	250	300	立方米/万元
	单位GDP能耗	0.5333	否	0.1212	0.3232	0.4444	0.5979	吨标煤/万元
资源减量化 F_8	单位GDP物料消耗下降率	0.85	是	1.5	1.7	1.4	0.9	%
	单位GDP水耗下降率	1.26	是	5.3	4.0	3.5	2.0	%
	单位GDP能耗下降率	4.38	是	7.7	6.0	5.8	4.6	%
资源利用效率 F_9	铀矿采收率	95	是	100	80	60	40	%
	共伴生矿物开发率	33	是	85	80	60	40	%
再利用及资源化 F_{10}	水资源重复利用率	45	是	95	90	85	75	%
	固体废物综合利用率	33	是	80	70	60	50	%
	物料循环利用率	54	是	90	80	70	40	%
	破坏土地复用率	45	是	80	60	50	30	%

表5-8 状态层指标对各评语级别的隶属度

状态层	1级隶属度	2级隶属度	3级隶属度	4级隶属度
生产管理指标	0.0000	0.0000	0.0000	0.6340
安全管理指标	0.0000	0.0000	0.0000	0.6340
环境质量指标	0.0000	0.0000	0.0000	0.6340
污染物排放指标	0.0000	0.0000	0.0000	0.4514
污染物控制指标	0.0000	0.2500	0.3433	0.2415
经济效益指标	0.0000	0.5000	0.5000	0.0000
资源消耗指标	0.0000	0.0000	0.4514	0.3000
资源减量化指标	0.0000	0.0000	0.0000	0.4514
资源利用效率指标	0.6340	0.2500	0.0000	0.3660
再利用及资源化指标	0.0000	0.0000	0.3525	0.3525

表5-9 状态层和总体层指标权重

指标名称	归一化权重值	指标名称	归一化权重值
总体层	1	污染控制指标	0.4542
管理系统	0.3333	经济系统	0.4542
生产管理指标	0.6340	经济效益指标	0.2877
安全管理指标	0.3660	资源消耗指标	0.2438
环境系统	0.2125	资源消耗下降率指标	0.2000
环境质量指标	0.2125	资源利用效率指标	0.1123
污染排放强度指标	0.3333	再利用及资源化指标	0.1562

（一）总体评价结果

综合评价结果见表5-10。根据最大隶属度原则，该铀矿循环经济发展水平属于第4级，说明该铀矿虽然建设了几十年但其循环经济发展尚处于低的水平；并且第1级、第2级隶属度的和为0.4010，第3级、第4级隶属度的和为0.6220，这说明该铀矿的建设发展还处于传统发展阶段，不具备循环经济的特征。

表 5-10 系统层和总体层指标对应于各评价级别的隶属度

指标名称	1 级隶属度	2 级隶属度	3 级隶属度	4 级隶属度
管理系统	0.0000	0.0000	0.0000	0.6340
环境系统	0.0000	0.2500	0.3433	0.3333
经济系统	0.1123	0.2877	0.2877	0.2438
总体层	0.1123	0.2877	0.2877	0.3333

（二）管理系统

管理系统属于第 4 级 "低" 的水平。状态层的两个指标都属于第四级 "低" 水平，这说明该铀矿的管理是明显的薄弱环节，应加大安全与生产管理的力度。

（三）环境系统

环境系统属于第 3 级 "一般" 的水平。但环境质量指标和污染物排放指标发展程度最低，污染物控制指标发展程度一般，高于其他级别隶属度，属 "一般" 水平，但趋势并不明显。

（四）经济系统

经济系统属于第 2 级 "较高" 的水平。说明该铀矿经济发展程度高，但同时造成了生态环境的破坏，该铀矿的仍然是传统的 "资源—产品—废弃物" 的线性经济增长方式，循环经济特征并不显著。

总之，建立循环经济评价指标体系，对循环经济发展水平进行评价，是检验和预测循环经济发展成效的判断依据。本研究指标体系中系统层的安排突破常规，但因所选实例的数据可得性所限，系统层、状态层和变量层的指标选取尚不够全面，后续研究应加入社会系统，可将其构成一个完整的大系统。受数据可获得性的限制，本研究仅仅对一个铀矿的循环经济发展水平现状进行了评价，在纵横向比较上，也需要在后续研究中继续深入探讨。在评价过程中，由于评价指标众多，评价过程复杂，计算数据量大。因此，在后续研究中，应编制铀矿循环经济发展水平评价系统的专用软件，以便自动生成综合评价的结果。

第六章　循环经济发展规划的编制

第一节　循环经济发展规划编制的规范

2009 年 1 月正式实施的《中华人民共和国循环经济促进法》，明确规定："设区的市级以上地方人民政府循环经济发展综合管理部门会同本级人民政府环境保护等有关主管部门编制本行政区域循环经济发展规划"。科学编制循环经济发展规划，是充分发挥规划宏观指导作用的有效途径，也是全面贯彻落实《循环经济促进法》的基本要求。我国循环经济发展还处于初级阶段，推进循环经济发展还面临诸多问题和困难，循环经济的发展需要综合协调各方面的因素，必须通过规划加以引导规范，统筹安排，合理布局。为此，2010 年 12 月，国家发展改革委办公厅印发了《循环经济发展规划编制指南》，对如何编制规划提出了规范性的技术要求。制定和实施循环经济发展规划，可以理清循环经济发展方向，明确工作重点，为循环经济尽快形成较大规模指明方向和提供保障①。

一、编制的总体要求

规划的编制突出宏观性、战略性和全局性。发展循环经济是从可持续发展的高度，遵循自然规律、经济规律和社会发展规律，将发展循环经济与发挥地区比较优势、转变经济发展方式、提高经济增长质量、保护生态环境相结合，促进生产和消费模式的根本转变，是促进人与自然协调发展的宏伟蓝图和行动纲领。

规划的编制要遵循法律要求，体现一致性。规划编制要充分体现"减量化、再利用、资源化，减量化优先"原则，坚持技术可行、经济合理和有利于节约资

---

① 国家发展改革委办公厅.关于印发《循环经济发展规划编制指南》的通知[EB/OL]http://www.sdpc.gov.cn/zcfb/zcfbtz/2010tz/t20110128_393101.htm.2012-12-31.

源、保护环境的要求。开展减量化、再利用及资源化等各项活动都要建立在充分的资源减量的基础上。

规划的编制要结合本地优势特色，坚持创新性。规划要体现各地资源、环境以及产业特点，在经济发达、科技力量较强的地区，应加强科技对循环经济的支撑作用；在大宗废弃物产生较多的地区，就应在废弃物资源化利用上有大的突破；在资源型城市和地区，要满足产业转型需要。不同区域和层次的规划，重点也应各有侧重。大中城市的规划，可在构建循环型城市方面有所侧重，如循环经济基础设施体系、废弃物管理和资源化利用、人文生态及社会消费等；省级循环经济发展规划，应突出宏观性、战略性，在整体构建循环经济发展体系，制定促进循环经济发展的法规、规章等方面形成特色。

规划的编制要深入调研，具有操作性。编制循环经济发展规划要深入调查研究、广泛听取社会各方面意见、综合各种调节手段。制定的循环经济发展规划要具有可操作性，要根据区域经济和产业布局，提出切实可行的循环经济发展的方向和重点领域。必要时可考虑编制从属于循环经济规划的相关的专项规划，例如："三废"综合利用规划、共伴生矿综合利用规划、农业废弃物综合利用规划、节水规划等；以及专门针对某种废弃物的专项规划，如脱硫石膏综合利用规划、煤矸石综合利用规划等；还可以开展重点区域（工业带、农业区、矿区等）循环经济发展重大问题研究及专项规划等。

规划的编制要与相关规划紧密衔接，保持协调性。规划要与国民经济和社会发展总体规划、区域规划及相关专项规划、主体功能区规划和城市规划紧密衔接。

二、发展规划的框架体系

（一）前言

简述编制规划的背景、必要性、适用范围、规划期限、编制依据、总体思路、主要内容及组织工作等。规划期可按五年考虑，以便与国家五年规划相结合和衔接。

（二）规划区域的基本情况

1. 规划区域概况

主要包括：地理位置、地理特点、气候条件等。

2. 规划区域经济社会发展基本情况

①总体经济发展情况；②产业结构情况：第一、二、三产业结构情况，支柱

产业和重点产业情况；③产业布局情况：各产业的空间布局情况，园区和产业集群；④社会发展情况：人口、科教文卫等情况。

3.规划区域资源环境基本情况

资源情况主要包括：土地、水、能源、矿产、森林等主要资源的品种、储量、开采、消耗情况等。环境情况主要包括：水环境、大气环境、土壤环境质量以及各种废弃物的排放情况，环境保护基础设施建设及运行情况等。应对资源承载能力和环境容量进行分析与评价。

（三）发展循环经济的紧迫性、有利条件及制约因素

1.规划之前取得的成效

各地区应对本地如"十一五"期间循环经济发展情况及预期目标的完成情况进行回顾和总结。

2.发展循环经济的紧迫性

充分考虑本地区环境资源以及气候变化等面临的形势，结合当前转变发展方式、调整经济结构的任务和压力，比较本地区在绿色发展方面与先进国家、地区的差距，对本地经济、社会发展情况进行分析，论述发展循环经济的紧迫性和重要意义。

3.发展循环经济的有利条件

可从自然条件、基础设施、财政能力、产业基础、空间布局、人文基础、管理水平、政策法规的颁布和实施以及社会经济发展等方面分析论述发展循环经济的有利条件和基础，特别是总结本地已开展的循环经济工作及成效，以及典型的循环经济发展模式等。

4.制约因素

主要论述在发展循环经济中存在的主要问题、制约因素和通过发展循环经济拟解决的关键问题等。

（四）发展循环经济的指导思想、基本原则和发展目标

1.指导思想

指导思想是指导规划编制和实施的方向，要明确规划的使命，体现发展方向和工作重点。

2.基本原则

规划原则是规划的具体指导方针，是对指导思想的进一步深化和具体化。要符合指导思想的要求并面对具体的规划内容，把指导思想的具体要求贯彻到规划的重点领域中。

3. 发展目标

制定五年的循环经济发展目标。目标要定性与定量相结合。要能够体现规划实施效果，要与地区总体发展目标相协调。其中，定量目标要有指标体系表。

根据《循环经济促进法》以及国家发展改革委、原国家环保总局和国家统计局联合公布的《关于印发循环经济指标体系的通知》（发改环资〔2007〕1815号）的要求，循环经济指标体系应包含资源产出率、废物再利用和资源化率，以及资源消耗、资源综合利用和废物排放（含处置）降低等四大类指标；此外还要列出体现当地循环经济特点的特色指标。对于有国家强制性规定的，指标体系中要达到或优于国家强制性指标。指标要可量化、可考核，易统计；指标体系应包含规划基准年数据、阶段性指标和规划终期指标。

各地在规划编制时，原则上应开展物质流分析。物质流分析是对社会经济活动中物质流动进行分析，了解和掌握社会经济体系中物质的流向、流量及相互关系，从中找出减少资源消耗、有效利用资源、减少污染物排放、改善环境的途径，是发展循环经济的重要理论基础。《循环经济统计试点方案》（发改办环资〔2010〕1755号）提出了省域层面资源产出率的测算方法，各地区应尽快完善各项基础条件，参照这一方案对省域层面资源产出率进行测算，并作为本地区循环经济发展规划的重要指标。

4. 目标可达性分析

根据现状，结合发展设想，采取定性与定量相结合的方法对主要目标进行可达性分析。可比性强的指标可以结合国内外该指标情况进行分析。

专栏 6-1 关于"体现当地循环经济特点"

若当地处于缺水地区，指标中应重点体现对水的节约、循环利用、污水减排、海水淡化等非传统水源的利用等情况；若当地产业比较落后，能耗高，污染较严重，则应重点体现产业节能、降耗、减排的相关指标；若当地的可再生能源发展较好、重视建筑节能，或秸秆利用、脱硫石膏利用等较为突出，拟作为循环经济发展规划期重点，则在指标体系中均应有所体现。

（五）发展循环经济的重点任务

重点任务要涵盖第一、二、三产业及整个社会生活的各个领域，构建第一、二、三产业相互耦合的循环经济体系和整体框架。要谋划循环经济发展的总体布局；大力推动循环型农业发展；优化产业结构，打造循环经济产业链，大力培育和促进循环经济新兴产业发展；构建包括第三产业在内的社会循环经济体系。建设资源回收利用网络体系，挖掘"城市矿产"，强化废弃物的资源化利用。要加强宣传教育，推广绿色消费模式。要高度重视循环经济技术、低碳技术的研发和应用，尤其是涉及原料的减量化利用、有毒有害原料的替代利用、有利于多次循环利用技术的开发以及产业间链接耦合关键技术的开发和应用。要重视配套技术政策、标准、规范的制定；要开展制度体系建设，体现空间布局，并体现"四节一综合"，即节能、节水、节地、节材和综合利用的相关内容。

专栏 6-2 关于农业循环经济

可考虑重点围绕生态农业（含畜禽养殖业、林牧业等）、新农村建设以及农林产品加工业开展工作。农业循环经济应向农业与农产品加工等工农业复合集成的产业组织模式方向发展，将种植业、养殖业、林业、饲料工业、食品工业、造纸工业、林板加工业、橡胶提取工业、农产品深加工产业、沼气等生物能产业、高效生物有机肥产业、太阳能利用、节水技术、农业废弃物循环利用等产业和技术进行高效集成，与科学施用化肥农药技术相结合，用高效生物有机肥和生物农药替代部分化肥和化学农药，降低面源污染，全面促进农业经济增长，增加农村就业、促进农业升级、增加农民收入、实现食品安全、高效利用水源、集约利用土地、促进碳素循环、提高碳汇效率、削减温室气体，全面提高农业可持续发展能力，实现经济、生态和社会效益的统一，实现生产、生活、生态的和谐共赢。

专栏 6-3 关于工业循环经济

（1）企业层面。对已有企业，可重点考虑开展清洁生产的相关工作，结合产业发展，采用高新技术改造传统生产方式，淘汰落后、节能减排、综合利用，构建企业内部的小循环，努力实现废弃物的"零排放"；应重点开展大宗固体废弃物的综合利用以及共伴生矿产资源的综合利用等。

（2）产业融合和产业链构建。通过产业链接，调整和优化结构，构建新的产业组织形式，实现资源、能源的循环利用和梯级利用，促进资源利用的最大化和废物排放的最小化。

（3）新兴产业发展。对于发展循环经济的新兴特色产业，应结合区域特点、资源条件、产业基础等因素，规划布局符合循环经济理念、具有发展潜力的产业，如再制造产业等。

（4）园区循环经济。园区是发展循环经济的重要载体，应从提高园区能源与资源的利用效率、优化园区的企业布局、对园区按照生态工业物质流动模式进行规划。对于新建园区，要着重产业的循环化构建；对于已有园区，重点要放在循环化改造方面。可重点考虑园区内主导产业的发展布局及相关产业的共生和循环，不断完善产业链，包括动脉产业发展、静脉产业布局，资源能源的循环利用、梯级利用以及污染控制措施等，应建立起促进循环经济发展的管理体制和管理办法。对于以再生资源产业为主的园区，应注重开展废旧产品和废弃物质深度资源化的关键技术研发和国外先进资源化技术的引进，通过各种静脉产业项目的实施和基础设施的完善，实现园区内物质、能源的集约利用、梯级利用以及基础设施和信息的共享，防止二次污染和二次浪费，实现固体废物综合利用的最大化和废物"零排放"。

（六）空间布局

作为区域性的循环经济发展规划，要明确循环经济发展的空间布局，如区域发展重点、产业园区布局等，体现资源配置的优化。

（七）发展循环经济的重点领域、重点工程及关键技术与装备

1.重点领域和重点工程

循环经济的重点领域和重点工程是实现规划目标和落实规划任务的重要抓手。编制规划时，要根据国家循环经济发展综合管理部门提出的循环经济发展重点领域并结合当地实际，提出本地区发展循环经济的重点领域和重点工程。

专栏6-4 关于社会循环经济体系（涵盖第三产业）

在循环型社会体系建设方面，应围绕循环型、节约型社会建设，倡导形成绿色消费模式，建设绿色行政体系；城市要注重基础设施、公共设施的建立和完善，大力挖掘"城市矿产"潜力，开发"城市矿产"，推动餐厨废弃物资源化和建筑废弃物的资源化利用，建设再生资源回收网络和再生资源产业物流园，形成覆盖全社会的资源循环利用体系；建立循环经济统计体系和统计制度，开展物质流分析与管理；促进中水等非传统水源的规模化利用；发展绿色建筑，推广应用新型建筑材料、节能建筑和集中供热，提升建筑节能技术水平和能源利用率；推动发展循环型服务业，发展信息服务业，构筑废物资源化的信息平台，建立循环经济信息发布系统，建设节能服务体系；要厉行节约，鼓励使用再生利用产品及原材料，限制一次性产品和过度包装，减少不合理消费，推广绿色消费模式；发展现代物流业、生态旅游业等，通过循环型社区、绿色办公场所、绿色交通、循

环型旅游景点等建设，带动全社会循环经济建设。

发展循环经济的重点领域，主要涉及的是如何促进原材料利用的减量化、促进"废弃物"的再利用和资源化、促进产业之间的相互链接。企业的清洁生产、行业之间形成副产品和废弃物再利用及资源化的纵向延伸和横向耦合、企业之间能量的梯级利用、水资源的循环再利用、再制造产业、"城市矿产"示范、产业废弃物资源化、市政废弃物资源化、餐厨废弃物资源化、建筑废弃物资源化、农林废弃物资源化、循环型服务业、产业园区的循环化改造和新建园区的循环化构建等领域均为循环经济发展的重点领域。

重点工程是实现规划目标的重要工程技术措施。要符合国家产业政策的要求，符合本地区产业发展方向和布局要求，要能够对规划目标的实现发挥关键作用。如一些产业关联度高、资源节约和节能减排效果显著的重大工程，"零排放"工程，循环经济关键节点工程，带动产业结构调整和产业升级的重点工程，循环经济关键技术产业化工程，可显著体现循环经济效果的社会发展工程项目等。重大项目要说明与规划指标的关联性和贡献度。规划中提出的重点工程要能够在规划期内完成。

2. 关键技术与装备

规划应根据地区循环经济发展重点，提出发展本地区循环经济的关键技术和装备，构建循环经济技术支撑体系。应主要涵盖：①需要大力推广应用的成熟适用技术和装备；②加快实现产业化的先进支撑技术和装备；③需要进一步创新研发的关键技术和装备等。如认为必要，规划可附循环经济重点工程及关键技术实施计划表或专栏。

3. 循环经济产品及服务

支持企业开展产品的生态设计。生产并提倡使用再生品、耐用品、可降解品、易拆解品，政府优先采购选用，鼓励循环消费、绿色消费。推动建设咨询服务、研发推广平台，鼓励专业化废弃物回收利用企业对园区、生产企业开展统包式或嵌入式服务。规划中应包含区域布局图以及循环经济产业链示意图等。

（八）实施效果分析

定性、定量分析规划的实施效果，如规划完成后对资源产出效率、生态环境优化、节能降耗方面的作用等。

（九）发展循环经济的保障措施

1. 地方需要采取的措施

规划是否能够顺利实施并取得预期效果，建设保障体系是必不可少的组成部分。一般情况下，涉及思想保障（宣传教育）、组织保障、法律法规保障、政策保障、管理保障（服务保障）、科技保障、人才保障、土地保障、资金保障、基础设施保障等。保障措施要务实，具有可操作性，避免空洞的表述。

2. 需要争取的外部支持

为了规划的顺利实施和全面落实，各级政府也可适当提出对于保障循环经济发展的政策需求，供主管部门和上一级政府参考。

第二节　兰西格经济区循环经济的发展规划

兰西格经济区（以下简称经济区）地处西北内陆，区内生态环境脆弱、经济发展基础薄弱、产业结构偏重，矿产、水能、太阳能等资源丰富。发展循环经济，是解决区域内经济发展，特别是协调资源型产业可持续发展同生态环境保护之间矛盾最行之有效的途径。推进兰西格经济区循环经济的发展，对于资源赋存丰富、生态环境脆弱地区走出一条通过发展循环经济、实现科学发展的可持续发展道路，也具有极为重要的示范意义。

一、发展循环经济的必要性和优劣势

（一）必要性

1. 确保国家生态安全、促进西北地区经济发展的客观需要

经济区地处西北内陆，生态环境脆弱，经济发展基础薄弱。青海省作为长江、黄河、澜沧江的发源地，是我国最重要的生态屏障和水源涵养地。[①]总体来看，青海的生态环境相对脆弱，大部分国土为山地、戈壁、半荒漠地区，2009年森林覆盖率只有 4.6%，远低于全国同期 20.4%的平均水平。甘肃省是长江、黄河重要的水源补给区和生态功能区，祁连山和河西走廊地区的生态安全直接影响着西北地区乃至中国北方的生态安全。经济区经济基础十分薄弱，发展经济、改善人民生活、建设和谐社会的任务艰巨。根据国家主体功能区规划，甘肃省、青海省大部分地区为禁止开发地区和限制开发区，这些地区经济发展将会受到不

---

① 国家发展和改革委员会,青海省人民政府.青海省柴达木循环经济实验区总体规划(征求意见稿)[Z].2009.

同程度的影响。虽然经济区相对于西部和全国平均水平经济发展是落后的，但是相对于甘肃和青海两省来说具有较好的发展基础。2009 年，经济区以 34.8% 的国土面积集聚了甘肃和青海两省 49.0% 的人口、57.9% 的地区生产总值、45.3% 的全社会固定资产投资和 64.6% 的社会消费品零售总额。重点开发建设兰西格经济区，发挥集聚、带动和辐射作用，打造西部地区新的经济增长带，推进区内循环经济的发展，是确保国家生态安全、促进西部地区经济发展的客观需要。

2. 发挥区内资源优势、实现可持续发展的必由之路

经济区及周边地区资源丰富。区内柴达木地区盐湖、石油天然气、黑色金属、有色金属、煤炭等资源丰富。兰州市、白银市的黑色金属、有色金属和非金属矿储量丰富，特别是白银市铜、铅、锌等有色金属储量和产量可观。从目前情况看，兰（州）白（银）地区开发强度较大，矿产资源储量优势逐渐丧失，但是兰（州）白（银）地区作为全国重要的重化工业基地，依靠其雄厚的工业基础和强大的技术优势，对周围地区资源有很强吸引力；柴达木地区资源开发尚处于初级阶段，开发潜力巨大。此外，经济区其他资源也十分可观。①在发挥区域内资源优势的同时，必须注意经济的可持续发展，延缓资源枯竭，避免环境恶化和资源依赖型产业消亡导致的经济衰退等现象出现。把资源优势转化为经济优势，在资源开发强度和次序、加工流程和工艺、废旧产品回收再利用等方面推进区内循环经济的发展，是经济区发挥资源优势、实现可持续发展的必由之路。

3. 调整产业结构、转变经济发展方式的必然选择

2009 年，经济区三次产业结构为 8.8∶49.4∶41.8，第二产业占据明显优势。工业结构中有色金属、石油化工、盐湖化工等资源型产业占据较大比重，产业具有明显的"两高一资"②的特征。突出的问题是资源利用率低、产业结构单一、产业链条短、附加值低、经济效益不高。经济区经济社会要实现又好又快发展，就必须按照科学发展观要求，科学合理利用资源，延伸产业链条，依靠科技进步发展高附加值的资源深加工产业，实现由资源开发、简单加工的传统模式向资源高效利用和综合利用高效模式转变。

4. 提高地区经济竞争力的现实要求

在实现地方经济发展过程中，经济区同时也面临着城乡居民就业压力大、增

---

① 青海省海南州、黄南州,甘肃省临夏州等地的水能资源,柴达木、河西地区的风电、太阳能资源开发潜力巨大。

② 即高耗能、高污染、资源性。

收困难、贫富差距拉大、经济增长缓慢等诸多问题。经济区自然生态环境恶劣，适宜人类居住的地区有限，加速城市化、实现经济和人口的集约发展十分必要，但是随之而来的城镇人口就业问题十分严峻。区内资源型产业的产业链短、技术含量低，不仅不利于吸收就业人口，也不利于地区经济竞争力的提高。大力发展资源循环型产业、提高加工深度、延伸产业链、增加附加值，在实现节约资源、减少污染的同时，培育新的经济增长点，创造更多的就业岗位，缓解地区人口就业压力；同时，发展循环经济势必会提高地区产业的技术水平，产生的技术外溢效应会提高地区其他产业的科技含量，从而提升地区经济竞争力。

5. 维护民族团结、构建和谐社会的战略举措

兰西格经济区是一个多民族聚集地区，少数民族占总人口比重较大，与新疆、西藏相邻，经济、政治、军事等战略地位重要，承担着保卫祖国边疆、维护民族团结、反对国家分裂、支持新疆和西藏等少数民族地区经济社会建设的重大任务。经济发展是社会稳定的根本保证，只有大力发展经济，切实提高各民族人民的生活水平，才能从根本上维护民族团结。

（二）优势

1. 资源型产业为主的产业结构特点为发展循环经济提供了平台

经济区内主导产业多为资源型产业。有色金属、盐湖化工、煤电等产业在生产过程中均会产生大量的废渣、废液、废气等废弃物，这些废弃物为发展循环经济提供了良好的"二次资源"。

2. 产业相近，容易耦合，具有发展循环经济的比较优势

经济区由于在地理、资源、人文方面存在着诸多相似性，多数区域产业相近，容易集群发展，形成规模效应。冶金有色、煤炭综合利用、盐湖化工、石油化工等产业存在很强的纵向和横向耦合性，容易形成完整的循环经济产业链条。

3. 循环经济产业开始成长，为发展循环经济打下了良好基础

近些年来，经济区内循环经济产业开始成长，柴达木地区盐湖化工、油气化工、煤炭资源综合利用，西宁地区有色金属、化工、晶体硅、纺织、高原特色生物产业，兰州、白银地区石油化工、有色金属产业，武威葡萄酒、休闲食品产业，定西马铃薯加工产业，临夏（州）、贵德、尖扎等地区生态农牧业、生态旅游业等都取得了一定的发展，为进一步发展循环经济打下良好基础。

4. 政府重视，社会关注，形成了发展循环经济的良好氛围

经济区发展循环经济得到了国家和地方政府的大力支持。2005 年 12 月，国家发展和改革委员会、国家环保总局、科技部等六部委联合发出了《关于组织开

展循环经济试点（第一批）工作的通知》，确定了青海省柴达木循环经济实验区
为国家首批 13 个循环经济试点产业园区之一；2007 年 12 月，国家发展和改革
委员会等联合发出了《关于组织开展循环经济示范试点（第二批）工作的通知》，
确定了甘肃省为第二批循环经济试点省份，西宁经济技术开发区作为第二批循环
经济试点产业园区之一；2009 年 12 月，国务院批准了《甘肃省循环经济总体规
划》；2010 年 3 月，国务院批复了《青海省柴达木循环经济试验区总体规划》。
经济区相关地方政府也大多制定了本区发展循环经济规划。此外，甘肃、青海发
展循环经济引起了全社会广泛关注，媒体、学术界做了大量宣传和深入研究，这
些都为兰西格经济区发展循环经济创造了良好的氛围。

（三）存在问题和制约因素

1. 经济发展基础薄弱

循环经济本质是一种高技术经济，需要大量的资金来支持技术的研发、设备
的制造和购买、人才的培养和引进。经济区经济发展基础相对薄弱，发展循环经
济面临着巨大的挑战。2009 年，经济区人均地区生产总值、人均全社会固定资
产投资、人均地方财政一般预算收入、人均社会消费品零售总额等主要经济指标
都低于西部地区平均水平，更是远远低于全国和东部地区平均水平。兰西格经济
区经济发展落后的另一个原因就是地方财政收支严重失衡，地方财政自给率低，
自我发展受到很大限制。2009 年，经济区内各市（州、地区）县中除青海省海
西州地方财政自给率较高外，其他地区都较低，兰州、西宁等主要地区地方财政
自给率都在全国平均水平以下，更是远远低于东部地区水平（表 6-1）。

表 6-1　2009 年兰西格经济区各市（州、地区）县地方财政状况

地　区	地方财政一般预算收入（亿元）	地方财政一般预算支出（亿元）	地方财政自给率（%）
兰州市	57.04	119.83	47.6
白银市	9.92	58.78	16.9
临夏州	4.03	64.59	6.2
凉州区	1.81	23.97	7.6
古浪县	0.42	9.13	4.6
天祝县	0.74	9.19	8.1
安定区	0.95	11.73	8.1
陇西县	1.04	10.39	10.0
渭源县	0.29	7.59	3.8
临洮县	0.93	10.44	8.9

续表

地 区	地方财政一般预算收入(亿元)	地方财政一般预算支出(亿元)	地方财政自给率(%)
通渭县	0.28	10.13	2.8
西宁市	28.15	85.12	33.1
海东地区	4.06	52.12	7.8
海北州	1.43	17.55	8.2
海西州	24.44	43.89	55.7
共和县	0.5	5.2	10.2
贵德县	0.6	3.9	14.4
尖扎县	0.5	3.2	15.3
同仁县	0.2	4.0	4.7
兰西格经济区合计	137.33	550.72	24.9
甘肃和青海合计	374.3	1733.0	21.6
西部地区	6056.4	17580.1	34.5
东部地区	18786.6	24951.5	75.3
全国	32602.6	61044.1	53.4

数据来源：国家统计局.中国统计年鉴(2010)[M].北京:中国统计出版社,2010;甘肃发展年鉴编委会.甘肃发展年鉴(2010)[M].北京:中国统计出版社,2010;青海省统计局.国家统计局青海调查总队.青海统计年鉴(2010)[M].北京:中国统计出版社,2010.

发展循环经济需要高额的投资。经济区经济发展落后，地方财力有限，很多地方是"吃饭财政"，有的甚至不能保证政府的日常运转。建设和项目投资多来自于中央专项转移支付和银行贷款。中央专项转移支付固然能解决地方政府财力不足问题，但同时也会降低地方财政支配的自主性，而银行贷款又会给地方政府带来沉重的债务负担，这些都会对经济区经济社会发展产生影响。

2. 环境承载能力差

经济区处于青藏高原和黄土高原的交汇处，西北柴达木地区多戈壁沙漠、盐沼、半荒漠化荒原；南部地区多山地丘陵；东部武威、白银、定西地区为典型的黄土高原地貌。区内降水量偏少且从南到北逐渐减少，区内绝大多数地区年均降水量介于 25～400mm 之间，而蒸发量在 2000mm 以上；森林覆盖率较低，植被多以草甸和灌木为主,对气候变化和人为干扰的抗逆性、承受能力差,人工造林难度大。总体来讲,区内生态环境较为脆弱,且破坏后不易恢复。

3. 基础设施建设落后

2009 年,甘肃和青海两省平均交通运输线路密度不及西部地区平均水平;单位面积铁路营运里程、公路里程、等级公路里程只有西部地区平均水平的 75.0%、69.1%、66.7%,更是远远低于同期全国平均水平;单位面积铁路营运里程、公路里程、等级公路里程、民用航空航线里程、民航机场个数分别只有全国平均水平的 40.4%、37.6%、31.8%、12.0%、29.4%(表 6-2)。此外,甘肃辖区和青海辖区交界处断头路比较多,大大阻碍了兰西格经济区一体化进程。区内污水处理、垃圾处理、环保等设施建设与全国和东部地区相比也相对落后,区内多数县城还没有污水处理厂。

表 6-2 2009 年年底甘肃、青海与西部和全国交通基础设施密度比较

地 区	铁路营运里程 (km/ 万 km²)	公路里程 (km/ 万 km²)	等级公路里程 (km/ 万 km²)	民用航空 航线里程 (km/ 万 km²)	民航机场个数 (个 /10 万 km²)
甘肃青海平均	36	1514	1012	294	0.5
西部地区	48	2191	1517		
全国	89	4022	3184	2443	1.7
甘肃青海 / 西部(%)	75.0	69.1	66.7		
甘肃青海 / 全国(%)	40.4	37.6	31.8	12.0	29.4

数据来源:同表 6-1。

4. 行政壁垒严重

经济区在行政区划上分属于甘肃和青海两省,在发展循环经济、构建区域大循环产业链、技术交流、信息沟通共享等方面,面临着比较严重的行政壁垒。加之,由于经济区人文、地理、产业等方面相似,在发展循环经济方面必然存在一定程度上的竞争,地方政府和官员可能出于对地方经济利益和政绩的考虑,实行地方保护政策,从而使区内各种要素流动受阻,甚至流动难度大于区外。

5. 人才和技术缺乏

经济区教育发展相对落后,区内除兰州、西宁等大城市外,其他地区科研机构、高等院校和职业技术院校稀少,各类专门人才缺乏;即使兰州和西宁的高校

和职业技术学校毕业生留在区内的愿望也并不强烈，区内发展环境对外部人才更是缺乏吸引力。

二、指导思想、原则和目标

（一）指导思想

全面贯彻落实科学发展观，以提高资源利用效率和减少污染物排放为中心，以技术创新和制度创新为动力，坚持资源节约和循环使用并重，迅速提升环境承载能力，大力推进经济增长方式的转变，在生产、流通、消费等环节落实循环经济理念，在企业、行业、园区、区域等多个层次着力推进资源节约和循环利用。加强法制建设，完善政策措施，形成政府大力推进、市场有效驱动、公众自觉参与的机制，建立适合兰西格经济区的循环经济发展模式和保障体系，促进资源节约型和环境友好型社会建设。

（二）基本原则

1. 政府引导与市场运作相结合

在现阶段，政府仍然是发展循环经济举足轻重的推动力量，应该加大对发展循环经济的资金、技术和政策扶持。发挥政府投资的引导和调节作用，使循环经济项目能够如期建成和正常运转。在政府的引导下，调动各方面的积极性，鼓励和支持民营企业参与循环经济发展的投资建设，使社会投资主体能从中获得应有收益。在实际操作过程中，要正确处理政府与市场的关系，以国家产业政策和行业规划为指导，充分发挥市场在资源配置中的基础性作用，严格准入门槛，实现资源合理配置，促进区内循环经济健康发展。

2. 科技创新与制度创新相结合

科技创新是循环经济发展的原动力，先进的技术能为循环经济提供精良的装备、先进的生产工艺，能为企业和项目带来较高的经济和社会效益；制度创新能更好优化配置各方面的资源并能发挥人的主观能动性，调动工作人员的潜力，减少生产、流通、消费等环节中环境污染、资源损失和不必要的消耗。

3. 典型示范与全面部署相结合

在经济区内应该因地制宜、突出重点，通过确立一批高起点、高效益和高效率的循环经济试点项目，建设一批高水平的循环经济园区和基地，采用试点推动、典型示范和点面结合的方式，逐步实现循环经济在企业、行业、园区、区域全面发展，有效带动地区经济社会又好又快发展。

4. 发展经济与环境保护相结合

坚持发展经济和环境保护相结合，把环境保护和生态建设放在更加重要的位置，将发展经济与产业结构调整有机结合起来，改变传统的生产和生活方式，实现资源的高效利用。大力调整和优化经济结构，坚持走科技含量高、经济效益好、资源消耗低、环境污染少、人力资源优势得以发挥的新型工业化道路，实现经济、社会、环境的协调和可持续发展。

（三）发展阶段和目标

1. 第一阶段（2011～2015年）

到2015年，经济区循环经济发展初见成效。区内经济平稳增长，地区经济实力显著增强；有色金属、石油化工、盐湖化工、特色农副产品加工、生态农牧业、生态旅游业等主导产业循环经济产业链条基本形成；促进循环经济发展的法律法规、政策、管理等保障制度基本建立；主要城镇建立起基本的污水、垃圾处理设施，生产和生活垃圾处理率达到全国平均水平；生态环境初步改善，生态环境恶化的势头得到遏制。

2. 第二阶段（2016～2020年）

到2020年，经济区循环经济显著发展，成为全国重要的循环经济示范区。区内经济快速发展，对周围地区带动和辐射能力显现；主导产业资源产出、资源消耗、资源综合利用、废弃物排放处理等循环经济特征指标有较大提高，基本实现资源开发专业化、精细化和高附加值化，特色优势产业形成规模，循环经济产业放大效应全面显现；建立起完善成熟的发展循环经济保障制度；建立覆盖城乡的污水、垃圾处理体系，工业废水、垃圾处理率达100%，城乡生活垃圾处理率达到全国领先水平；生态环境持续改善，主要环境指标超过西部地区平均水平；经济、社会、环境协调发展局面开始呈现。

三、循环农业发展

（一）发展环境

兰西格经济区农业人口过多，且收入水平较低。区域地处高原地带，地形复杂，可供农业耕种的土地数量有限，特殊的干旱少雨的气候条件，使得该地区农业生产条件恶劣。同时，经济区又承担着保卫西北地区生态安全的重任，封山育林，退耕还林，退牧还草，对重要河流生态补水等环保任务很重，这都对传统的农业生产模式提出了挑战。这就要求依据循环经济"减量化、再利用、资源化"

原则，调整农业产业结构，开展集约生产，最大限度循环利用各种资源，提高农业生产的经济和社会效益，并把农业生产中对环境的负面影响降到最低。

（二）发展重点

1. 发展节约农业

（1）发展节水农业。缺水已成为经济区经济社会发展最大的瓶颈，严重威胁到当地生态安全和工农业发展。现阶段，农业是经济区内第一用水大户，在很多市县占到用水总量的80%以上，区内农业灌溉以河流渠灌为主，虽然滴灌等先进灌溉技术开始试验应用，但是大部分地区还都是大水漫灌。随着地区经济发展、人口增多、生态建设工程启动，用水量还会大幅增加，解决水的供需矛盾只能从农业节水入手，通过发展农业节水工程置换出水以供应经济社会发展和生态用水。为此，应该综合运用农艺、生物和工程等多种技术措施，以节水和保墒为重点，充分积蓄和利用自然降水，最大限度地提高农业用水的利用效率，从而减少农业灌溉用水。发展节水农业的主要工作有：改变漫灌等落后的灌溉方式，兴建和应用防渗管网、低压管道、滴灌等节水设备和技术，直接减少农业灌溉用水；调整农业种植结构，推广高产、抗旱、抗寒农作物；推广耕地保护性耕作和保墒措施，依据当地实际情况，在共和、贵德、尖扎、同仁、临夏（州）、兰州、白银等沿黄灌区和西宁、海东等沿湟水灌区推广大田膜下滴灌施肥一体化技术和垄膜沟灌技术，武威、定西等干旱和半干旱农业区推广全膜双垄沟播技术；推广大叶蔬菜、瓜果应用温室大棚等设施种植，减少蒸发量，达到节水目的。

（2）发展节（化）肥、节（农）药、节能农业。化肥的过量使用，不但浪费资源，增加农业生产成本，还会造成严重的环境污染和农畜产品污染。发展土地测土配方等节肥技术，合理使用化肥，不仅能降低农业生产成本，还能降低环境污染；推广节药技术，不使用或使用低毒农药，推广病虫害物理、生物防治技术，减轻农业生产中的农药污染；发展和推广日光温室、蔬菜大棚、太阳灶、太阳能热水器等节能设施和产品，提高能源利用效率，不但有利于降低农业生产和农户生活成本，还能有效保护环境。

2. 推广生态农业和有机农业

（1）生态农业。经济区农业承担着吸纳农业人口、支撑乡村经济、为二三产业提供原材料的重任，同时地区自然条件恶劣，生态环境脆弱，随着国家对西部地区生态安全的愈发重视，封山育林、退耕还林、退牧还草的力度也会越来越大。发展生态农业，把发展农业生产和生态保护有机结合起来，不但能提高农业生产效益，增加农村居民的收入，还能从根本上减小农业生产对自然生态环境造成的不利影响，从而实现农业和生态环境的可持续发展。以发展生态农业为重点，在农业生产中形成物质和能量的循环利用，构建农村物质能源循环链。

（2）有机农业。经济区多数地区开发强度小，空气水源受污染程度较轻，牛羊肉、马铃薯、枸杞、沙棘、百合、葡萄等特色农牧产品有着优良的品质。所以，应该着力推广有机农业，打造高原特色有机食品品牌，积极鼓励企业开展 ISO 14000 环境管理体系认证和 ISO 9000 质量管理体系认证，走高端产品路线，不但能切实减少农业生产对于环境的不利影响，还能增加农牧民的收入，提高农业生产效益。

3. 发展现代畜牧业

由于特殊的气候和地理环境因素，经济区内牧区多以草甸植被为主，丰草期短、枯草期长，且草场植被对气候变化和人为干扰的抗逆性和承受能力较差，破坏后不宜恢复。随着今后经济区退耕还林、退牧还草、生态移民等大规模生态工程的开展，势必会对区域内传统畜牧业发展带来不利影响。因此，应该未雨绸缪，提早开展现代畜牧业试点，建设专业化的棚圈饲养设施，逐步实现畜牧业的集约发展，提高畜牧业生产效率并有效降低畜牧业生产过程中的环境污染，实现畜牧业生产和生态环境保护的协调发展。

4. 农林牧工一体化循环经济产业链

农业生产要实现更好的经济效益，必须延长产业链条，增加附加值，发展农副产品加工业。建立以农业产业化和农副产品加工业为主体，形成种植业、林业、养殖业、农畜产品加工为一体的循环经济产业链。同时，工农业互相渗透，进行物质和能量循环和高效利用，构成大的工农业循环产业链条。培育一大批实力强、技术先进、有发展潜力的农副产品加工龙头企业，发展"公司 + 专业合作社 + 农户"的订单式农业，使当地优质农副产品就地转化。在发展以特色农副产品加工为重点的农林牧工一体化产业模式的时候，特别是要注重循环经济的发展，最大限度地利用生产加工中物质和能源，消除或最大程度减少对环境的污染。

5. 农业生产中物质能源循环利用

（1）农业生产中循环产业链条设计。发展循环农业，就要对农业生产中产业链条进行设计。变传统农业生产中"原材料—产品—（生产过程产生的）废弃物"物质能量的单向流为"原材料—产品—（生产过程产生的）废弃物—原材料"的物质能量闭路环流。依据地理环境、资源禀赋和发展基础，经济区内可以构建若干农牧业循环产业链条（表6–3）。

表 6-3　兰西格经济区生态农牧业循环产业链条

地　区	循环产业链条	发展重点
武威、定西、海东等灌区	"粮—菜—瓜果—牧—沼气"农业循环经济链条	以沼气为纽带，联动粮食和蔬菜种植、瓜果培养和畜牧养殖
临夏（州）、尖扎、贵德、共和等山地农业区	"林—果—野菜—牧—渔—沼气"农业循环经济链条	推行山地农牧业，利用沼气，处理作物秸秆和畜禽粪便，并为种植业和渔业提供有机肥料
海北、海西、共和、贵德、天祝等牧区	"草—牧—沼气"农牧业循环经济链条	实行限时轮牧，棚圈集约化养殖，通过沼气池的建设，减少牲畜粪便等废弃物排放，优化农户的能源结构，美化周围环境

（2）开发利用清洁能源。经济区太阳辐射强、光照时间长，开发利用太阳能资源潜力巨大，农村地区可以推广太阳灶、太阳能热水器、温室大棚、太阳能离网发电设备等；丰富的秸秆、人畜粪便和其他生活垃圾，可以用来发展沼气。

（3）有机肥和生物饲料利用。沼气池生产出沼气后的沼液有着很高的肥效，可用于粮食、瓜果蔬菜等农作物的有机肥料；农作物秸秆、食物残渣和农产品加工后的废渣经生物发酵可以制成高效的生物饲料，能够降低农户养殖成本，提高经济效益。

（4）农村地区废弃物回收利用。处理农村地区生产和生活垃圾是发展循环型农业重要的内容之一。农村地区的生产和生活垃圾不仅严重影响本地区的生态环境，还会占用大片土地，甚至会污染农作物，影响农产品的品质，牲畜吃了有害的生产和生活垃圾患病或者死亡，会给农牧民造成不必要的损失。所以，政府应该建立农村地区废弃物回收利用体系，完善垃圾分类回收制度，并建设垃圾处理设备，变废为宝。

四、循环工业发展

（一）工业发展现状

由于地理条件、资源禀赋的差异，兰西格经济区工业发展十分不均衡。2009年经济区主要地市（州）工业增加值占整个地区工业增加值比重大于10%的有兰州市（32.3%）、白银市（12.2%）、西宁市（20.5%）、海西州（20.1%），4个市（州）工业增加值占兰西格经济区的85.1%，是经济区的主要工业聚集区（表

6-4)。所以，4个市（州）的工业结构就能直接反映出兰西格经济区的工业发展现状。兰州的石油化工、黑色和有色金属冶炼和加工，海西的盐湖化工、油气化工、煤化工，西宁的有色金属、化工、建材、特色农牧产品加工，白银的有色金属、电力、化工构成其区内的主导产业，"两高一资"特征明显。

表6-4 2009年兰西格经济区各地市（州）工业增加值及在经济区的地位

地 区	工业增加值(亿元)	占兰西格经济区工业增加值的比重(%)
兰州市	331.2	32.3
白银市	124.5	12.2
临夏州	19.7	1.9
武威市三县区合计	44.8	4.4
凉州区	36.8	3.6
古浪县	3.8	0.4
天祝县	4.2	0.4
定西市五县区合计	18.5	1.9
安定区	4.0	0.4
陇西县	8.8	0.9
渭源县	0.6	0.1
临洮县	4.2	0.4
通渭县	0.9	0.1
西宁市	209.9	20.5
海东地区	36.2	3.5
海北州	11.7	1.1
海西州	205.9	20.1
海南州两县合计	12.4	1.2
共和县	6.8	0.7
贵德县	6.8	0.5
黄南州两县合计	9.5	0.9
尖扎县	9.1	0.9
同仁县	0.4	0.0
兰西格经济区合计	1024.3	100.0

注：表中安定区、渭源县、临洮县、通渭县工业增加值由其区内第二产业增加值数据乘以(定西市工业增加值/定西市第二产业增加值)推算得到，由于其数据绝对值较小，故误差对结果影响可以忽略不计。

数据来源：甘肃发展年鉴编委会.甘肃发展年鉴(2010)[M].北京:中国统计出版社,2010;青海省统计局.国家统计局青海调查总队.青海统计年鉴(2010)[M].北京:中国统计出版社,2010.

(二) 发展循环工业的资源能源支撑能力

1. 水资源支撑能力

经济区全年降水较小，大部分地区蒸发量大于降水量，工农业用水大多来自于境内河流，且资源性缺水和工程性缺水并存。区内大部分地区用水较为紧张，农业用水占到用水总量的 80% 以上，节约用水是发展循环工业重要的一个方面，通过发展循环工业，同等经济规模的工业用水量势必会下降，能在一定程度上减轻经济区内工业用水压力。经济社会进一步发展带来的用水量扩张可以通过兴建水利工程、开展农业节水等方式来解决。

2. 土地资源支撑能力

经济区内山地、草原、戈壁、荒漠所占比重较大。从整体上来看，区内地广人稀，2009 年人口密度为 38.2 人 / 平方千米，为西部地区的 71.4%、全国的 27.5%、东部地区的 7.2%。在工业用地方面，经济区各地区之间不均衡。海西、海北等地区人口密度很低，区内多荒漠、戈壁，建设用地充足，适合布局大型工业项目；而西宁、兰州等地人口密度较大，城市周边工业用地紧张可以通过多种途径解决。例如，西宁经济技术开发区东川工业园区的用地紧张问题可以考虑通过行政区划调整向邻近的海东地区平安县适度扩张；兰州城区用地紧张可以通过兰州新区解决；对个别用地十分紧张、生态环境极其脆弱的地区可以考虑通过和工业用地指标宽松的地区合作建立异地工业园区来解决。

3. 矿藏资源支撑能力

经济区及周边地区矿藏资源丰富。区内柴达木地区盐湖资源丰富，兰州市、白银市的黑色金属、有色金属和非金属矿储量丰富，特别是白银市铜、铅、锌等有色金属储量和产量可观。此外，经济区还可以利用周围地区丰富的矿产资源。甘肃省是我国矿产资源大省，位居全国第一的矿种有 10 种，前五位的有 24 种，前十位的有 55 种。镍、铜、铅、锌等有色金属矿产品位高、易选矿，市场开发价值巨大。青海省矿产资源储量也十分丰富，储量居全国第一位的有 10 种，前五位的有 38 种，前十位的有 58 种。另外，可以借助区内兰州、格尔木等城市交通枢纽的地理位置，利用新疆、西藏乃至中亚地区的矿产和油气资源。可以说，区内及其周围地区丰富的矿产资源为经济区发展循环工业提供了强有力的支撑。

4. 能源支撑能力

经济区石油、煤炭等能源十分丰富，特别是清洁能源蕴含量和开发潜力巨大。区内沿黄河干流地区已经成为我国西北地区最大的水力发电中心，柴达木、武威地区的太阳能光伏发电也已取得一定进展。此外，随着电网的建设和完善，新疆、内蒙古的光电、风电，西南地区的水电也可以为经济区内的高载能产业服务。

（三）发展循环工业的重点

循环经济发展具有一定的层次性，兰西格经济区发展循环经济可以从企业、园区、基地3个层次展开，分步推进。

1.企业内部物质能源循环链

在企业内部构建物质能源循环链条，就要推广清洁生产，实现节能降耗，把企业生产过程中使用的能源和产生的废弃物降到最低。在循环经济试点企业中实现清洁生产，用清洁生产技术改造落后的工艺技术，最大限度地降低单位产品物耗、能耗、水耗和污染物排放；在一些用水量较大的企业中开展中水回用，实现废水的回收利用和资源化，有条件的企业实现废水"零排放"；在大型联合企业中，引入关键连接技术，开展物质、能量的梯级利用，开发利用企业的废弃资源，形成废弃物和副产品的循环利用生态链。[1]企业循环模式要求组织企业生产层次上物料和能源的循环，从而达到污染物排放量最小化；从产品生产到提供售后服务充分体现循环经济的"减量化、再利用、资源化"原则，要求企业做到减少产品和服务的物料使用量，减少产品和服务的能源使用量，减少有毒物质的排放，加强物质的循环使用能力，最大限度可持续地利用可再生资源，提高产品的耐用性和产品与服务的服务强度。[2]总之，要求循环经济试点企业在生产过程中使资源得到高效循环利用，形成"资源—产品—废弃物—产品"的闭路循环利用模式。

2.循环经济园区建设

建设循环经济园区，整合各类企业，构建企业间更高层次的循环经济链条；把单个企业不能利用的废弃物和能源在诸多企业间进行整合，以实现资源和能源的循环利用。建设循环经济园区的重要形式就是建立生态工业园区。生态工业园区是按照产业生态学的原理，通过企业间的物质集成、能量集成和信息集成，形成企业间的共生关系，是依据循环经济理念和生态学原理而设计建立的一种新型产业组织形态，也是通过模拟自然系统建立产业系统中"生产者—消费者—分解者"的循环途径，实现物质闭环循环和能量多级利用。[3]在这一体系中，不存在废弃物，因为一个企业的废弃物同时也是另一个企业的原料，企业与企业之间形成废弃物的输出输入关系和共生层次上的物质和能量的循环，将不同的企业结合

---

①②③ 母爱英,武建奇,武义青.京津冀:理念、模式与机制[M].北京:中国社会科学出版社,2010.

起来，形成共享资源和互换副产品的生态工业链，实现园区、企业和产品 3 个层次的生态管理，建成稳定的生态工业网络结构，因此，有可能基本实现整个体系向系统外的"零排放"。[①]

在实际操作过程中，对于新建的园区，要吸纳那些具有发展循环经济潜力的企业入园，并配套建立必要的基础设施，使得这些企业可以进行废渣、废气、废水、废热和信息的交换；已有的工业园，要对园区内企业进行适当的技术改造，重新设计生产流程，构架园区内物质流、水流、能量流、信息流的交换系统，达到物质能量高效和循环利用的目标。对资源富集、生态环境极其脆弱的地区，可以通过"投资风险共担、收益共享"机制在重点开发区与当地政府和企业合作建立异地生态工业园区，从而使限制和禁止开发地区也能享受到发展循环经济的收益，促进区域间协作共赢发展。

3. 循环经济基地建设

经济区内可以根据不同地区的自然资源禀赋、经济发展基础、生态环境状况建立若干循环经济基地。循环经济基地的建设可以实现地区内同行业的企业和园区组团发展，取得规模效益；利用各级企业和园区的横向和纵向耦合，促进更大层次上的循环经济链条的产生，实现区域内废弃物和能源的循环有效利用。

五、循环型服务业发展

2009 年，兰西格经济区第三产业占地区生产总值比重为 41.8%，高于同期全国平均水平 1.7 个百分点，这种高比重其实是一种"虚高"。与全国、东部地区相比，第三产业产业结构相对落后，金融业、房地产业等现代服务业所占比重较低，而交通运输、仓储和邮政业、住宿和餐饮业等传统产业所占比重过高。

（一）发展循环型服务业必要性

循环型服务业是社会循环经济的重要组成部分。相对于第二产业来说，第三产业具有能耗低、污染小、附加值高等特点，是实现经济发展方式转变的重要途径，是衡量经济现代化的一个重要标志。我国第三产业占国民经济比重还比较低，随着经济发展，人民生活水平的提高，第三产业将会蓬勃发展。在经济区推进循环型服务业，对地区全面实现循环经济发展意义重大。

---

① 母爱英,武建奇,武义青.京津冀:理念、模式与机制[M].北京:中国社会科学出版社,2010.

（二）发展重点

1. 发展循环型物流业

经济区发展循环型物流业是发展循环服务业最主要的内容之一。要大力发展逆向物流。对生产消费过程中或生产消费后产生的废弃物中可以回收复用的部分，进行回收、分类、加工和复用，不可重复利用的部分通过回收集中处理。通过发展逆向物流，使流通过程中不合格物品和可重复利用的包装容器从需求方返回到供应方、消费过程中产生的废旧物品得到回收利用，使产品的生命周期形成一个闭合的回路，寿命终了的产品最终通过回收又进入下一个产品生命周期的循环之中。[①]要积极推行物流运作的绿色化。采用绿色运输工具，如天然气燃料汽车、燃料电池汽车，并加大加气站、充电站等配套设施的建设。大力发展第三方物流，通过第三方物流的专业化优势来降低整个社会物流成本，加强物流企业之间的合作，建立全地区物流系统战略联盟，形成良好的合作伙伴关系，通过进行物流资源的整合，提高物流运作效率，减少环境污染和废弃物排放。

2. 循环型旅游业

旅游业是一项产业关联度大、相关带动性强的综合性经济产业。发展循环型旅游业，首先要优化旅游产品结构，由传统的景观旅游向休闲度假旅游转变，积极发展生态旅游、文化旅游等现代旅游。其次，整合区内旅游资源，通过产品创新及提升配套能力和服务水平，推进旅游区生态环境建设，构建区内绿色的生产、流通和消费体系。再次，以清洁生产技术为支撑，积极加强景区景点环境的整治、保护工作，实现废弃物减量化、资源化管理和无害化处理。

3. 推进可持续消费

简化产品的包装，并制定相关标准，严格禁止不必要和豪华的包装；在商场、超市、便利店等购物场所强行推行环保购物袋，完善一次性购物袋收费制度；完善废旧物品交易制度，建立各种类型的大型旧货交易市场，促进旧货交易，延长产品的使用寿命，以减少废弃物和垃圾的产生。

六、循环经济基地建设

循环经济基地是循环经济由点（企业）经线（行业）到面（区域）的发展，

---

① 山西省人民政府.山西省循环经济发展规划[EB/OL]http://www.shanxigov.cn/n16/n1398/n2108/n5640/n28511/769644.html.2006-12-13.

是区域循环经济发展的高级阶段。依据资源禀赋、经济发展基础、产业状况、历史文化等因素，兰西格经济区可以形成五大循环经济基地。这五大基地覆盖了经济区大部分地区和人口，涉及区域内石油化工、有色金属、盐湖化工、煤化工、特色农副产品种植加工、生态旅游业等诸多主导产业。

（一）兰（州）白（银）石油化工、冶金有色、装备制造循环经济基地

兰（州）白（银）地区是兰西格经济区最为发达的地区，在兰西格经济区占有重要位置。2009 年，兰白地区人口 507.9 万人，占经济区的 32.6%；其他各项经济总量指标在经济区占有很大比重，人均指标也都远远大于经济区平均水平，是当前经济区经济和社会发展的核心区域（表6-5）。

表6-5　2009年兰（州）白（银）地区主要经济指标　单位：亿元、元

地　区	地区生产总值		地方财政一般预算收入		全社会固定资产投资		社会消费品零售总额	
	总量	人均	总量	人均	总量	人均	总量	人均
兰　白	1191.3	23455	66.96	1318	654.5	12886	544	10711
兰西格	2586.5	16619	137	881	1431.8	9191	1431.8	6148
兰白/兰西格（%）	46.1	141.1	48.9	149.6	45.7	140.2	38.0	174.2

数据来源：同表6-4。

1. 发展优势

第一，工业基础雄厚。兰白地区是我国重要的重化工基地，石油化工、冶金有色、装备制造等产业规模大，技术水平高。第二，交通便利。兰州是我国西北铁路、公路、航空的综合交通枢纽，区内路网密集，交通十分便利。第三，矿产资源丰富，兰州辖区内探明的矿产有黑色金属、有色金属、贵金属、稀土等35个矿种，极具潜在经济开发价值；白银地区有贵重金属30多种，特别是铜、铅、锌、钴、金、银等有色金属储量丰富，煤炭、石膏、石灰石、沸石、重晶石、坡缕石等储量很大。第四，水能资源丰富。以兰州为中心的黄河上游干流段可建25座大中型水电站，现已建成刘家峡、八盘峡、盐锅峡和大峡等水电站，为兰白地区高耗能产业的发展提供充足的电源。

2. 发展定位和方向

石油化工、有色金属、装备制造、煤化工等是兰白地区的支柱产业，依托兰州经济技术开发区、兰州高新技术产业开发区等国家级开发区（高新区），兰州

榆中和平工业园区、白银高新技术产业园区、白银西区等省级开发园区，以及兰州新区和白银工业集中区，依靠科技创新，围绕提高资源利用效率，节能减排，延伸产业链，发展新材料产业，实现石油、有色金属、煤炭等产业的资源节约利用、废弃物循环利用，在单位增加值资源消耗和污染物排放不断降低的前提下，促进产业的持续发展，为其他资源富集地区发展循环经济起到示范和带动作用。

石油化工产业主要依托中石油兰州石化、甘肃银光集团等大型骨干企业，重点发展精细化工新材料，采用先进技术，打造石油化工—特色精细化工一体化循环经济产业链。有色金属以白银集团公司、中铝兰州分公司、中铝连成铝业分公司、甘肃稀土集团等优势企业为龙头，淘汰落后产能，打造资源高效利用—节能环保—新型材料产业链。装备制造业以兰州兰石集团、兰州电机公司、中科宇能等优势企业为依托，充分利用现有基础，整合优势资源，重点打造设备制造—回收—再制造产业链。煤化工行业以靖煤公司、窑街煤电、国电靖远发电公司等企业为依托，围绕发展清洁能源、精细化工等产品，以及煤矸石、煤粉灰等资源综合利用，打造清洁能源—精细化工—综合利用循环经济产业链。[①]

3. 发展重点

近期重点围绕基础设施建设、石油化工、有色金属、煤化工等项目进行。

专栏6-5 兰白石油化工、冶金有色、装备制造循环经济基地的发展重点

循环经济基础设施建设重点项目：兰州市黄河兰州段水污染治理中水回用工程、兰州市再生资源产业园及废弃物综合利用项目、黄河上游白银段水资源综合治理再生回用及生态工程项目、白银亚高原现代农业循环产业项目等。

石油化工循环经济重点建设项目：中石油兰州石化分公司26万吨/年碳五综合利用项目、兰州金浦化工有限公司6万吨/年的丁基橡胶（IIR）装置和20万吨/年低碳烃芳构化装置项目、甘肃银光聚银化工有限公司氯化氢气体回收建设三氯氢硅和多晶硅项目等。

有色金属循环经济重点建设项目：白银有色集团公司资源节约与环境保护产业化项目、中科院白银高技术产业园废物综合利用产业化工程、有色金属环保治理及节水项目、甘肃大成金属有限责任公司电机节能改造及铜冶炼弃渣综合利用项目等。

---

① 国家发展和改革委员会,甘肃省人民政府.甘肃省循环经济总体规划(报批稿)[Z].2009.

煤化工循环经济重点建设项目：窑街煤电有限责任公司循环经济示范项目、靖远煤业集团有限责任公司资源节约与环境保护项目。

资料来源：国家发展和改革委员会，甘肃省人民政府.甘肃省循环经济总体规划（报批稿）[Z].2009.

（二）武威、定西特色农副产品加工循环经济基地

在兰西格经济区范围内，武威市包括凉州区、古浪县和天祝县，定西市包括安定区、陇西县、渭源县、临洮县和通渭县。2009年，两市的6县2区共有人口393.7万人，占经济区总人口的25.3%；三次产业结构为26.8：33.8：39.4，第一产业所占比重过大，高于经济区平均水平18个百分点，经济发展相对落后（表6-6）。

表6-6 2009年武威、定西辖区主要经济指标 单位：亿元、元

地 区	地区生产总值		地方财政一般预算收入		全社会固定资产投资		社会消费品零售总额	
	总量	人均	总量	人均	总量	人均	总量	人均
武威定西	272.3	6917	6.48	238	201.5	5119	95.1	2415
兰西格	2586.5	16619	137	881	1431.8	9191	1431.8	6148
武威定西 /兰西格(%)	10.5	41.6	4.7	27.0	14.1	55.7	6.6	39.3

数据来源：同表6-4。

1. 发展优势

第一，特殊的地理和气候环境，农副产品品质优良，能为发展农副产品加工业提供充足优质的原材料。第二，食品工业较为发达，为发展特色农副产品循环产业奠定了一定工业基础；龙头企业成长并开始壮大，有一定的品牌优势。

2. 发展定位和方向

区域定位为经济区内重要的特色农副产品加工循环经济基地。充分发挥区域内马铃薯、玉米种植和制种、啤酒麦芽、中药材等特色资源优势，培育一批产业链条长、市场份额大、带动作用强的龙头企业。打造以龙头企业为依托的"种植、养殖—加工—综合利用"循环经济产业链条，推动生物技术在农产品加工增值和综合利用中的应用，大力发展绿色、有机、无公害原料。采取先进节能、无污染技术改造传统加工工艺，以生产要素为基本纽带，规划建设具有上下游共生

关系的农副产品加工企业循环经济园区,努力把特色农产品加工培育成新的循环经济支柱产业。[①]以节水型农业、特色种植业、农产品加工业、生物饲料制造业、特色养殖业、沼气、生物特效有机肥制造业、太阳能等多种关键技术系统集成为目标,打造先进的干旱地区节水型区域工农业复合循环经济系统集成示范基地。[②]加强园区建设,武威工业园依托荣华集团、甘肃达利食品公司等企业发展玉米淀粉、马铃薯淀粉、畜产品深加工循环产业;武威黄羊工业园依托武威红太阳面粉集团、莫高实业发展股份有限公司、黄羊河集团、甘肃中旺食品有限公司等企业发展面粉、葡萄酒酿造、休闲食品等产业;依托定西市循环经济产业园区发展以马铃薯、亚麻加工为主的特色农产品加工循环产业、现代制药业、装备制造业等;依托陇西县甘肃陇原中天生物工程有限公司生态园发展先进种养殖和农产品加工技术。

3. 发展重点

武威市农牧业综合开发及废弃物综合利用项目、沙漠生态产品产业化示范项目、农副产品深加工产业化示范项目;定西节水型区域工农业复合循环经济关键技术集成示范基地项目。[③]

(三)临夏(州)、海南、黄南生态农牧业、生态旅游业循环经济基地

临夏州、共和县、贵德县、尖扎县、同仁县沿黄河分布,区内降水较多,地貌复杂,风景秀丽,气候宜人,旅游资源丰富。2009 年,一州四县共有人口203.1 万人,占经济区的 15.1%;三次产业结构为 19.2：38.9：41.9,第一产业所占比重较大。相对于人口规模来说,其各个经济指标偏小,也是经济区发展较为落后的地区(表6-7)。

表6-7 2009 年一州四县主要经济指标 单位:亿元、元

地 区	地区生产总值		地方财政一般预算收入		全社会固定资产投资		社会消费品零售总额	
	总量	人均	总量	人均	总量	人均	总量	人均
一州四县	151.7	6470	5.8	248	92.8	3958	39.5	1687
兰西格	2586.5	16619	137	881	1431.8	9191	1431.8	6148
一州四县/兰西格(%)	5.9	38.9	4.2	28.1	6.5	43.1	2.8	27.4

数据来源:同表6-4。

---

①②③ 国家发展和改革委员会,甘肃省人民政府.甘肃省循环经济总体规划(报批稿)[Z].2009.

1. 发展优势

该地区处于沿黄河干流地区，水能资源丰富，与其他工业相比，水电工业污染物和废弃物排放较少，地区生态环境较好；降水较多，气候温和，植被覆盖率较高，天然草场面积大，适合发展畜牧业；旅游资源丰富，黄河沿岸风情游、国家地质森林公园游、水电站库区游具有独特优势。

2. 发展定位和方向

该区域定位为经济区内重要的生态农牧业、生态旅游业循环经济基地。发展生态循环农业，培育无公害农产品，加强对畜禽环境的治理，积极开展农业资源的综合利用，推广以沼气建设为主的生态养殖模式，初步建成乡村物质能源循环体系。临夏（州）、共和、尖扎、贵德等农区发展生态农业，形成"种植、养殖—沼气—种植、养殖"的生态循环圈；在区域内牧区发展生态畜牧业，形成"草—牧—沼气—草"农业循环经济链条。在发展生态农牧业基础上，利用当地良好的环境资源，发展高端有机和无公害特色食品加工业，以工促农，延长农业生产链条，提高农业生产效益，切实增加农牧民收入。

区内旅游资源丰富且具有系统性，便于整体开发，形成品牌优势。发展生态旅游业，把旅游业发展同生态环境保护结合起来，促进旅游业的可持续发展。

3. 发展重点

加大该地区水能资源的开发；推进临夏州清真食品、民族特需用品基地和面向藏区的商贸物流中心建设；尽快完成临夏市污染减排及资源综合利用、夏河安多投资有限公司循环经济示范区等项目；加快共和县恰不恰特色工业园区建设，打造高原特色农畜产品加工基地；建设同仁县热贡文化产业园和特色农畜产品加工基地；进一步开发贵德沿黄河旅游资源。

（四）青海柴达木盐湖化工、油气化工循环经济基地

柴达木地区是兰西格经济区发展循环经济较早的地区，是国家发展和改革委员会等六部委批准的首批全国 13 个循环经济试点产业园区之一，是目前国内面积最大的区域性循环经济试点产业园区，也是国家唯一布局在青藏高原少数民族地区的循环经济试点产业园区。2009 年，柴达木循环经济实验区面积 25.6 万平方千米[①]、人口 38.6 万人，分别占经济区的 62.8%和 2.5%；三次产业结构为 2.5：78.2：19.3，经济发展已有一定基础，是兰西格经济区内最具发展潜力的地

---

① 国家发展和改革委员会,青海省人民政府.青海省柴达木循环经济实验区总体规划(征求意见稿)[Z].2009.

区之一（表6-8）。

表6-8 2009年柴达木地区主要经济指标 单位：亿元、元

地 区	地区生产总值		地方财政一般预算收入		全社会固定资产投资		社会消费品零售总额	
	总量	人均	总量	人均	总量	人均	总量	人均
柴达木	291.8	75596	24.44	6333	132.3	34275	132.3	9475
兰西格	2586.5	16619	137	881	1431.8	9191	1431.8	6148
柴达木 / 兰西格(%)	11.3	454.9	17.8	718.8	9.2	372.9	9.2	154.1

数据来源：同表6-4。

1. 发展优势

第一，资源丰富。第二，区内面积广阔，地广人稀，大部分地区为盐沼、荒漠等不适宜人类居住地区，且开发强度小，环境污染较轻，适合大规模工业布局。第三，区内交通便利。315、215、109国道，青藏铁路，开工建设格尔木—敦煌、格尔木—库尔勒铁路，以及格尔木机场和即将开工建设的德令哈等机场为柴达木地区经济发展提供便捷的交通服务。

2. 发展定位和方向

柴达木地区定位为全国重要的盐湖化工、油气化工循环经济基地。从整体上看，柴达木循环经济基地要构建盐湖化工、油气化工、煤化工、金属冶金、高原特色生物、可再生能源六大循环经济产业体系。盐湖化工以钾资源开发为核心，综合开发纳、镁、锂、硼等有价资源，以盐湖集团、青海碱业、青海锂业、中信国安等龙头企业推进盐湖化工产业向集约化、规模化、综合化、精细化发展；石油天然气以配套盐湖资源开发为主导，以平衡盐湖产业副产的氯气、氯化氢气体为核心，推进石油天然气产业和盐湖化工产业融合发展；煤化工产业重点发展煤气化、煤焦化产业，并为盐湖化工和氯碱化工提供原材料；金属冶金以金属冶炼和精深加工为主，并利用硫酸等副产品和盐湖化工结合发展；高原特色生物以生物技术、中藏药、农畜产品精深加工为主的循环产业链条；可再生能源着力推进风电和太阳能光伏产业发展。

3. 发展重点

实验区内重点建设4个循环经济园区：格尔木工业园区、德令哈工业园区、大柴旦工业园区、乌兰工业园区(表6-9)。

表 6-9 柴达木循环经济基地园区发展方向

园 区	发展方向
格尔木工业园区	园区分为盐湖化工、石油化工、有色金属 3 个产业小区,依托格尔木及其周围地区丰富的盐湖、天然气、黑色及有色金属资源,着力发展盐湖化工、石油天然气化工、有色金属三大支柱产业,打造中国盐湖城品牌
德令哈工业园区	园区分为南北两个功能园区,北部为纯碱产业园,南部为氯碱、氯化镁、煤焦化、电力产业区,利用德令哈及其周边地区丰富的石灰石、钠盐资源,着力发展纯碱、烧碱、煤化工、建材、硅产品、锶盐产品等产业
大柴旦工业园区	依托区内及其周围地区丰富的煤炭、盐湖、天然气资源,构建盐湖化工—煤化工—冶金循环经济产业链,建设柴达木煤电化一体化的能源化工基地
乌兰工业园区	充分利用区内和周边丰富的煤炭资源和盐湖资源,构建煤—盐—化一体化产业链

资料来源:国家发展和改革委员会,青海省人民政府.青海省柴达木循环经济实验区总体规划 (征求意见稿)[Z].2009.

(五) 西宁有色、化工、新材料、高原特色生物产业循环经济基地

2009 年,西宁市人口 193.9 万人,占经济区的 12.4%,是经济区发展基础最好的地区之一(表 6-10)。

表 6-10 2009 年西宁市主要经济指标 单位:亿元、元

地 区	地区生产总值		地方财政一般预算收入		全社会固定资产投资		社会消费品零售总额	
	总量	人均	总量	人均	总量	人均	总量	人均
西 宁	501.1	25843	28.15	1452	248.2	12800	201.6	10397
兰西格	2586.5	16619	137	881	1431.8	9191	1431.8	6148
西宁/兰西格(%)	19.4	155.5	20.5	164.8	17.3	139.3	14.1	169.1

数据来源:同表 6-4。

1. 发展优势

西宁作为青海省省会和经济区内第二大中心城市,有着特殊的政治和经济优势;海拔相对较低、地势平坦、气候温和,是经济区内较适合人类居住的主要地区;西宁集中了青海省几乎所有的高校和大部分科研机构,有着发展循环经济的科技和人才优势;交通便利,西宁是兰青线、青藏线重要的节点城市,是从内地

进入西藏、新疆、中亚的咽喉要道。

2.发展定位和方向

依托西宁经济技术开发区，大力推进区内有色金属、石油化工、新能源和新材料、食品、纺织等主导产业循环经济发展；依托大通县北川工业园区、湟源县大华工业园区和湟中县上新庄工业园区，推进有色金属冶炼及其加工、建材、新材料农畜产品加工、纺织等产业循环经济的发展。

3.发展重点

加强各级园区建设，实现循环经济集约发展。建成有色金属、化工、纺织、晶体硅太阳能电池、废渣资源化、农林工一体化六条循环经济产业链条，形成铅锌冶炼—化工—建材产业共生模式、纺织加工企业间共生模式、农产品—精深加工—饲料—养殖—有机肥共生模式三条循环经济共生链模式。[①]

七、发展循环经济保障措施

（一）地方保障措施

1.管理保障

（1）建立污染许可证制度和排污权交易制度。经济区在发展循环经济的过程中，应该在污染许可证制度和排污权交易制度方面进行有益的探索，建立相应的示范区，并逐步扩大推广，可以借此历史机遇申请国家试点。

（2）建立监督和督察制度。加强对行政决策的跟踪监督，按照"谁决策、谁负责"的原则，建立健全决策责任追究制度，达到责权统一。对循环经济法律法规的执行情况予以监察，保证法律法规的严格执行。加强社会监督，建立全民监督机制。

（3）建立废弃物回收利用体系。首先，明确生产企业和消费者在废弃物回收利用方面的责任。工业废弃物和产品包装物由生产企业负责回收；建筑废弃物由建设和施工单位负责回收；城市生活污水、垃圾、电子垃圾等，由当地政府负责回收，排放单位和居民按比例缴纳回收处理费用。[②]在垃圾回收过程中，要试点推行重点危险污染废弃物的押金返还制度，促使产品生产者和消费者共同承担环

---

① 西宁经济技术开发区管理委员会,西宁市工程咨询院.西宁经济技术开发区循环经济试点实施方案[Z].2008.

② 国家发展和改革委员会,甘肃省人民政府.甘肃省循环经济总体规划(报批稿)[Z].2009.

境保护责任，达到重点危险污染废弃物的顺利回收和安全存放。建立垃圾的分类回收体系，逐步扩大垃圾分类收集的比重，重点对废旧纸张、废金属、废旧塑料、废弃包装材料以及电子类产品等进行资源化再利用。扩大废弃物回收渠道，合理设置垃圾和废弃物分拣中心，方便企业和居民有序投放垃圾。建造废弃物处理设施，及时处理各种生产和生活垃圾。培育再生产品应用体系。积极鼓励再生原料制造及产品销售业发展，疏通再生产品的销售渠道，建立大型再生产品交易市场，促进再生产品直接进入商品流通领域。

(4) 建立完善的考核和奖罚制度。建立绿色 GDP 核算体系，并将其纳入各级干部政绩考核。有关部门应该联手制定万元 GDP 水耗、能耗和排污量等为内容的绿色地区生产总值评价考核指标。以此为基础，改革现行的以地区生产总值为核心的干部政绩考核体系，探索建立一套适合地方循环经济发展的领导干部政绩考核体系，从决策层面促进循环经济发展。建立严格的奖罚制度，对发展循环经济做出过贡献的单位和个人要予以重奖，对浪费资源、污染环境者予以重罚。

(5) 推进政府绿色采购。发挥政府的导向和示范作用，将再生材料生产、通过环境标志认证、通过清洁生产审核的产品列入优先采购计划，逐步提高政府采购中可循环使用、再生产品以及节能、节水、无污染的绿色产品的比例。在初始阶段，循环经济企业生产的产品可能有着相对较高的价格，这就需要政府在资金和制度上给予相应支持，推动环保产品和环保服务发展。例如，近两年的家电下乡政策给农村消费者很多的优惠，农民购买指定品牌的家电，会得到政府最高13%的补助，这大大促进了农村家电市场的发展，循环经济企业生产的产品或者服务可以参考这个发展模式。

2. 科技保障

(1) 建立产品和服务生产消费技术标准体系。产品和服务生产消费的技术标准体系对于发展循环经济十分重要，合理、有效的技术标准体系能很好地指导循环经济的发展。技术体系的建立不应该只限定在生产领域，也因该关注消费领域。需求决定供给，产品最终实现是通过社会消费来完成的。如果社会的需求导向是环保节约产品，那么企业就有足够的动力生产环保节约产品，这样会在消费和生产两个领域同时促进循环经济的发展。在具体制定实施过程中，既要科学严谨，又要考虑到兰西格经济区经济相对落后、发展经济任务重的客观事实，合理、有序推进。

(2) 建立技术创新体系。建立科技创新公共服务平台，增加政府科教投入，构筑技术创新体系，充分利用循环经济基地、园区和企业集群，促进企业技术创新，加快共性技术和关键创新技术的推广应用，支持非正式交流的社会网络和企业间各种形式的合作，为企业技术创新提供各种机会；依托集团企业和产业集群，有效整合内部研发力量。对一些重大技术进行攻关，最大限度地减少技术创新的成本和风险。制定优惠政策和给予资金支持，鼓励企业和研究机构对废弃物减量化、资源化技术的研究、开发和利用，特别是对循环经济产业链的断链企业的技术创新支持，保证循环链条的完整性。①

（3）完善科研资金配套、成果孵化建设体系。技术从研发到广泛应用必须经过成果孵化过程。各级政府、循环经济基地、园区和大型企业应该建立完善的科研配套资金、成果孵化体系，保证科研的顺利进行和成果的成功孵化应用。

（4）建立科技人才培养、引进体系。循环经济本质上是一种高技术经济，它的每一步发展都依赖于技术的进步和创新。而人才是技术进步和创新的最终推动力量，如何培养和引进高水平的科技人才，打造一支高素质的人才队伍，是经济区发展循环经济最为迫切需要解决的问题之一。经济区地处西北，经济发展相对落后，生存条件恶劣，对高级人才缺乏足够的吸引力，要从制度上入手制定相关政策引进并且留住高素质人才。例如，可以实施灵活的户籍选择制度，推进"工作地与户籍脱钩，本人与配偶子女异地户口、同地待遇（同高福利地区相同待遇），户籍地自愿选择"，确保高素质人才在养老、住房、子女上学等方面无后顾之忧，安心工作；实行高薪金、高福利待遇，并把福利待遇的提高与工作年限适当挂钩；把工作服务与优秀人才以及配偶、子女的发展联系起来，在本人深造、晋升，子女入学，妻子就业等方面给予适当优惠。②

（5）完善奖罚和鼓励体系。完善合理的奖励和鼓励政策，激发科研人员和科技项目管理人员的积极性。在具体操作过程中，要坚持民主、公平、公开、透明原则，对为发展循环经济做出贡献的单位和个人予以奖励，对浪费和破坏资源、严重污染环境的行为予以曝光，并加大处罚力度。要从制度层面鼓励科研和管理人员努力创新，并为他们的工作提供良好的软硬件环境。在科研工作中，培养宽松的工作氛围，包容创新工作中出现的失误和错误，最大程度激发人员的创造潜力。

3.组织保障

经济区应该借鉴国内外发展循环经济的经验，鼓励各种中介组织发展，充分发挥中介组织对循环经济的促进作用。例如，成立兰西格经济区循环技术交流协

---

① 山西省人民政府.山西省循环经济发展规划[Z].2006.
② 母爱英,张良.低碳经济中的河北——机遇、挑战与对策[J].工业技术经济,2010(9):2-8.

会，组织区内外相关行业的企业、政府、行业协会之间进行技术交流和技术贸易；建立专业设备租赁公司，调集尽可能多的设备资源投入到循环经济建设中来；组建兰西格经济区废旧物品回收利用协会，协调相关的企业、居民小区、废弃物分拣场、垃圾处理厂等开展对废弃物的综合循环利用，并对废弃物的处理提供必要的技术支持和宣传教育工作；建立循环经济研究学术团体，使经济区循环经济引起学界、企业界、政界的广泛关注，扩大地区循环经济的影响力；扶植建立相关农业合作社，为广大的农民群众参与循环经济提供必要的支持和方便可行的参与途径。

4.宣传教育保障

（1）加强宣传教育。利用广播、电视、网络、报纸等多种媒体，广泛宣传循环经济的方针政策、法律法规和先进典型，引导全民培养节约和绿色消费的生活模式。在各级学校、居民社区、机关团体、公共场所开展发展循环经济的讲座和各种宣传活动，使发展循环经济和绿色文明消费的理念深入人心，为发展循环经济奠定广泛的群众基础。建立人民群众参与发展循环经济和建设循环型社会的有效机制，定期公布相关信息，为群众参与、监督执法和表达建议创造良好的条件。政府出资建设必要的设施，如废旧电池回收站、分类式环保垃圾箱、废旧物品有偿回收处等，以提高群众的参与程度。

（2）打造西北地区循环经济学术和技术中心。经济区发展循环经济起步较早，取得了很好的效果，在西北地区和全国都具有一定的影响力，所以应该利用各种优势条件打造中国西北地区循环经济学术和技术中心。政府应该牵头组织设立各种循环经济方面的年会、循环经济技术和循环经济设备贸易交易会等，从而扩大地区循环经济的影响力，站在循环经济学术和技术的前沿，更好地为区内循环经济企业、产业、园区服务。

（3）建立经济区内循环经济技术和信息共享机制。建立经济区内循环经济技术和信息共享机制有助于降低发展循环经济的成本，提高各参与方的总效益，在具体操作过程中要注意技术和信息共享同知识产权保护相结合，照顾到相关单位、团体和个人的切身利益，保证机制的健康永续发展。

（4）加强国际交流和合作。加强与国际组织、外国政府和机构在循环经济领域的交流和合作，学习、借鉴发达国家发展循环经济的成功经验，引进国外资金和先进技术；实施与国际接轨的环境管理制度，实现经济国际化、产业标准化和管理规范化。

（二）需要国家支持的政策

1. 实施差别化政策

经济区在发展循环经济的初始阶段可能会出现能源资源需求快速增长、环境污染加重等现象，出现这情况可能是发展循环经济必要的工程建造、技术革新和经济规模扩大等原因，可以说，这是改革和试验的成本。需要国家实施差别化的政策，在某些领域考虑经济区发展循环经济的特殊性，放松管制，推动改革和创新的发展，并且承担相应的成本。①按照"改革创新、先试先行"的原则，调动一切积极因素，探索一条适合经济区循环经济发展的道路。

2. 项目优先布局政策

综合考虑兰西格经济区经济、社会、政治、生态等多方面因素，适当淡化项目布局中对投资收益的考虑，国家在循环经济重大项目布局上，对经济区优先安排。对循环经济园区和循环经济基地内的项目和企业，尤其是循环产业链的"断链"项目和企业，在符合产业政策和项目相关管理程序的前提下，加大支持力度。国家在制定产业振兴规划实施方案、引进先进国外技术和实施自主创新重大科研项目时候，向兰西格经济区重点循环经济园区和企业倾斜，并在引进重大技术装备、人才方面给予重点支持。

3. 财政税收支持政策

建议对经济区内循环经济企业和重点项目实施动态的税收政策，即随着经济发展和经济形势变化，动态的调整税率，保证循环经济项目、企业的顺利发展。循环经济发展起步阶段，需要较高的投入，实施循环经济项目的企业面临着较大的风险，政府应该制定积极的税收政策来引导循环产业的发展。建议在循环经济项目建设投产后的三年内进行免税。可以根据实际情况，考虑提高资源富集地区增值税、营业税、企业所得税收等共享税的地方分享比例，作为资源补偿费用，促进这些地区的发展。

4. 投融资政策

加大对发展循环经济的资金投入。中央专项资金要向循环经济项目倾斜，优先支持列入循环经济规划的重大项目。建立多元化资金投入保障机制。以国家贴息等方式引导商业银行增加对循环经济项目的贷款支持，以扩大经济区信贷规模和减轻循环经济试点企业的贷款成本；鼓励政策性银行对经济区重大基础设施的

---

① 如某些循环经济企业、项目、基础设施等在建设一定的年限内出现的亏损或者不盈利现象等。

投资力度；考虑发行地方发展债券，募集发展资金；支持鼓励循环经济重点企业上市融资。积极拓宽利用外资渠道，争取世行、亚行、全球环境基金等国际组织支持，为企业发展循环经济搭建融资平台。鼓励外资投资循环经济示范项目和污染防治、节能、资源综合利用项目。

5. 土地政策

建设循环经济园区和相关的配套设施需要大量的建设用地，建议国家对兰西格经济区循环经济项目在用地指标上予以倾斜，在经济区计划用地指标内根据区内循环经济项目的发展，适当增加用地指标。对经济区内使用戈壁荒漠、盐沼、沙砾等作为项目开发用地的，降低国家新增用地的使用费用和标准，对企业用于绿化的土地面积视为实施生态工程用地，享受国家划拨政策。①

6. 建立循环技术发展基金

由国家相关部门牵头，首先在兰西格经济区设立循环技术发展基金。不仅可以为循环技术发展提供资金上的保证，而且当基金通过各种渠道筹集资金的时候，可以起到一定的宣传作用，使循环经济理念深入人心，为发展循环经济创造良好的群众基础。

---

① 国家发展和改革委员会,青海省人民政府.青海省柴达木循环经济实验区总体规划(征求意见稿)[Z].2009.

第七章 清洁生产的原理与应用

第一节 清洁生产的概念和内容

一、清洁生产概念

（一）清洁生产的定义

国内外关于清洁生产并没统一的界定。不同国家存在许多与之相近的提法，如"少废无废工艺""无废生产""无公害工艺""废料最少化""污染预防""减废技术"。此外，还有"绿色工艺""生态工艺""环境工艺""过程与环境一体化工艺""再循环工艺""源削减""污染削减""再循环"等。

1994 年《中国 21 世纪议程》将清洁生产定义为："清洁生产是指既可满足人们的需要，又可合理地使用自然资源和能源并保护环境的实用生产方法和措施，其实质是种物料和能耗最少的人类生产活动的规划和管理，将废物减量化、资源化和无害化，或消灭于生产过程之中。"

1996 年联合国环境规划署对"清洁生产"的定义为："清洁生产是一种创新思想，该思想将整体预防的环境战略持续运用于生产过程、产品和服务中，以提高生态效率，并减少对人类及环境的风险。对生产过程而言，要求节约原材料和能源，淘汰有毒原材料，减少和降低所有废弃物的数量及毒性；对产品而言，要求减少从原材料获取到产品最终处置的整个生命周期的不利影响；对服务而言，要求将环境因素纳入设计和所提供的服务之中。"

2002 年制定的《中华人民共和国清洁生产促进法》指出："清洁生产是指不断采取改进设计、使用清洁的能源和原料、采用先进的工艺技术与设备、改善管理、综合利用等措施，从源头削减污染，提高资源利用效率，减少或者避免生产、服务和产品使用过程中污染物的产生和排放，以减轻或者消除对人类健康和环境的危害。"

（二）清洁生产的内涵

一个核心：就是清洁，亦即源削减和再循环。

两个过程：①生产过程：包括原辅材料和能源、技术工艺、设备、过程控制、管理、员工素质、产品、废弃物等。②生命周期全过程：产品的生命周期是指"从产品的形成到产品的消亡，再到产品的再生"的整个过程。

三方内容：①清洁的能源、②清洁的生产过程和清洁技术的利用、③清洁的产品。

四层含义：①清洁生产的目标是节省能源、降低原材料消耗，减少污染物的产生量和排放量，即"节能、降耗、减污、增效"；②清洁生产的基本手段是改进工艺技术、强化企业管理，最大限度地提高资源、能源的利用水平和改变产品体系，更新设计观念，争取废物最少排放及将环境因素纳入服务中去；③清洁生产的方法是排污审核，也就是清洁生产审核，即通过审核发现排污部位、排污原因，并筛选消除或减少污染物的措施；④清洁生产的终极目标是保护人类与环境，提高企业自身的经济效益。

五条层次：顺序依次为，①通过设计、②源消减、③内部循环、④外部循环、⑤治理。

六条原理：①预防优先原理、②逐步深入原理、③分层嵌入原理、④反复迭代原理、⑤物质守恒原理、⑥穷尽枚举原理。

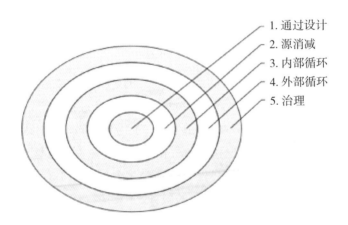

1. 通过设计
2. 源消减
3. 内部循环
4. 外部循环
5. 治理

图 7-1　清洁生产思想解决污染问题的层次

二、清洁生产与传统的污染治理方式的不同

清洁生产作为污染预防的环境战略，是对传统的末端治理手段的根本变革，是污染防治的最佳模式。传统的末端治理与生产过程相脱节，即"先污染，后治

理",侧重点是"治";清洁生产从产品设计开始,到生产过程的各个环节,通过不断地加强管理和技术进步,提高资源利用率,减少乃至消除污染物的产生,侧重点是"防"。清洁生产与传统的末端治理的最大不同是找到了环境效益与经济效益相统一的结合点,能够调动企业防治污染的积极性。清洁生产与末端治理的对比见表7-1。

表 7-1 清洁生产与末端治理的对比

类别	清洁生产系统	末端治理(不含综合利用)
思考方法	污染物消除在生产过程中	污染物产生后再处理
产生时代	20 世纪 80 年代末期	20 世纪 70 ~ 80 年代
控制过程	生产过程控制,产品生命周期全过程控制	污染物达标排放控制
控制效果	比较稳定	产污量影响处理效果
产污量	明显减少	无显著变化
排污量	减少	减少
资源利用率	增加	无显著变化
资源消耗	减少	增加(治理污染消耗)
产品产量	增加	无显著变化
产品成本	降低	增加(治理污染费用)
经济效益	增加	减少(用于治理污染)
治理污染费用	减少	随排放标准的逐渐严格,费用增加
污染转移	无	有可能
目标对象	全社会	企业及周围环境

三、实施清洁生产的基本途径和方法

实施清洁生产的主要途径和方法包括合理布局、产品设计、原料选择、工艺改革、节约能源与原材料、资源综合利用、技术进步、加强管理、实施生命周期评估等许多方面,可以归纳如下:

①合理布局,调整和优化经济结构和产业产品结构;②在产品设计和原料选择时,优先选择无毒、低毒、少污染的原辅材料替代原有毒性较大的原辅材料,以防止原料及产品对人类和环境的危害;③改革生产工艺,开发新的工艺技术,

采用和更新生产设备，淘汰陈旧设备；④节约能源和原材料，提高资源利用水平，做到物尽其用；⑤开展资源综合利用，尽可能多地采用物料循环利用系统；⑥依靠科技进步，开发、示范和推广无废、少废的清洁生产技术装备；⑦强化科学管理，改进操作；⑧开发、生产对环境无害、低害的清洁产品。

这些途径可单独实施，也可互相组合起来加以综合实施。应采用系统工程的思想和方法，以资源利用率高、污染物产生量小为目标，综合推进这些工作，并使推行清洁生产与企业开展的其他工作相互促进，相得益彰。

四、清洁生产的目标

清洁生产的目标有四，即"节能、降耗、减污、增效"。也就是尽可能地节省和节约能源，降低原材料消耗，减少污染物的产生量和排放量，通过提高资源利用率实现增加经济、环境和社会效益。

五、清洁生产的意义

第一，减少风险的需要。通过实施清洁生产，可以减少风险，主要体现在：克服末端治理治标不治本的弊端，在整个生产过程中考虑环境因素，保障环境安全和生产安全，将减少对环境的风险、减少对人类的风险和减少对实施清洁生产的组织自身的风险。

第二，提高效益的需要。通过实施清洁生产，一方面可以降低末端治理费用；另一方面，也可提高原材料利用效率，最终都会提高经济效益，进而达到经济效益、环境效益和社会效益的统一。

第三，塑造形象的需要。塑造良好的企业形象是有长远眼光企业的长期战略。相关组织或企业通过推行清洁生产，体现社会担当，承担社会责任，可以改善组织的形象，树立"绿色企业"的良好形象。企业形象识别系统（CIS, Corporate Identity System）包含 MI（理念识别）、BI（行为识别）、VI（视觉识别），企业通过参与清洁生产，如自愿参加清洁生产审核，可获得政府环保等部门颁发的"清洁生产企业"称号，政府环保相关部门颁发匾牌、证书，并向社会公布。这样的过程，对企业是一种无形资产，可以扩大企业的知名度，提高企业的美誉度，进而有利于企业产品的市场拓展，进而提高企业的核心竞争力。

六、清洁生产的工具

（一）清洁生产审核

清洁生产审核是一种在企业层面操作的环境管理工具，是对企业现在的和计划进行的生产进行预防污染的分析和评估，是一种系统化、程序化的分析评估方法。

清洁生产审核是对组织现在的和计划进行的生产和服务实行污染预防的分析和审核程序，是组织实行清洁生产的重要前提。在实施污染预防分析和审核的过程中，制定并实施减少能源、水和原材料使用，消除或减少产品、生产和服务过程中有毒物质的使用，减少各种废物排放及其毒性的方案。清洁生产审核包括对组织生产全过程的重点或优先环节、工序产生的污染进行定量监测，找出高物耗、高能耗、高污染的原因，然后有的放矢地提出对策、制订方案，减少和防止污染物的产生。组织实施清洁生产审核的最终目的是减少污染，保护环境，节约资源，降低费用，增强组织自身的竞争力。

（二）环境管理体系

为帮助组织改善环境行为，消除贸易壁垒，促进贸易发展，1992 年 12 月，在国际标准化组织（ISO）"环境问题特别咨询组"的建议下，ISO 技术委员会决定制定一个与质量管理体系方法相类似的环境管理体系方法。为此，ISO 借鉴其成功推行 ISO 9000 的经验，总结了各国环境管理标准化的成果，尤其是参考了英国环境管理体系标准 BS7750（BS7750 是"一种环境管理体系的规范，旨在保证组织的环境行为符合其所确定的环境方针与环境目标"），最终于 1996 年年底正式颁布了 ISO 14000 环境管理系列标准。ISO 14000 系列标准颁布以后，立即被世界各国广泛采用，作为本国标准推广实施。ISO 14000 系列标准是环境管理的系列标准，它包括了环境管理体系、环境审计、环境标志、生命周期评价等国际环境领域内的许多焦点问题。国际标准化组织给 ISO 14000 系列标准预留了 100 个标准号，其中的 ISO 14001 ~ ISO 14009 为环境管理体系的相关标准。环境管理体系围绕环境方针的要求展开环境管理，管理的内容包括制定环境方针、实施并实现环境方针所要求的相关内容、对环境方针的实施情况与实现程度进行评审并予以保持，遵循了传统的 PDCA 管理模式，即规划（Plan）、实施（Do）、检查（check）和改进（Action）。

①规划阶段（Plan）：企业组织根据自身的特点确定方针，建立组织总体目标，并制定实现目标的具体措施。②实施阶段（Do）：为实现组织总体目标、明

确职责，根据活动的特点，制定相关的文件化管理程序及技术标准来对活动的全过程实施有效的控制。③检查阶段（Check）：就是在组织活动实施过程中，应有计划、有针对性地对相关过程进行监控和审核，加强预防，以纠正所出现的偏离组织总体目标的现象。④改进阶段（Action）：由组织的最高管理者定期地对组织所建立的管理体系进行评定，确保体系的持续适用性、充分性和有效性以达到持续改进的目的。

（三）生态设计

产品的生态设计是 20 世纪 90 年代初出现的关于产品设计的一个新概念，是清洁生产的一个很重要的组成部分。生态设计的概念一经提出，就得到一些国际著名的大公司的响应，例如荷兰的飞利浦公司、美国的 AT&T 公司、德国的奔驰汽车公司等在 20 世纪 90 年代初就进行了有关产品的生态设计的尝试，并取得成功。生态设计，也称绿色设计、生命周期设计或环境设计，是指将环境因素纳入设计之中，从而帮助确定设计的决策方向。生态设计要求在产品开发的所有阶段均考虑环境因素，着眼产品的整个生命周期来减少其对环境的影响，最终引导产生一个更具有可持续性的生产和消费系统。

生态设计活动主要包含两方面的含义：一是从保护环境角度考虑，减少资源消耗，实现可持续发展战略；二是从商业角度考虑，降低成本，减少潜在的责任风险，以提高竞争能力。

（四）生命周期评价

生命周期评价方法可追溯到 20 世纪 70 年代的二次能源危机。当时，许多制造业认识到提高能源利用效率的重要性，于是开发出一些方法来评估产品生命周期的能耗问题，以求提高总能源利用效率。20 世纪 80 年代，生命周期评价方法日臻成熟，到了 20 世纪 90 年代，在环境毒理学和化学学会（SETAC）与欧洲生命周期评价开发促进会（SPOLD）的大力推动下，生命周期评价方法在全球范围内得到较大规模的应用。

1997 年国际标准化组织正式出台了 ISO 14040《环境管理——生命周期评价——原则与框架》，以国际标准形式提出生命周期评价方法的基本原则与框架，这将有利于生命周期评价方法在全世界的推广与应用。

生命周期评价是一种用于审核产品在其整个生命周期中，即从原材料的获取、产品的生产直至产品使用后的处置过程中，对环境影响的技术和方法。国际标准化组织将其定义为："生命周期评价是对一个产品系统的生命周期中输入、输出及其潜在环境影响的汇编和评价。"

（五）环境标志

随着公众环境意识的提高和环境保护工作的深入开展，绿色消费和购买绿色产品成为新的风尚。制造商敏锐地抓住了这一商机。纷纷在自己的产品上标出"可生物降解""保护臭氧层""绿色产品"等字样，企业对外宣称"绿色公司""环保先锋"，一时间有大量"绿色"产品上市。但对于消费者来说，想要在各种产品与环境的复杂关系中做出有利于环境的选择几乎是不可能的。

为保护和扶持消费者的这种购买积极性，帮助消费者识别真正的绿色产品，一些国家政府机构或民间团体先后组织实施环境标志计划，引导市场向着有益于环境的方向发展。

环境标志是一种标在产品或其包装上的标签，是产品的"证明性商标"，它表明该产品不仅质量合格，而且在生产、使用和处理处置过程中符合特定的环境保护要求，与同类产品相比，具有低毒少害、节约资源等环境优势。

发展环境标志的最终目的是保护环境，它通过两个具体步骤得以实现：一是通过环境标志向消费者传递一个信息，告诉消费者哪些产品有益于环境，并引导消费者购买、使用这类产品；二是通过消费者的选择和市场竞争，引导企业自觉调整产品结构，采用清洁生产工艺，使企业环保行为符合法律法规，生产对环境有益的产品。

（六）环境管理会计

1995 年，美国的世界资源研究所通过对 9 个美国企业的研究发现了成本核算中的问题：一是与环境有关的成本和效益不易区分和识别；二是环境成本和效益在企业内的分配常常不正确，因而导致非优化的管理。现有的企业财会制度往往难以反映出环境成本和效益，在清洁生产实践中，这被证明是影响企业实施清洁生产的内部障碍之一。为正确全面地反映、评价清洁生产和清洁产品的成本与效益，国外在 20 世纪 80 年代末便开发应用了总成本核算、生命周期核算、全成本核算等主要核算方法。

第二节　清洁生产审核的基本原理

清洁生产审核是企业实施清洁生产的有效途径，2012 年修订的《清洁生产促进法》第二十七条规定：企业应当对生产和服务过程中的资源消耗以及废物的产生情况进行监测，并根据需要对生产和服务实施清洁生产审核。实施强制性清洁生产审核的企业，应当将审核结果向所在地县级以上地方人民政府负责清洁生产综合协调的部门、环境保护部门报告，并在本地区主要媒体上公布，接受公众监督，但涉及商业秘密的除外。

一、清洁生产审核的概念

企业清洁生产审核是对企业现在的和计划进行的工业生产实行预防污染的分析和评估，是企业实行清洁生产的重要前提。

国家发改委和国家环境保护总局 2004 年 8 月 16 日颁布的《清洁生产审核暂行办法》第二条给出清洁生产审核的定义："按照一定程序，对生产和服务过程进行调查和诊断，找出能耗高、物耗高、污染重的原因，提出减少有毒、有害物料的使用、产生，降低能耗、物耗以及废物产生的方案，进而选定技术经济及环境可行的清洁生产方案的过程。"清洁生产审核是组织实行清洁生产的重要前提。它通过一套系统的、可操作的审核程序的实施，达到节能、降耗、减污、增效的目标。

企业的清洁生产审核是一种对污染来源、废物产生原因及其整体解决方案的系统的分析和实施过程，旨在通过实行预防污染分析和评估，寻找尽可能高效率利用资源（如原辅材料、能源、水等），减少或消除废物的产生和排放的方法，是组织实行清洁生产的重要前提，也是关键和核心。持续的清洁生产审核活动会不断产生各种清洁生产方案，有利于组织在生产和服务过程中逐步实施，从而使其环境绩效实现持续改进。

二、清洁生产审核的对象

清洁生产审核虽自第二产业中起源并发展，但其原理和程序同样适用于第一产业和第三产业。因此，无论是工业型组织，如工业生产组织，还是非工业型组织，如服务行业的酒店、农场等任意类型的组织，均可开展清洁生产审核活动，节能、降耗、减污、增效，为环境保护和社会福利的改善做贡献。

三、清洁生产审核的类型

清洁生产审核可分为两种类型：自愿性审核和强制性审核，即企业根据需要进行的自我审核与企业在一定条件下应实施的必要审核。企业应积极主动地开展自我清洁生产审核，以便系统地实施清洁生产。

2012 年修订的清洁生产审核法，扩大了对企业实施强制性清洁生产审核范围，将污染物排放超过国家或地方规定的排放标准，或者虽未超过国家或者地方标准，但超过重点污染物排放总量控制指标的，以及超过单位产品能源消耗限额标准构成高耗能的，使用有毒、有害原料进行生产或者在生产中排放有毒、有害物质的企业列入了强制性审核范围。

2012 年修订的《清洁生产促进法》第二十七条规定：企业应当对生产和服务过程中的资源消耗以及废物的产生情况进行监测，并根据需要对生产和服务实施清洁生产审核。

有下列情形之一的企业，应当实施强制性清洁生产审核：

（1）污染物排放超过国家或者地方规定的排放标准，或者虽未超过国家或者地方规定的排放标准，但超过重点污染物排放总量控制指标的；

（2）超过单位产品能源消耗限额标准构成高耗能的；

（3）使用有毒、有害原料进行生产或者在生产中排放有毒、有害物质的。

第二十八条规定，本法第二十七条第二款规定以外的企业，可以自愿与清洁生产综合协调部门和环境保护部门签订进一步节约资源、削减污染物排放量的协议。该清洁生产综合协调部门和环境保护部门应当在本地区主要媒体上公布该企业的名称以及节约资源、防治污染的成果。

四、清洁生产审核的思路和方法

清洁生产审核的总体思路可以用三句话来概括，即判明废弃物的产生部位，分析废弃物的产生原因，提出方案减少或消除废弃物。

（1）废弃物在哪里产生？通过现场调查和物料平衡找出废弃物的产生部位并确定产生量，这里的"废弃物"包括各种废物和排放物。

（2）为什么会产生废弃物？生产过程一般可以用图 7-2 简单地表示出来。

（3）如何消除这些废弃物？针对每一个废弃物的产生原因，设计相应的清洁生产方案，包括无／低费方案和中／高费方案，方案可以是一个、几个甚至更多个，通过这些清洁生产方案来消除废弃物，从而达到减少废弃物产生的目的。

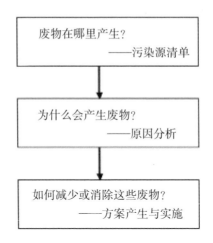

图7-2 清洁生产审核的思路

审核思路是要分析污染物产生的原因和提出预防或减少污染产生的方案，这两项工作该如何去做呢？这就涉及审核中思考这些问题的8个途径或者说生产过程的8个方面，也就是说，8个途径和8个方面是一致的，污染产生的原因和方案的提出都从这8个途径或8个方面入手。首先，让我们先来看看生产过程的8个方面。清洁生产强调在生产过程中预防或减少污染物的产生，由此，清洁生产非常关注生产过程，这也是清洁生产与末端治理的重要区别之一。那么，从清洁生产的角度又是如何看待企业的生产和服务过程的呢？

抛开生产过程千差万别的个性，概括出其共性，得出如图7-3所示的生产过程框架。

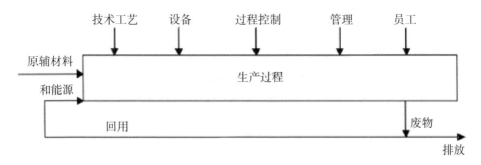

图7-3 生产过程框架

从图7-3可以看出，对废弃物的产生原因分析要从这8个方面进行。

也就是说，一个生产和服务过程可抽象成如图7-3所示的8个方面。即原辅材料和能源、技术工艺、设备、过程控制、管理、员工素质6个方面的输入，得出产品和废弃物的输出，可回收利用或循环使用的废弃物回用后，剩余部分向外界环境排放。从清洁生产的角度看，废弃物产生的原因跟这 8 个方面都可能相关。

（一）原辅材料和能源

原材料和辅助材料本身所具有的特性，例如毒性、难降解性等，在一定程度上决定了产品及其生产过程对环境的危害程度，因而选择对环境无害的原辅材料是清洁生产所要考虑的重要方面。除原辅材料和能源本身所具有的特性以外，原辅材料的储存、发放、运输，原辅材料的投入方式和投入量等也都可能导致废弃物的产生。

（二）技术工艺

生产过程的技术工艺水平基本上决定了废弃物的数量和种类，先进而有效的技术可以提高原材料的利用效率，从而减少废弃物的产生。结合技术改造预防污染是实现清洁生产的一条重要途径。反应步骤过长、连续生产能力差、生产稳定性差、工艺条件过高等技术工艺上的原因都可能导致废弃物的产生。

（三）设备

设备作为技术工艺的具体体现，在生产过程中也具有重要作用，设备的适用性及其维护、保养情况等均会影响到废弃物的产生。

（四）过程控制

过程控制对许多生产过程是极为重要的，例如化工、炼油及其他类似的生产过程，反应参数是否处于受控状态并达到优化水平（或工艺要求），对产品和优质品的得率具有直接的影响，因而也就影响到废弃物的产生量。

（五）产品

产品本身决定了生产过程，同时产品性能、种类和结构等的变化往往要求生产过程做相应的改变和调整，因而也会影响到废弃物的种类和数量。此外，包装方式和用材、体积大小、报废后的处置方式以及产品储运和搬运过程等，都是在分析和研究产品相关的环境问题时应加以考虑的因素。

（六）废弃物

废弃物本身所具有的特性和所处的状态直接关系到它是否可现场再用和循环使用。"废弃物"只有当其离开生产过程时才成为废弃物，否则仍为生产过程中的有用材料和物质，对其应尽可能回收，以减少废弃物排放的数量。

（七）管理

我国目前大部分企业的管理现状和水平，也是导致物料、能源的浪费和废物

171

产生的一个主要原因。加强管理是企业发展的永恒主题，任何管理上的松懈和遗漏如岗位操作过程不够完善、缺乏有效的奖惩制度等，都会严重影响到废弃物产生量。通过组织的"自我决策、自我控制、自我管理"方式，可把环境管理融入组织全面管理之中。

（八）员工素质

任何生产过程中，无论自动化程度多高，从广义上讲均需要人的参与，因而员工素质的提高及积极性的激励也是有效控制生产过程和废弃物产生的重要因素。缺乏专业技术人员、缺乏熟练的操作工人和优良的管理人员，以及员工缺乏积极性和进取精神等都有可能导致废弃物的增加。

废弃物产生的数量往往与能源、资源利用率密切相关。清洁生产审核的一个重要内容就是通过提高能源、资源利用效率。减少废物产生量，达到环境与经济"双赢"的目的。当然，以上 8 个方面的划分并不是绝对的，在许多情况下存在着相互交叉和渗透的情况，例如一套大型设备可能就决定了技术工艺水平；过程控制不仅与仪器、仪表有关系，还与管理及员工素质有很大的联系等。但这 8 个方面仍各有侧重点，分析原因时应归结到主要的原因上。注意对于每一个废弃物产生源都要从以上 8 个方面进行原因分析，并针对原因提出相应的解决方案（方案类型也在这 8 个方面之内）。但这并不是说每个废弃物产生都存在这 8 个方面的原因，也可能是其中的一个或几个。

综合清洁生产审核的思路和方法，具体见图 7-4。

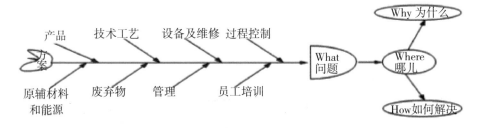

图 7-4　清洁生产审核中的 8 个方面和 3 个层次

五、全国重点企业清洁生产工作进展

（一）重点企业的类别

根据环保部《关于深入推进重点企业清洁生产的通知》（环发〔2010〕54号），当前要将重有色金属矿（含伴生矿）采选业、重有色金属冶炼业、含铅蓄电池业、皮革及其制品业、化学原料及化学制品制造业 5 个重金属污染防治重点防控行业，以及钢铁、水泥、平板玻璃、煤化工、多晶硅、电解铝、造船 7 个产能过剩主要行业，作为实施清洁生产审核的重点。各省可按照《重点企业清洁生产行业分类管理名录》（见专栏 7-1），确定本辖区内需实施清洁生产审核的其他重点企业[①]。

专栏 7-1 行业类别

1. 火电

2. 炼焦

3. 多晶硅

4. 金属表面处理及热处理加工

5. 有色金属冶炼及压延加工

6. 非金属矿物制品业

7. 黑色金属冶炼及压延加工

8. 采矿

9. 化学原料及化学制品制造

10. 橡胶制品

11. 煤炭

12. 石化

13. 制药

14. 轻工

15. 纺织

16. 皮革及其制品

17. 废弃资源和废旧材料回收加工

18. 电气机械及器材制造

19. 交通运输设备制造

20. 通信设备、计算机及其他电子设备制造

21. 环境治理

[①] 环境保护部关于深入推进重点企业清洁生产的通知,环发〔2010〕54 号.

（二）重点企业清洁生产审核、评估和验收情况

2010 年，各省（区、市）环境保护厅（局）依法在当地主要媒体公布了 4383 家应当实施清洁生产审核的重点企业名单，其中河北、山西、江苏、浙江、山东、河南、湖北、广西、重庆、云南、甘肃、新疆等 12 个省（区、市）公布了 2212 家重点企业主要污染物排放情况。全国有 3594 家重点企业开展了强制性清洁生产审核工作。全国 30 个省市开展了重点企业清洁生产审核评估和验收工作，1754 家重点企业完成了审核评估，1714 家重点企业完成了审核验收工作。

（三）重点企业清洁生产审核方案实施和能力建设情况

2010 年，全国通过清洁生产审核提出清洁生产方案 50483 个，已经实施 47229 个。实施清洁生产方案投入资金总计 160.6 亿元，其中政府投资 2.8 亿元，企业投资 157.8 亿元。

浙江、辽宁、江苏、云南、内蒙古、河北和青海等省（区）建立了省级清洁生产中心，上海、黑龙江、吉林、江西、湖北、湖南、河南、广东、广西、甘肃、新疆、安徽、贵州等省（区、市）建立了以各省（区、市）环科院为依托的清洁生产技术支撑服务机构。21 个省（区、市）现有清洁生产审核咨询服务机构 629 家、专职人员 5089 人。

2010 年，举办国家清洁生产审核师培训班 60 期，培训人员 3392 人次；20 个省（区、市）举办省级清洁生产培训班 112 期，培训人员 9528 人次；17 个省（区、市）举办清洁生产知识普及型培训、讲座或者企业内审员培训班 1436 期，培训人员 55042 人次；各类清洁生产培训班共培训人员 67941 人次。

（四）重点企业清洁生产审核行业分布、资金投入与效益情况

2010 年，已开展清洁生产审核的重点企业主要分布在化学原料及化学品制造行业（534 家）、轻工行业（500 家）、火电行业（264 家）、有色金属冶炼及压延加工行业（255 家）、纺织行业（220 家）、金属表面处理及热处理加工行业（168 家）、制药行业（143 家）、石化行业（126 家）、非金属矿物制品业（108 家），以上 9 个行业中的企业占开展强制性清洁生产审核企业总数（3594 家）的 64.5%。

2010 年，河北、吉林、上海、江苏、浙江、山东、河南、湖北、重庆、新疆等 10 省（区、市）财政支持重点企业清洁生产审核评估、验收的资金共计 3195.6 万元。

通过实施清洁生产方案，削减化学需氧量 6.2 万吨、二氧化硫 14 万吨，氨氮 2220 吨、节水 10.2 亿吨、节电 37.2 亿度，取得经济效益 128 亿元。江苏、云

南和甘肃等省减排化学需氧量取得明显效果，辽宁、湖北、广西等省减排二氧化硫取得明显效果，江苏、山东和河南等省份取得了显著的经济效益[①]。

第三节　农业的清洁生产

在综合论述了中国农业的现状以及由此带来的一系列弊端的基础上，阐述了基于生态农业产业化的中国农业现代化可持续发展方向，以江西省新农村建设"乡村清洁工程示范村建设"为例，提出了农业清洁生产实践的主要措施并进行了效益分析[②]。

在对农业清洁生产概念、内容和目标概括的基础上，分析了我国农业发展面临的四大环境问题：农业生态环境形势严峻、农业面源污染突出、畜禽养殖业造成的污染、土壤污染等，据此进行了农业清洁生产的必要性和可行性探讨。指出了发展农业清洁生产存在的问题，并从构建农业清洁生产法律体系、工程体系、技术体系、服务体系和行动体系等5个方面提出了推进农业清洁生产的对策措施[③]。

中国自古以来就是一个农业大国，中国农业有着几千年的发展历史，劳动者在生产实践中积累了丰富的经验，为本国和世界农业发展做出了重大贡献。我国农业的发展虽未走西方石油农业的道路，但各地在不同程度上受到石油农业的影响，而且这种影响有日益扩大的趋势，即单纯为了追求农业产量，片面向农业进行高能量的输入，盲目地推行机械化，大量使用化肥和农药，由此造成的问题也相当严重。

资源的超量开采与不合理利用、生态平衡的破坏、生态质量的恶化，环境污染等问题的加剧均达到十分严重的程度，已成为农业可持续发展的障碍。如何建设具有中国特色的现代化农业，合理开发利用资源，科学种田，保护生态环境，是当前农业发展面临的重大战略问题。

---

① 环境保护部.关于 2010 年度全国重点企业清洁生产审核情况的通报.[EB/OL].http://www.mep.gov.cn/gkml/hbb/bh/201203/t20120307_224374.htm.2012-03-07.

② 本节部分内容作者已发表,详见:王坚,陈润羊,郑敏.中国农业现代化出路与农村清洁生产实践[J].农业环境与发展,2007,24(3):11-13.

③ 本节内容作者已发表,详见:王坚,陈润羊.中国农业清洁生产研究[J].安徽农业科学,2009,37(8).

一、中国农业的现状和弊端

中国农业起源的历史悠久，中国劳动人民在几千年的农业生产实践中创造了辉煌的农业文明。但是，随着外国现代农业的兴起，中国农业的发展就相对显得落后了。由于受到长期以来形成的自给自足、小农经济观念的影响，劳动生产力普遍比较低下，再加上对生态环境、农业生态平衡问题认识不足，近年来在很大程度上受到西方石油农业的影响，特别是没有正确处理好发展生产和保护生态环境，开发利用资源和保护增值资源之间的关系，造成违背生态规律，片面追求农业产量，在人口不断增加和耕地不断减少的情况下，盲目提高复种指数，毁林毁草开荒，围湖围海造田，结果造成了生态平衡的破坏、土地沙化、水土流失严重、自然灾害频繁，农村能源严重不足，土壤有机质及营养元素大幅度下降等一系列的问题，给农业的进一步发展带来极大的困难。面对激烈的国际竞争，中国农业已明显处于不利局面，主要表现为以下几个方面：

（1）农业资源拥有总量和人均拥有水平呈下降趋势。我国是世界上主要资源大国之一，但是主要农业资源占世界总量比重大大低于人口比重。我国土地利用变更调查结果显示，全国耕地面积由 1996 年 10 月底的 1.3 亿公顷，减少为 2005 年 10 月底的 1.22 亿公顷，耕地净减少 0.08 亿公顷，人均耕地由 1060 平方米降为 933 平方米，不足世界平均水平的 40%。人均淡水资源每年也仅有 2070 立方米，相当于世界平均水平的 1/4，并且时空分布很不均衡。

（2）土地经营规模小。我国的农业经营一般是以家庭或者农户为单位的，与发达国家相比，中国不仅人均耕地面积少，户均面积也很少[①]，2004 年我国户均只有 0.41 公顷的规模细小的家庭农场，而发达国家的家庭农场规模都较大，少则几公顷，多的可达几百公顷。从经济学的角度，规模经营能有效降低成本，增加经济效益，因此我国"小农户"经济在一定程度上限制了农业的规模发展。

（3）农业机械化水平严重滞后。由于我国农业人口过多和农业生产方式落后的状况没有根本改变，农民至今仍以单家独户的小规模分散经营为主，农业机械化投入不足，农机拥有量少。受我国地形复杂多样和山区、丘陵占国土面积 2/3 的自然条件的限制，大面积机械化作业的推广受到制约，导致农业现代化水平较

[①] 2004 年的户均耕地和人均耕地是根据《2005 年中国统计年鉴》、《2005 年中国农村住户调查年鉴》相关计算获得，户均人口第五次人口来自普查资料。

低。美国自 20 世纪 40 年代就基本实现农业机械化，当前美国已经进入全面机械化、自动化阶段，不但大田作物生产及收获已全部机械化，一些难度大的行业与作业也实现了机械化。而我国有机械化的生产，也有半机械化、半手工劳动的生产，还有大量的以手工劳动为主的生产，生产力发展水平很不平衡。截至 2004 年年底，我国农业机械总动力达到 6.4 亿千瓦。据测算，我国每百亩耕地拥有农机动力 32.8 千瓦，每个农业劳动力（指农林牧渔业劳动力）拥有农机动力 2.1 千瓦[①]。

（4）科技支撑能力不强。截至 2004 年下半年，我国农业科技贡献率达到 42%，与发达国家相比低 30% 多，并且科技推广能力比较弱，科技成果的转化率仅在 30% 左右。

二、中国农业现代化发展思路

纵观农业发展的历史，从刀耕火种的原始农业到近代的传统农业，再到现代的石油农业、化学农业，这种发展过程本身都是围绕着生产更多的粮食进行的。农业发展历史上的任何一次变革，特别是被称为三次革命的技术进步——杂交玉米的成功、化肥农药的使用、石油农业的兴起等，也都是为了生产更多的粮食。但是，当人们大规模使用机械化、农药、化肥、除草剂、生长素向土地要高产的时候，也尝到了滥用"科技文明"带来的一系列苦果：资源衰退、环境污染、生态恶化、人群健康受到威胁等。人们也逐步认识到，这样一种加剧能源危机、加剧自然生态破坏、造成严重环境污染的曾被当作"现代化"方向的化学农业、石油农业必将使我们的农业变成不可持续的农业，必将造成某些不可逆转、后果更加严重的生态破坏和环境污染等问题，其最终不但动摇农业发展的根基，而且也会影响到整个人类生产和发展的根基。

如何在充分合理地利用资源，持续稳定地发展农业，提供足够健康安全食品的同时，保护环境和农村的生态平衡？这是现代农业发展的大方向问题。

国内外农业科技研究和农业生产实践成果表明，有机、生态农业是将来宏观农业发展的方向，而基因遗传工程则反映了微观农业发展的趋势，也就是说，现

---

① 中国农业机械化信息网. 2004 年农业机械化发展综述 ［EB/OL］.http://www.amic.agri.gov.cn.2006−12−23.

代农业是基于生态农业基础上的科技创新和生产实践。

生态农业按照生态学原理，建立和管理一个生态上自我维持的低输入、经济上可行的农业生产系统，该系统能在长时间内不对其周围环境造成明显改变的情况下具有最大的生产力①。生态农业以保持和改善该系统内部的循环利用和多次重复利用，尽可能减少燃料、肥料、饲料和其他原材料输入，以求得尽可能多的农、林、牧、副、渔产品及其加工制品的输出，从而获得生产发展、环境保护、能源再生利用、经济效益四者统一的综合性效果。生态农业基地不仅是能量转化效率较高的农业生产场所，还起到维护自然生态平衡、保护环境、净化污染、提高氧气库的作用，同时还可以提高生物能的利用效率，以创建一个优美、舒适、文明和高功能的生存环境，实现社会、经济的可持续发展。生态农业的理念得到世界上越来越多国家的重视，是当今世界农业发展的总趋势。

我国13亿人口80%的人口居住于农村，如何建设有中国特色的现代化农业、实现农业可持续发展，是中国亟待解决的、有关农业可持续发展的战略性问题。

中国农业的现代化是一个系统工程，但要以生态农业为基石才能实现农业的可持续发展。第一，要因地制宜大力发展有当地特色的生态农业，并以此为核心构建产业链，增加农产品的附加值，提高农民收入，进一步缩小城乡差距；第二，在组织形式上，改变原有的小规模散户经营行为，将农户组织起来，适度规模化经营，以提升市场竞争力，降低成本，取得规模效应；第三，对农业生产活动推行标准化质量管理，采用严密的质量标准体系和全程质量控制措施，用科学、规范的管理手段，将分散的农户和企业组织起来，对所生产的绿色食品实行统一、规范的标志管理，实现绿色食品生产"从土地到餐桌"全程质量控制，保证食品的整体质量，最大程度减少食物污染，保障粮食安全；第四，从国家到地方建立统一农产品市场来调控产品供需和市场价格，避免农民因信息不灵通而影响生产积极性或导致农产品大量积压而伤害农民的切身利益，保证农产品供给的稳定性，形成大规模农产品加工，促进农业产业化发展；第五，在农村的生产实践活动中要大力推行清洁生产，实行测土配方，科学使用肥料，尽可能不用或少用农药，实现生产过程的无污染或少污染，对废物进行资源化循环利用，体现经济效益、环境效益和社会效益的统一。

---

① 叶谦吉. 生态农业:农业的未来 [M]. 重庆:重庆出版社,1988.

三、农业清洁生产的概念和内涵

清洁生产（cleaner product）是将整体预防的环境战略持续应用于生产过程、产品和服务中，以增加生态效率和减少人类及环境的风险。这一思想是人类针对日益严重的环境问题，特别是工业污染末端治理的弊端而提出的以预防为主的一种战略思想和技术手段，在工业领域特别是重污染企业已经得到广泛应用，并取得了显著的成效。由于农业非点源污染越来越严重，推动农业清洁生产已经势在必行。

农业清洁生产（agricultural cleaner production），是指将工业清洁生产的基本思想整体预防的环境战略持续应用于农业生产过程、产品设计和服务中，以增加生态效率，要求生产和使用对环境友好的绿色农用品，改善农业生产技术，减降农业污染物的数量和毒性，以期减少农业生产和服务过程对环境和人类的风险性。

农业清洁生产具体目标有二：①合理利用和保护自然资源，提高资源的利用效率，减轻农业资源的消耗；②在农业生产过程中，减少污染物的生成和排放，同时防止有毒化学物质污染农产品，促进农业产品在生产、消费过程中与环境相容，降低整个农业活动对人类和环境的风险。总体目标就是要通过实施农业清洁生产，实现清洁水源、清洁能源、清洁田园和清洁家园的"四清"目标①。

农业清洁生产内容包括：①清洁投入：是指生产原料本身对环境和产品不会产生污染，例如施用有机肥料、生物肥料和降解农膜等，同时需要注意原料投入的适量问题，如化肥、农药和农膜并非越多越好，过量反而引起的农业污染的问题。②清洁生产：主要针对生产过程而言。一方面是采用先进农业技术，降低或者尽可能避免投入物污染环境及农产品；另一方面采用正确的方法处理废弃物，以实现生态环境和农产品的清洁②。

四、我国农业发展面临的环境问题

（一）农业生态环境形势严峻

1. 水土流失严重

---

① 贾继文,陈宝成.农业清洁生产的理论与实践研究[J].环境与可持续发展,2006(4):1-4.

② 杨世琦,杨正礼.刍议农业清洁生产[J].世界农业,2007(11):60-63.

原国家环保总局发布的《2007年中国环境状况公报》显示①：2007年，全国共有水土流失面积356万km²，占国土总面积的37.08%。其中，水蚀面积165万km²，占国土总面积的17.18%；风蚀191万km²，占国土总面积的19.9%。按水土流失的强度分级，轻度水土流失面积162万km²、中度流失面积80万km²、强度流失面积43万km²、极强度流失面积33万km²、剧烈流失面积38万km²。

2. 土地荒漠加剧

土地荒漠化、沙漠化的速度加快，现有荒漠化土地2.636亿hm²，占国土陆地面积的28.3%，而西部地区最为严重，其荒漠化土地占全国比重为97.8%，沙漠化土地占全国比重为95.6%②，我国每年因土地荒漠化和土地沙化直接经济损失高达540亿元，近4亿人的生产生活受到影响。

3. 耕地面积骤减

2007年，全国耕地与上年相比减少0.03%。由图7-5可知，1997年至2007年，中国耕地面积减少了6.29%③，11年之间净减少耕地816.88万hm²。其中基本农田面积仅1亿hm²左右，现中国人均耕地面积仅为0.1 hm²，不到世界平均水平的一半，18亿亩成为国家坚守的耕地面积底线。

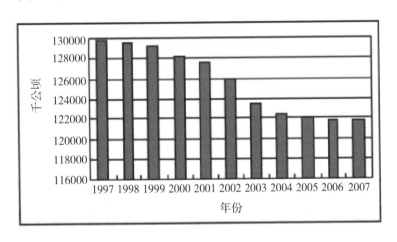

图7-5　1997~2007年全国耕地面积

① 环境保护部. 2007年中国环境状况公报[EB/OL].http://www.sepa.gov.cn/plan/zkgb/2007zkgb/200808/P020080825228750586787.pdf.2008−08−25.

② 中国科学院可持续发展战略研究组. 2006中国可持续发展战略报告[M].北京:科学出版社,2006.

③ 国土资源部.2007年中国国土资源公报[EB/OL]. http://www.gov.cn/gzdt/2008−04/17/content_947023.htm.2008−04−17.

（二）农业面源污染突出

1. 化肥污染

我国是化肥使用大国，1997年我国化肥施用量达3980.7万吨，2006年化肥施用量达到4831万吨，居世界第一位。从图7-6可看出，从1997年以来，我国化肥的施用强度一直呈上升趋势，由1997年的306.44 kg/hm² 上升到2006年的397.1kg/hm²，远远超过发达国家的225kg/hm²的安全上限。可利用率仅为30%~40%，每年因不合理施用，造成超过1000多万吨的氮流失到农田，直接经济损失约300亿元。同时对环境产生了严重污染，对水体、土壤、大气、生物及人体健康造成严重危害。

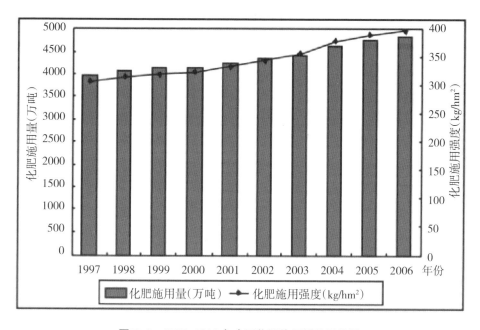

图7-6 1997~2006年全国化肥施用量及平均量

2. 农药污染

中国农药的使用量增长迅速，1997年至2006年全国农药使用量增加了35.5万吨。从图7-7可以看出，我国农药的施用强度成明显的上升趋势，农药使用量由1997年的9.199 kg/hm² 增加到2006年的12.72kg/hm²，远远超出经济合作和发展组织（OECD）国家2000年前后2.1kg/hm²的平均水平[1]。

① 中国农业年鉴编辑委员会. 中国农业年鉴2007[M].北京：中国农业出版社,2007.

由于农药的利用率仅为 30% 左右，每年因不合理使用造成浪费而产生的经济损失达到 150 多亿元以上，因污染对人体健康和农产品质量造成的经济损失更是无法估量，近几年呈现出加重的趋势。流失的化肥和农药造成了地表水富营养化和地下水污染。

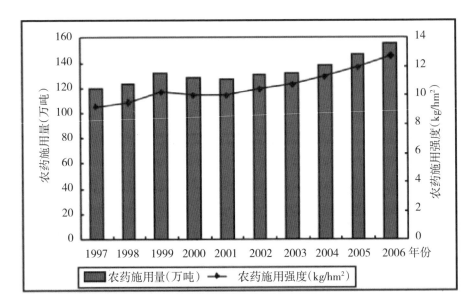

图 7-7　1997~2006 年全国农药施用量及平均量

3.农膜残留

农膜使用量和使用面积在大幅度扩展，图 7-8 显示，从 1996 到 2005 年的 9 年中农膜的使用量增加了 60 万吨，增长了 51.64%，农膜的施用强度呈现逐年递增的势头，由 1997 年的 8.95 上升到 2005 年的 14.43 kg/hm²。

据统计，我国农膜年残留量高达 35 万吨，残膜率达 42%[1]。也就是说，有近一半的农膜残留在土壤中，这无疑是一个极大的隐患。残留的地膜降低了土壤的渗透能力，减少了土壤的含水量，降低了耕地的抗旱能力，阻碍了农作物的生长发育，给农业生产和生态环境带来可不利的影响。

---

[1] 徐玉宏.我国农膜污染现状和防治对策[J].环境科学动态,2003(2):9-11.

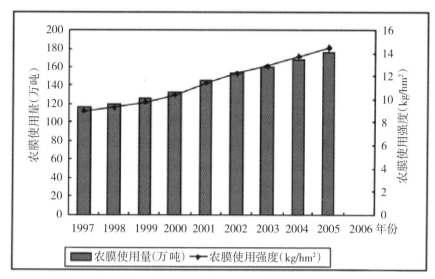

图 7-8 1997~2005 年全国农膜使用量

4. 秸秆污染

全世界每年年产农作物秸秆约 1000 亿 ~2000 亿吨，我国每年达 8 亿吨以上。受诸多因素影响，目前秸秆综合利用率只有 30%~40%，还没有从根本上解决秸秆综合利用的问题，数以亿吨计的固体废物没有得到妥善处置，而这些废物一旦进入大气、地下水、地表水，就会造成污染，并直接影响我国治理空气污染和水污染的效果[①]。

（三）畜禽养殖业造成的污染

畜禽养殖污染日益加重，畜禽粪便年产生量达 27 亿吨，80%的规模化畜禽养殖场没有污染治理设施。在一些地区，畜禽养殖污染成为水环境恶化的重要原因。据调查，我国猪、牛、鸡三大类畜禽粪便年排放 COD 量 6900 万吨，是全国工业和生活废水 COD 产生量的 5 倍以上，上升为第一大污染源[②]。

（四）土壤污染

由于长期过量使用化学肥料、农药、农膜以及污水灌溉，加之畜禽养殖污染，使污染物在土壤中大量残留，直接影响土壤生态系统的结构和功能，使生物

① 吴晓青. 解读《关于加强农村环境保护工作的意见》，建设农村生态文明的重大举措[EB/OL].http://www.zhb.gov.cn/hjyw/200712/t20071206_113881.htm.2007-12-6.

② 洪绂曾.农村清洁生产与循环经济[J].中国人口·资源与环境,2008,18(1):3-5.

种群结构发生改变，生物多样性减少，土壤生产力下降，土壤理化性质恶化，影响作物生长，造成农作物减产和农产品质量下降，对生态环境、食品安全和农业可持续发展构成威胁，土壤污染的总体形势相当严峻。据不完全调查，目前全国受污染的耕地约有1.5亿亩，占耕地总面积的1/10以上，其中多数集中在经济较发达地区。

五、农业清洁生产的必要性和可行性分析

（一）农业清洁生产的必要性

从上面的分析看出，我国农业生态环境形势严峻、环境污染问题突出，在农业领域推行清洁生产无疑具有重大的现实意义。主要体现在：既是防治农业环境问题的重要手段，也是资源持续利用的主要途径；既是农业可持续发展的关键因素，也是保障食品安全的现实需要；既是国家节能减排工作的组成部分，也是推进新农村建设的重要内容。

（二）农业清洁生产的可行性分析

我国现在发展农业清洁生产也有条件和基础。农业发展已取得巨大成就，有雄厚的物质基础；政府日益重视农业、农村和农民的"三农"问题，新农村建设也为农业清洁生产的实施提供了契机；已有的生态农业和有机农业等可提供操作基础；清洁生产基本理论和工业清洁生产可为农业清洁生产提供了理论支持和经验借鉴①。

六、农业清洁生产的实践探索

以江西省新农村建设"乡村清洁工程示范村建设"为例。

清洁生产前示范村普遍情况：生活污水和禽畜粪便基本不进行处理，导致"污水横流""臭气熏天""乌蝇乱飞"；农田废弃物秸秆只有少量还田，大部分乱堆乱放，或在田间焚烧；生活能源主要依靠禾柴，厨房常年"烟熏火燎"；村庄垃圾遍地，没人管理，等等。

清洁生产总目标：通过启动农村清洁生产项目，实行测土配方，主要以家

---

① 吴天马.实施农业清洁生产势在必行[J].环境导报,2000(4):1-4.

肥、有机肥为主，生物防治为主，在源头上削减农用化学品的使用量，实施垃圾分类处理，生活污水零排放，生产废弃物资源化利用，推广普及清洁能源，建立乡村物业管理，实现清洁家园、清洁田园、清洁水源和清洁能源的目标。

主要措施：①清洁能源工程，普及太阳能路灯和太阳能热水器，秸秆气化或用作发酵原料制造沼气，为农户提供优质的管道沼气。②农田废弃物资源化利用工程，按照当地农民的需要，对废弃的秸秆采用直接还田、过腹还田、青贮、氨化、气化等方式，变成农民生产所需的肥料、饲料和燃料。③生活污水净化工程，实行雨污分流，规范污水排放口，健全污水收集系统，采用生物处理和生态稳定塘模式对生活污水进行处理，污水处理后可排放至灌溉渠或附近的沟渠达标排放。④实行人畜分离，对禽畜粪便进行收集，作为原料投入沼气池。⑤垃圾无害化处理工程，将垃圾分类进行出售、堆沤、填埋、特殊处理等。⑥设立乡村物业管理站，对沼气池、净化池、化粪池、田间有害物收集池、太阳能维护和垃圾收集处理等村庄基础设施进行管理。

效益分析：通过示范村的清洁生产实践，实现了良好的社会效益、环境效益和经济效益的统一。①农民通过清洁生产的宣传和示范，更新了观念，从中得到了实惠，积极性高涨，自觉地组织起来，成立村民理事会，农村面貌焕然一新，取得了良好的社会效益。②农业清洁生产工程从源头减少了农药、化肥的使用量，保障了粮食安全，对农业生产废弃物的资源化利用，变废为宝，化害为利，消除了农业生产对生态环境的污染，是治理农业面源污染的有效措施，取得了很好的环境效益。③太阳能路灯、太阳能热水器的推广使用，农田废弃物资源化利用，垃圾分类回收处理等，使农民在得到清洁、便利生活的同时还增加了经济收入，其经济效益是显而易见的。

七、发展农业清洁生产存在的问题

目前清洁生产主要还是偏重于工业领域，农业领域的清洁生产的理论研究和现实实施都颇显不足，尚未形成统一的认识，学界、政府和农民都还没有引起高度重视，农业清洁生产在实践中没有得到有效地应用和实施；农业清洁生产的法律法规不健全，没有形成有效的农业清洁生产的政策激励体系；对如何界定农业清洁生产的产地、产品、操作规程等，目前尚缺乏统一的规范和标准；还没有形成完善的针对农民的关于农业清洁生产技术培训和科技服务指导的队伍和机制；农业产业化和组织化程度低，农民合作经济组织规模小、专业能力弱、服务水平低；清洁化产品市场尚未形成，市场监督体系尚不健全①。

八、推进农业清洁生产的对策措施

（一）强化意识，构建农业清洁生产法律体系

通过宣传和教育，使官员、企业家和农民为主体的公众树立农业清洁生产的意识，了解并掌握农业清洁生产的法规、知识、技术和技能，并在实践中努力践行。建立健全农业清洁生产法律、法规、标准和技术规范在内的法律体系，内容涵盖农村环境保护、土壤污染防治、畜禽和水产养殖环境管理、农业环境监测、评价的标准和方法。并使各项农业清洁生产的法律法规在内容上能够协调统一，程序上能相互支撑，效力上能发挥法制的合力，真正做到有法可依，责权清晰，有效防治种植业、养殖业和农村工业的污染。

（二）推进创新，构建农业清洁生产工程体系

通过实践创新，建立包括农业生态工程、绿色食品工程、农业废物资源化工程、乡镇工业污染防治工程在内的农业清洁生产的工程体系②，以有效地预防并治理农业环境问题，为农业清洁生产提供工程支撑体系。

（三）深入研究，构建农业清洁生产技术体系

进行系统地理论研究，建立包含生态工程技术、绿色能源开发技术、自然环境的治理技术、综合防治技术等在内的农业清洁生产的技术体系③。推广节肥节药节水技术、发展生态型畜牧业、推进水产科学养殖，为农业清洁生产提供技术支持体系。

（四）理顺机制，构建农业清洁生产服务体系

不断进行制度创新，建立包含管理、经济激励、社会监督和科技服务等在内的农业清洁生产配套服务体系。分清农业、环保、水利等各部门的职责，形成有效的绿色产品和绿色食品的监管与激励机制，完善农业清洁生产的培训、指导及技术服务网络。

---

① 高骓,张鹏.用清洁生产的理念防治农业污染的初步探讨[J].新疆环境保护,2007,29(1):43-46.

② 陈克亮,杨学春,陈玉成.农业清洁生产工程体系[J].重庆环境科学 2001,23(6):57-60.

③ 柯紫霞,赵多,吴斌,等.浙江省农业清洁生产技术体系构建的探讨[J].环境污染与防治,2006,28(12):921-924.

（五）促进协调，构建农业清洁生产行动体系

协调好现有的环保部和农业部开展的农业清洁生产有关的行动计划，使农业清洁生产落到实处。主要协调好乡村清洁工程、农村小康环保行动计划、循环农业促进行动、农业生物质能工程等在内的行动体系。

第四节　铀矿业的清洁生产

铀资源的稳定供应事关国家国防安全和能源安全，进行铀矿业清洁生产研究可为铀矿业的科学发展提供依据。在分析了铀矿业推进清洁生产重要意义的基础上，对当前铀矿业清洁生产的关键问题进行了探讨：清洁生产是铀矿业发展循环经济的主要技术途径；进行试点示范是当前铀矿业清洁生产的重点工作；推进清洁生产审核是当前铀矿业清洁生产的着力点；清洁生产审核要突出铀矿业的行业和类型特性；清洁生产要与末端治理相结合[①]。

构建铀矿山环境影响的评价体系，是当前铀矿业环境研究的薄弱环节。应用环境影响评价的理论和系统分析的方法，在分析了铀矿山建设、生产运行和退役3 个阶段环境影响的基础上，基于压力—状态—响应模型，构建了铀矿山环境影响评价指标体系，该指标体系由总体层、系统层、状态层、变量层 4 个层次 40个指标构成，并对铀矿山环境影响评价系统的开发进行了探索，以期为铀矿业的环境管理提供科学依据[②]。

铀资源作为国家的战略性资源，对保证我国核电事业的发展、国防和能源安全，都具有重要战略价值。将清洁生产将整体的污染预防可持续地贯穿于铀矿资源开采过程之中，这将大大减少对铀矿山周围环境的影响，改善生产环境，提高铀资源利用效率。

铀矿山的清洁生产，目前尚没引起足够重视，在理论和实践上，都亟待开展相关工作。铀矿山清洁生产的研究可以为铀矿企业今后的清洁开采过程提供参考，为铀矿山的科学发展提供管理依据。

---

① 本节内容可详见作者发表的论文：陈润羊，花明，李小燕.铀矿业清洁生产研究[J].中国矿业，2012,21(10):41–43,48.

② 本节部分内容可详见作者发表的论文：陈润羊，花明，李小燕.铀矿山环境影响及其评价指标体系构建研究[J].矿业研究与开发,2013,31(3).

一、铀资源的稳定供应事关国家国防安全和能源安全

根据经国务院批准由国家发改委 2007 年发布的《国家核电发展专题规划（2005-2020 年）》提出，到 2020 年，我国核电运行装机容量争取达到 4000 万千瓦，并有 1800 万千瓦在建项目结转到 2020 年以后续建[①]。根据其后几年核电的发展形势，提高规划的目标值成为各方的共识。自 2011 年 3 月日本福岛核事故发生后，官方和学界开始反思我国的核能政策，尽管如此，无论从解决巨大的能源需求，还是从应对减排压力来说，核能在我国仍无法替代，我国政府制定的"积极发展核电"的能源政策仍未改变。但在发展核电的过程中，要更加重视"安全高效"的主题。有学者按我国核电规划目标进行预测，2025 年天然铀年需求量为 10616 吨，国际原子能机构预测届时我国铀生产能力为 1380 吨，国内供需缺口达 9236 吨，供需将会严重失衡[②]。如同时考虑国防军工对铀资源的需求，那么铀资源的供应就成为影响我国国防安全和能源安全的重要因素之一。

保证铀资源的供应，需要积极利用"两个市场，两种资源"，实施"走出去"战略，但是，鉴于铀矿资源的军事和政治敏感性，我国的铀资源不应该也不可能主要依赖国外市场和国外资源，我国主要的着力点还是必须放在国内，这种情况下，加大国内铀矿勘探开采力度，提高铀资源采选冶的效率，尽可能减少不必要的铀资源损失率，主要依靠国内供应就成为比较现实可行的选择，也是保障国防安全和能源安全的必然选择。

二、推进铀矿业清洁生产的重要意义

传统铀矿业发展模式面临着巨大的环境和资源双重压力，实施清洁生产是转变铀矿业发展方式的主要途径，也符合国家节能减排、环境保护的总体发展战略。

（一）推进清洁生产是实现铀矿山环境友好的有效途径

我国生态环境总体恶化的趋势尚未得到根本扭转，环境污染状况日益严重。铀矿山"三废"环境污染严重。大力推行清洁生产，可将铀资源开发活动对生态

---

① 国家发展和改革委员会. 核电中长期发展规划（2005-2020）[EB/OL]. http://www.ccchina.gov.cn/WebSite/CCChina/UpFile/2007/2007112145723883.pdf. 2007-11-21.

② 邹树梁，孙美兰. 基于核电发展的铀资源供需趋势及对策分析 [J]. 商业研究, 2007(9): 98-102.

环境的影响降低到可接受的程度，从根本上解决经济发展与资源开发和环境保护之间的矛盾。

（二）推进清洁生产是提高经济效益的重要措施

我国面临着铀矿资源枯竭的压力，铀矿资源的生产率明显不高。"采大弃小、采厚弃薄、采富弃贫、采易弃难"现象比较严重，造成了矿产资源的极大浪费。矿冶企业从企业的自身发展出发，对铀矿山的表外矿、尾矿、围岩、废石、废渣等二次资源的综合回收效率普遍比较低，大量的非金属原料和贵重金属均未能很好地回收利用，既造成了资源的浪费，又对环境产生了影响。推进清洁生产，提高资源的利用效率，已经成为我们面临的一项重要而紧迫的任务。

（三）推进清洁生产是节能减排的重要手段

我国政府已承诺到 2020 年我国单位国内生产总值二氧化碳排放比 2005 年下降 40%~45%，作为约束性指标纳入国民经济和社会发展中长期规划。在国家"十二五"规划中叶明确提出，2015 年非化石能源占一次能源消费比重达到11.4%。2020 年非化石能源占比要达 15%左右。在全球关注气候变化和能源短缺问题的大背景下，核电作为清洁、高效、绿色的能源，正受到越来越多国家的重视。在铀矿业领域推行清洁生产，本身符合国家节能减排的需要，同时，为核电大发展提供了铀资源供应的保障，将进一步促进改善能源结构，降低碳排放量。

三、铀矿山的环境影响分析

铀矿业是为国防军工和核电能源供应战略性铀资源的关键产业，铀矿山是其主要构成部分。随着环境标准的不断提高，安全环保地开发利用铀矿资源已成为铀矿业和谐发展的内在需要和外在表现。目前，一般矿业的环境影响研究相对丰富而系统，然而，因铀矿业涉及国防军工行业的特殊行业性质，一直以来，铀矿山的环境影响问题是鲜有学者涉猎的研究领域。近年来，随着国家绿色发展理念的不断普及，公众环境意识的不断提高，环境影响评价制度的不断推进，矿业的环境影响研究也持续深入。开展铀矿山的环境影响研究，有助于识别铀矿山的环境问题，为推进铀矿业的环境整治和管理提供科学依据；构建铀矿业环境影响的评价体系，是评价铀矿业环境影响的基础，也是细化和量化铀矿业环境管理的前提。

按照铀矿山项目实施的不同阶段，铀矿山的环境影响可以划分为建设阶段、生产运行阶段和退役后的环境影响三种，三个阶段对环境的影响内容和特点各不相同，其环境影响重点在于生产运行阶段，而生产运行阶段的环境影响主要受制于不同的铀矿开采方式。

（一）建设阶段的环境影响

铀矿山开发建设活动包括矿点主工程、配套（辅助）工程（选矿、加工等）、公用工程（供水、供电、通讯、交通和生活服务设施等）和废弃物处理处置工程。这些活动会对其周围环境的影响主要有：①自然环境影响。由于铀矿资源开发项目的兴建与运营，产生一定量的污染物质排放到周围环境中，这些污染物在一定程度上对其周围的大气、水文、土壤等产生影响；也会造成对自然环境的机械性破坏和扰动。②社会经济环境影响。包括对铀矿山所在地的交通运输、人文景观、工农业发展、经济收入等带来的积极和消极影响。③生态环境影响。综合各类铀矿山开发建设活动特点，主要有：地表景观破坏；土地资源破坏及土壤退化与污染；水土流失加剧；水文干扰与水质污染；大气污染与微气候扰动等。

（二）生产运行阶段的环境影响

铀矿的开采方式不同，对周围环境的影响也不一样。一般常用的主要铀矿床开采方式见图 7-9。各种开采方法在环境影响程度、对象、主要污染源和主要污染物等方面，也各有不同。评价时要综合考虑除环境因素外的诸如技术、经济和矿山企业实际等因素。

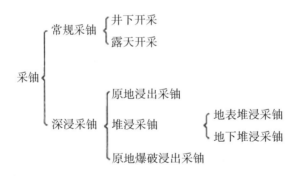

图 7-9 我国铀矿床常用的开采方式

常规开采的环境影响主要有：①开采活动改变了地表的状态，占用土地和改变了生态环境。露采会毁坏地表土层和植被，开采过程中产生的废石等的堆积会占用土地，也会引起原有生态系统的破坏。②开采过程中产生的酸性、碱性、放射性或重金属成分，通过径流和大气流动，污染铀矿山周围的生态环境。③露采占用土地资源较多，被破坏的土地不能有效利用；铀矿山边坡失稳，易引发地质灾害。④一般露采比坑采对环境影响要严重得多，有可能引发该地区生态和地形的不可逆变化，是一种环境不友好的开采方式。井下开采引发的采空区地面塌陷是普遍存在的环境地质问题。

与常规采铀方法相比，原地浸出（简称地浸）采铀是用溶液从天然埋藏条件下、具有一定渗透性能的砂岩铀矿层（体）中选择性提取和回收铀金属的一种工艺，主要用于沉积型砂岩铀矿床。①与常规采矿方法相比，地浸采铀使放射性粉尘污染彻底改善，尾渣和废气的污染降低，废水排放量减少明显，采铀外排的沉淀母液和多余吸附尾液仅相当于常规方法外排水量的6%左右。②排氡量减少，氡气排放相当于常规开采的10%~20%。③基本上不破坏当地的自然景观①。④地浸环境影响的对象是大气、地表水和地下水以及土壤环境，对地下水环境的影响最大。气体污染源主要是氡及其子体，地下水污染主要是溶浸液进入引起的含矿层局部地层化学环境的变化②。当然，不同的溶浸液所引起的污染也各不相同。

铀矿地表堆浸产生的环境影响有其自身的特点。①与常规水冶相同，地表堆浸对环境危害最大的仍然是氡及其子体。但堆浸残留的铀略大于常规水冶，堆场的氡析出率大于水冶尾矿。②堆浸废水的放射性核素含量较高。当堆底垫层防渗漏处理措施不力时，会使淋浸液造成对地下水的污染。③浸渣中镭等放射性核素半衰期长，环境危害持久。因此需对退役堆浸场进行必要处置，以控制氡析出和防治扬尘③。铀的地下浸出有酸法（无机酸水溶液）和碱法（碱金属碳酸盐水溶液）两种。地下堆浸对环境的影响较小：①该法无须建水冶厂，也不需将矿石搬运到地表。②矿石原地处理，减轻了地表的环境污染④。

原地爆破浸出采铀采出来的是含金属的溶液，而不是矿石。①大大减少了废水对环境造成的影响。②在破坏植被面积、剥离表土与尾砂面积、开挖与尾砂体积等方面，该法比常规方法也有明显优势⑤。③原地爆破浸出新工艺的铀矿山井下，在常规通风措施下其氡活度浓度及氡子体 α 潜能浓度难以达到标准要求，

① 岳维宏,谢建伦,栾弘,等.737原地浸出采铀工业性试验基地事故放射性废物释放及对地下水环境的影响[J].辐射防护通讯,1996(5):1-16.

② 刁春娜,田新军,时良辰,等.某地铀矿原地浸出采铀工艺对环境的影响[J].辐射防护通讯,2011,31(1):28-31.

③ 潘英杰.铀矿地表堆浸的环境保护问题[J].铀矿冶,1992(4):62-64;覃国秀,刘庆成,邓胜水,等.铀矿地表堆浸对环境的影响[J].铀矿地质,2012,28(1):58-64.

④ 刘埃平,金景福,钟子川.401矿区铀矿床地质地球化学特征及其地下堆浸评价[J].成都理工学院学报,2000,27(2):172-178.

⑤ 张晓文,全爱国.原地爆破浸出采铀与环境[J].铀矿冶,2001,20(4):229-232.

因此井下通风降氡是该技术的推广应用中亟待解决的关键问题[①]。

（三）退役后的环境影响

退役铀矿山的环境影响主要体现在生态影响和健康影响上，开展退役铀矿山的环境整治是其关注的重点。退役铀矿山的主要污染源项有：放射性废渣、副产矿石、未封闭的坑道口、露天采场废墟、矿冶尾渣、水冶厂、被污染建筑物和道路等，其中，露天堆放的废渣（矿）石等所释放出的氡气及其子体和放射性含量较高的坑（井）口流出的水，会增加附近民众的个人剂量[②]。这两项指标也是铀矿山退役后环境控制的重点。

四、铀矿山环境影响评价体系构建

铀矿山环境影响评价指标体系的建立，旨在以系统科学的观点，探索铀矿山环境系统对矿区及其区域环境全面而长期的影响，有助于规范和监督铀矿山开采的环保行为，有助于促进铀矿业的可持续发展。

（一）构建的原则

铀矿山环境影响评价指标体系是建立在一定原则基础上的综合性指标的有机集合体，为保证所建立指标体系能够真实确切地表征系统的状况和预测系统未来的发展趋势，在指标体系建立过程中，应遵循以下原则：

（1）代表性和科学性。选取的指标要具有一定的代表性，铀矿评价指标体系中单项指标概念的内涵和外延及其与系统的关系应该明确，能够度量和反映一定矿区内该系统的主体特征和关键问题，选择评价因子要力求科学。

（2）可操作性和易获性。指标要具有可测性和可比性，易于量化，并尽可能有现成的统计资料，特别是统计指标的选取更应注重其数据的可获得性。

（3）动态性与稳定性。铀矿资源环境经济系统是一个不断发展变化的系统，与系统不同发展阶段相适应的指标体系应该是一个动态过程，但考虑到评价在不同时段应具有可对比性，因此评价体系在一定时间内应该具有相对的稳定性。

（4）时间性和空间性。铀矿山环境影响评价是在一定空间范围内进行，但铀

---

① 潘英杰.浅谈原地爆破浸出矿井通风防护问题[J].铀矿冶,2005,24(2):99-103;胡鹏华,李先杰.我国铀矿通风降氡现状分析[J].辐射防护,2011(3):178-183.
② 邱国华.铀矿山探采冶设施退役治理工程放射性环境影响评价[J].铀矿地质,2008,24(3):188-192.

矿山环境影响又是一个随时间不断变化的动态过程，因此铀矿山环境评价要包含空间和时间两个因子。

（5）全面性和实用性。确定相应的评价层次，将各个评价指标按系统论的观点进行考虑，构成完整的评价指标体系。同时，在选取评价因子和构建评价指标体系不可能面面俱到，应以服务生产和管理部门的最重要和最主要的因素为主。

（二）评价因子的确定

评价环境质量的关键在于确定能表征各环境要素的评价因子。环境评价因子可以概括为三大类：①社会经济环境因子。包括人口密度、产值等。②自然环境因子。包括大气、水体、土地等。③生态环境因子等。评价因子是一个多元的综合体，受评价对象、评价目的、评价要求和监测技术等因素的影响，应根据情况而具体分析确定。

（三）评价指标体系的建立

根据指标筛选原则，在对几个铀矿山环境现状进行调查分析的基础上，应用"状态—压力—响应"（P–S–R）模型构建了铀矿山环境评价指标体系。该指标体系包含4个层次，即目标层、准则层、指标层和变量层。其中，有3个准则层（铀矿山压力、铀矿山状态、铀矿山响应），14个指标层，总共40个具体指标，其构成如表7–2所列。

表7–2 铀矿山环境评价指标体系

目标层	准则层		指标层	变量层
铀矿山环境评价体系	状态	环境状态	大气环境状态	颗粒物、氡及其子体、气溶胶、γ 剂量率
			水环境状态	pH、总 α、总 β、U、^{226}Ra、^{230}Th、^{222}Rn、^{210}Pb、^{210}Po
			土壤环境状态	pH、Zn、Pb、Cu、U、^{226}Ra、^{230}Th、^{40}K、^{210}Po、^{210}Pb
			辐射环境状态	关键居民组最大个人剂量、吨铀集体剂量
	压力	环境压力	废水排放强度	废水排放量 / 铀矿山总产值（万吨 / 万元）
			固废产生强度	固废排放量 / 铀矿山总产值（kg/ 万元）
			废气产生强度	废气排放量 / 铀矿山总产值（kg/ 万元）
		资源压力	人均资源	人均耕地面积（km²/ 人）
				人均水资源量（m³/ 人）
		社会压力	人口	人口密度（人 /km²）
			产值	人均 GDP（元 / 人）

续表

目标层	准则层	指标层	变量层
铀矿山环境评价体	响应	环境响应	达标排放	废水达标排放率(%)、废气处理率(%)、
			废物利用	固废综合利用率(%)
			生态保护	森林覆盖率(%)、土地复垦率(%)、地质灾害面积比(%)
			退役治理效果	年均氡析出率(Bq/m²·s)、公众的最大个人有效剂量当量(mSv/a)

需要指出的是，该指标体系仅是一般通用型的。在应用到具体铀矿山环境评价时，需要根据不同地区、不同矿山的具体情况和数据的可获得性等因素进行部分具体指标的选择、增减和替换，但最终的指标体系要以能体现系统整体的代表性为基本原则。

五、铀矿山环境影响评价系统的开发

铀矿山环境影响评价指标体系及其数据库平台研建，是环境管理和决策的重要依据。建设铀矿山环境数据库和环境信息系统，可以快速、有效地挖掘和利用铀矿山相关环境信息资源，对于深化铀矿山的环境管理，提高决策效率具有积极作用。开发铀矿山环境影响评价系统可解决大量运算的问题，同时，也为相关理论研究和实际管理工作提供必要的平台。

（一）数据库建立的目标及原则

铀矿山环境影响评价数据库是针对铀矿山环境数据信息收集、浏览和管理的数据库系统。由于区域环境质量评价数据库是对铀矿山环境相关数据、文献资料等进行收集整理而形成的一项知识信息成果，为达到针对铀矿山环境质量数据管理和辅助决策等目标，还应该遵循3个原则：①数据库建设的专一性原则、②安全可靠与经济实用性原则、③数据库制作的精品原则。

（二）数据库平台的设计及功能模块的开发

根据需要，"铀矿山环境影响评价系统"主要由以下7个模块组成：①铀矿山地下水水质量评价模块、②铀矿山地表水水质量评价模块、③铀矿山空气质量评价模块、④铀矿山土壤环境质量评价模块、⑤铀矿山环境质量评价模块、

⑥铀矿山环境评价工程查询模块、⑦各类铀矿山环境评价模块等。

各评价模块要依据国家颁布的相关环境标准，以及前人的研究成果，建立评价模型，再利用 VBscript、JavaScript、ASP 和 HTML 等进行编程，在基于 WEB 的 Windows XP+IIS 平台上进行开发和调试，可制作网络版的"铀矿山环境评价系统"。

各评价模块主要包括：参数输入窗口、单因子评价模型和综合评价模型，以及数据类型的转换和保存等内容。

应用评价系统各功能模块时，为了使评价结果更科学、合理，要求有三：实际取样、分析科学，指标个数也尽量满足要求；获取的指标值，其单位要与评价系统要求的一致；评价过程中要细心，根据要求一步一步运行。

总之，铀矿山的环境影响评价首先需要建立理论分析的框架。铀矿山环境影响评价需要解决三个关键的科学问题：构建铀矿山环境影响评价理论体系、建立评价指标体系、进行实证检验和分析，开发铀矿山环境影响评价系统是为便于大量运算和辅助决策服务的。受研究进度和目前完整数据可得性的限制，目前仅对其中的两个问题和系统开发进行了探索，后续研究将在前期研究成果的基础上，应用适宜的环境影响评价的方法和手段，进行具体铀矿山环境影响的量化分析和实证研究。一般的环境影响评价可从时间域、空间域、影响要素、评价内容等不同角度进行理论分析。铀矿山环境影响评价从铀矿山项目实施的角度，按照建设阶段、生产运行阶段和退役后三个阶段进行分析，把握了铀矿山环境影响的主要特点，更能反映实际。根据研究目的，在遵循相关科学和实用原则的基础上，依据"状态—压力—响应"（P–S–R）模型，构建了包含目标层、准则层、指标层和变量层 4 个层级，40 个指标构成的通用型的铀矿山环境评价指标体系，但在具体应用时，还需根据各个铀矿山的实际和相应的目的，对某些具体指标进行修订，以满足不同的研究目标和实际工作的需要。铀矿山环境评价是铀矿山环境管理的基础，铀矿山环境影响评价可为制定铀矿山环境规划和综合防治提供科学依据。铀矿山环境影响评价系统的开发是现代计算机数据库技术、编程方法在铀矿山环境评价领域的具体应用，有助于提高评价的精度和效率，也将促进铀矿山的科学管理。

六、当前铀矿业清洁生产的关键问题探讨

（一）清洁生产是铀矿业发展循环经济的主要技术途径

多年来，我国铀矿业一直沿用传统的线形经济发展模式，即"开采—初加

工—精加工—产品消费—废物弃置"的单向运行模式，这种矿业开发特点是"高开采、低利用、高排放"，面临着资源枯竭和环境污染的双重威胁。具体表现为：开采强度大，后备储蓄量不足；采收率低，铀矿资源损失较大；废弃物排放强度高，矿区治理力度不够，生态环境遭到破坏；综合利用率低，资源浪费情况较为严重①。线形经济发展模式不符合国家可持续的发展战略，进行铀矿业的经济转型就成为必然，而发展循环经济是转变铀矿业发展方式的着力点，清洁生产是循环经济的主要技术途径，通过实施铀矿业的清洁生产，可转变铀矿业的经济发展方式，在新的层次上促进铀矿业经济又好又快的发展，这与国家当前倡导的转变经济发展方式的政策具有高度的一致性。

（二）进行试点示范是当前铀矿业清洁生产的重点工作

目前国内外清洁生产的实践蓬勃发展，重点行业试点示范卓有成效，但铀矿业清洁生产的示范尚未完全开展，急需建立能在行业系统起辐射作用的示范工程，以期推动铀矿业的转型和改革。因此，研究铀矿业清洁生产具体技术的相关问题就显得日益紧迫和重要。选取不同类型的典型铀矿山进行清洁生产试点示范，并对铀矿业清洁生产进行经济效益、社会效益和环境效益评价和分析。总结提炼研究成果，首先应用于基础条件比较成熟的铀矿山，建立铀矿采冶清洁生产示范工程，分析其实际应用条件和价值。为铀矿业发展循环经济提供经验借鉴，也为其他铀矿山推行清洁生产提供参考，对我国铀矿企业的改革和发展具有重要现实指导意义。

（三）推进清洁生产审核是当前铀矿业清洁生产的着力点

联合国环境规划署指出，清洁生产是一种新的创造性的思想，该思想将整体预防的环境战略持续应用于生产过程、产品和服务中，以增加生态效率和减少人类及环境的风险。清洁生产审核是指，按照一定程序，对生产和服务过程进行调查和诊断，找出能耗高、物耗高、污染重的原因，提出减少有毒有害物料的使用、产生，降低能耗、物耗以及废物产生的方案，进而选定技术可行、经济合算

---

① 潘英杰.浅论我国铀矿工业的环境保护技术及展望[J].铀矿冶,2002,21(1):43-46;毕忠伟,丁德馨,段仲沅.铀矿开采对环境的影响及治理的特殊性[J].安全与环境工程,2004,11(1):40-42;张新华.铀矿山"三废"的污染及治理[J].矿业安全与环保,2003,30(3):30-32;陈淑杰,花明.关于我国铀矿山人与自然和谐发展的探讨[J].中国矿业,2007,15(6):142-144;朱国根.浅谈循环经济对铀矿开采的启示[J].中国矿业,2003(11):12-15;花明,陈润羊,陈淑杰.和谐发展铀矿业的循环经济运行模式研究[J].矿业研究与开发,2008,28(4):86-88.

及符合环境保护的清洁生产方案的过程[①]。从这两个的定义可以看出，清洁生产涉及资源能源利用、生产工艺、管理等方面面面，也是更高阶段和更全面的要求，由于清洁生产审核是实施清洁生产的有效途径和重要工具，就目前而言，铀矿业推行清洁生产，大力推进清洁生产审核应是当前的着力点。通过清洁生产审核，达到铀矿业节能、降耗、减污、增效的目标。

（四）清洁生产审核要突出铀矿业的行业和类型特性

一般意义上，清洁生产审核的基本原理、思路、污染产生的原因和方案提出的 8 个方面、审核程序在铀矿业领域中具有一定的通用性（见图 7-10 至图 7-12），由于铀矿业具有布局和产量的保密性、放射性危害的严重性、公众关注的敏感性等特殊的行业性质，所以在具体审核过程中，就要针对铀矿业的具体类型、工艺、阶段、环境概况等在审核的重点上，做出实事求是的取舍和具体分析。如开展南方硬岩型铀矿深部矿体的采冶清洁生产分析，为深部铀资源的开发利用提供技术依据；针对北方砂岩型铀矿，主要从地浸适宜性条件和环境污染治理等方面开展清洁生产分析和评价；在对传统选矿技术方案分析研究的基础上，探索有利于铀资源优化利用的清洁选矿技术方案；针对常规水冶、地表堆浸、原地爆破浸出、地浸等铀资源冶炼工艺，开展研究，为不同类型铀资源的冶炼工艺最优化提供科学依据；在上述研究的基础上，对不同类型的铀资源开展最优化清洁生产工艺配置研究，为最大限度地提高资源利用率提供保障。

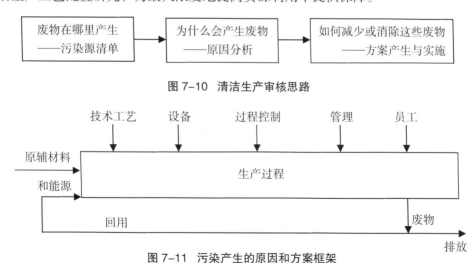

图 7-10 清洁生产审核思路

图 7-11 污染产生的原因和方案框架

① 鲍建国.清洁生产实用教程［M］.北京：中国环境科学出版社，2010；国家环保局.企业清洁生产审核手册［M］.北京：中国环境科学出版社，1996.

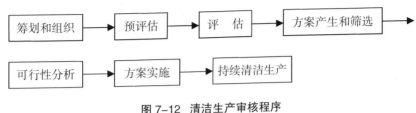

图 7-12　清洁生产审核程序

（五）清洁生产要与末端治理相结合

为促进铀矿业的科学发展，要始终贯彻清洁生产的理念和方法，但在目前的经济和技术条件下，仍然要重视铀矿业的末端治理问题。目前亟需解决两大问题：一是开展放射性废水处理的新方法和新技术研究：研究开发处理放射性废水的新型吸附材料；研究新型吸附材料吸附废水中放射性核素的机理和规律；分析评价新型吸附材料对放射性废水处理的效果和实用性；分析评价新型吸附材料的实际应用效果和价值。二是深入开展尾矿渣综合利用研究：针对南方铀矿山尾矿渣大规模堆浸的特点，采集南方铀矿山尾矿渣样品，在实验室柱浸试验的基础上，研究出低成本、高效可行的微生物浸出技术方法，并对其进行技术经济分析和评价，制定和完善综合利用的技术评价指标体系，为尾矿渣综合利用技术的工业化应用提供依据。

总体而言，从铀矿采冶技术入手，按照循环经济模式的要求，优化铀矿采、选、冶的技术模式，以清洁生产技术为支撑，推广少废弃物的开采工艺和方法，建立铀矿业循环经济技术模式，本着"减量化、再利用、再循环"原则，开展放射性废水处理和尾矿渣综合利用的实验研究和现场研究工作，并选取典型铀矿为实例开展案例研究，建立铀矿采冶清洁生产示范工程，使铀矿采冶过程中资源损失率和贫化率明显降低，资源综合利用率明显提高，废弃物最小化。铀矿业清洁生产是铀矿业循环经济的重要技术途径，清洁生产的深入实施，必将有效地推动我国铀矿业从"资源—产品—废弃物"单向型技术经济模式向"资源—产品—废弃物—再生资源"循环型技术经济模式的转变，对我国铀矿业实现科学发展具有重要的理论和现实意义。

第八章　清洁生产审核的方法

组织实施清洁生产审核是推行清洁生产的重要组成部分和有效途径。基于我国清洁生产审核示范项目的经验，并根据国外有关废物最小化评价和废物排放审核方法与实施的经验，我国的清洁生产审核程序，包括 7 个阶段：筹划和组织（审核准备）、预评估（预审核）、评估（审核）、方案产生和筛选、可行性分析、方案实施、持续清洁生产。组织清洁生产审核工作程序见图 8-1。

活动　　　　　　　　　　　　　　　　　　产出

活动	产出
筹划和组织：1.取得领导支持；2.组建审核小组；3.制定工作计划；4.开展宣传教育	1.领导的参与；2.审核小组；3.审核工作计划；4.障碍的克服
预评估：1.组织现状调研；2.进行现场考察；3.评价产污排污状况；4.确定审核重点；5.设置清洁生产目标；6.提出和实施无/低费方案	1.现状调查结论；2.审核重点；3.清洁生产目标；4.现场考察产生的无/低费方案的实施
评估：1.准备审核重点资料；2.实测输入输出物流；3.建立物料平衡；4.分析废物产生原因；5.提出和实施无/低费方案	1.物料平衡；2.废物产生原因；3.审核重点无/低费方案的实施
方案产生和筛选：1.产生方案；2.分类汇总方案；3.筛选方案；4.研制方案；5.继续实施无/低费方案；6.核定并汇总无/低费方案实施效果；7.清洁生产审核中期总结	1.各类清洁生产方案的汇总；2.推荐的供可行性分析的方案；3.中期评估前无/低费方案实施效果的核定与汇总；4.清洁生产中期审核报告
可行性分析：1.进行市场调查；2.进行技术评估；3.进行环境评估；4.进行经济评估；5.推荐可实施方案	1.方案的可行性分析结果；2.推荐的可实施方案
方案实施：1.组织方案实施；2.汇总已实施的无/低费方案的成果；3.验证已实施的中/高费方案的成果；4.分析总结已实施方案对组织的影响	1.推荐方案的实施；2.已实施方案的成果分析结论
持续清洁生产：1.建立和完善清洁生产组织；2.建立和完善清洁生产管理制度；3.制定持续清洁生产计划；4.编写清洁生产审核报告	1.清洁生产组织机构；2.清洁生产管理制度；3.持续清洁生产计划；4.清洁生产审核报告

图 8-1　清洁生产审核工作程序

第一节　筹划和组织

筹划和组织是企业进行清洁生产审核工作的第一个阶段。目的是通过宣传教育使企业的领导和职工对清洁生产有一个初步的、比较正确的认识，消除思想上和观念上的障碍；了解企业清洁生产审核的工作内容、要求及其工作程序。本阶段工作的重点是取得企业高层领导的支持和参与，组建清洁生产审核小组，制定审核工作计划和宣传清洁生产思想。

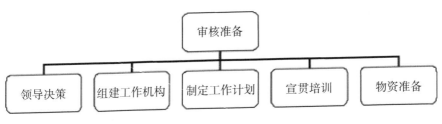

图 8-2　筹划与组织阶段的工作框架

一、取得领导支持

清洁生产审核是一件综合性很强的工作，涉及企业的各个部门，而且随着审核工作阶段的变化，参与审核工作的部门和人员可能也会变化，因此，只有取得企业高层领导的支持和参与，由高层领导动员并协调企业各个部门和全体职工积极参与，审核工作才能顺利进行。高层领导的支持和参与还是审核过程中提出的清洁生产方案符合实际、容易实施的关键。

（一）宣讲效益

了解清洁生产审核可能给企业带来的巨大好处，是企业高层领导支持和参与清洁生产审核的动力和重要前提。清洁生产审核可能给企业带来经济效益、环境效益、无形资产价值的提高和推动技术进步等诸方面的好处，从而增强企业的市场竞争能力。

1.经济效益

（1）由于减少废弃物所产生的综合经济效益；

（2）无／低费方案的实施所产生的经济效益的现实性。

2. 环境效益

(1) 对企业实施更严格的环境要求是国际国内大势所趋;

(2) 提高环境形象是当代企业的重要竞争手段;

(3) 清洁生产是国内外大势所趋;

(4) 清洁生产审核尤其是无／低费方案可以很快产生明显的环境效益。

3. 无形资产

(1) 无形资产有时可能比有形资产更有价值;

(2) 清洁生产审核有助于企业由粗放型经营向集约型经营过渡;

(3) 清洁生产审核是对企业领导加强本企业管理的一次有力支持;

(4) 清洁生产审核是提高劳动者素质的有效途径。

4. 技术进步

(1) 清洁生产审核是一套包括发现和实施无／低费方案,以及产生、筛选和逐步实施技改方案在内的完整程序,鼓励采用节能、低耗、高效的清洁生产技术;

(2) 清洁生产审核的可行性分析,使企业的技改方案更加切合实际并充分利用国内外最新信息。

(二) 阐明投入

清洁生产审核需要企业的一定投入,包括:管理人员、技术人员和操作工人必要的时间投入;监测设备和监测费用的必要投入;编制审核报告的费用;以及可能的聘请外部专家的费用,但与清洁生产审核可能带来的效益相比,这些投入是很小的。

二、组建审核小组

计划开展清洁生产审核的企业,首先要在本企业内组建一个有权威的审核小组,这是顺利实施企业清洁生产审核的组织保证。

(一) 推选组长

审核小组组长是审核小组的核心,一般情况下,最好由企业高层领导人兼任组长,或由企业高层领导任命一位具有如下条件的人员担任,并授予必要权限。

组长的条件是:

(1) 具备企业的生产、工艺、管理与新技术的知识和经验;

(2) 掌握污染防治的原则和技术,并熟悉有关的环保法规;

(3) 了解审核工作程序,熟悉审核小组成员情况,具备领导和组织工作的才能并善于和其他部门合作等。

（二）选择成员

审核小组的成员数目根据企业的实际情况来定，一般情况下全时制成员由3~5人组成。小组成员的条件是：

（1）具备企业清洁生产审核的知识或工作经验；

（2）掌握企业的生产、工艺、管理等方面的情况及新技术信息；

（3）熟悉企业的废弃物产生、治理和管理情况以及国家和地区环保法规和政策等；

（4）具有宣传、组织工作的能力和经验。

如有必要，审核小组的成员在确定审核重点的前后应及时调整。审核小组必须有一位成员来自本企业的财务部门。该成员不一定全时制投入审核，但要了解审核的全部过程，不宜中途换人。

（三）明确任务

审核小组的任务包括：

（1）制定工作计划；

（2）开展宣传教育；

（3）确定审核重点和目标；

（4）组织和实施审核工作；

（5）编写审核报告；

（6）总结经验，并提出持续清洁生产的建议。

来自企业财务部门的审核成员，应该介入审核过程中一切与财务计算有关的活动，准确计算企业清洁生产审核的投入和收益，并将其详细地单独列账。中小型企业和不具备清洁生产审核技能的大型企业，其审核工作要取得外部专家的支持。如果审核工作有外部专家的帮助和指导，本企业的审核小组还应负责与外部专家的联络、研究外部专家的建议并尽量吸收其有用的意见。

审核小组成员职责与投入时间等应列表说明，表中要列出审核小组成员的姓名、在小组中的职务、专业、职称、应投入的时间，以及具体职责等。

三、制定工作计划

制定一个比较详细的清洁生产审核工作计划，有助于审核工作按一定的程序和步骤进行，组织好人力与物力，各司其职，协调配合，审核工作才会获得满意的效果，企业的清洁生产目标才能逐步实现。

审核小组成立后，要及时编制审核工作计划表，该表应包括审核过程的所有主要工作，包括这些工作的序号、内容、进度、负责人姓名、参与部门名称、参与人姓名以及各项工作的产出等。

表 8-1 清洁生产审核工作计划

阶段	序号	工作内容	完成时间	责任部门
第一阶段：策划与组织	1	咨询人员与公司领导商讨审核工作推行计划,现场了解、初步商定目前工作内容		
	2	公司干部会议,成立审核领导小组、制定工作计划		
	3	动员和开展宣传教育		
	4	清洁生产及清洁生产审核方法知识讲座		
第二阶段：预评估	5	组织现状调研(填写有关的工作表)		
	6	进行现场考察(核对资料,对现状分析、咨询的意见进行讨论,取得共识)		
	7	对污染的排放现状做出总体评价,找出问题,确定审核重点		
	8	设置清洁生产目标,提出可行的无/低费方案,并落实实施的方法、责任和措施		
第三阶段：评估	9	准备审核重点资料,编制审核重点工艺流程图、设备流程图和功能说明表		
	10	通过实测和估算以核定总的输入、输出物料,各单元输入、输出物料,编制物料流程图		
	11	编制水、物料平衡图,分析废物产生原因,从8个方面进行评估,继续提出并实施无/低费方案		
第四阶段：方案的产生和筛选	12	产生备选的方案,分类汇总清洁生产方案		
	13	筛选并汇总方案,推荐可供可行性分析的方案		
	14	研制方案(工艺流程详图、主要设备清单,费用及效益估算,编制方案说明)		
	15	实施效果,继续实施无/低费方案、核定并汇总无/低费方案并公布成果		
	16	编写清洁生产中期审核报告		

续表

阶段	序号	工作内容	完成时间	责任部门
第五阶段： 可行性分析	17	方案的技术、环境、经济的可行性分析评估		
	18	对照投资方案的技术工艺、设备、运行、资源利用率、环境与健康、投资回收及内部收益率,推荐可行的方案		
第六阶段： 方案实施	19	组织实施方案,并分析跟踪验证方案实施效果		
	20	汇总已实施中/高费方案的成果		
	21	分析总结已实施方案对企业的影响		
第七阶段： 持续清洁生产	22	建立完善清洁生产组织,确定专人落实责任		
	23	建立和完善清洁生产管理制度		
	24	制定持续清洁生产计划、研究开发新的清洁生产		
	25	制定职工的培训计划		
	26	编写审核报告		
	27	评审验收		

四、开展宣传教育

广泛开展宣传教育活动，争取企业内各部门和广大职工的支持，尤其是现场操作工人的积极参与，是清洁生产审核工作顺利进行和取得更大成效的必要条件。

（一）确定宣传的方式和内容

高层领导的支持和参与固然十分重要，没有中层干部和操作工人的实施，清洁生产审核仍很难取得重大成果。只有当全厂上下都将清洁生产思想自觉地转化为指导本岗位生产操作实践的行动时，清洁生产审核才能顺利持久地开展下去。也只有这样，清洁生产审核才能给企业带来更大的经济和环境效益，推动企业技术进步，更大程度地支持企业高层领导的管理工作。

宣传可采用下列方式：

（1）利用企业现行各种例会；

（2）下达开展清洁生产审核的正式文件；

（3）内部广播；

(4) 电视、录像；

(5) 黑板报；

(6) 组织报告会、研讨班、培训班；

(7) 开展各种咨询等。

宣传教育内容一般为：

(1) 技术发展、清洁生产以及清洁生产审核的概念；

(2) 清洁生产和末端治理的内容及其利与弊；

(3) 国内外企业清洁生产审核的成功实例；

(4) 清洁生产审核中的障碍及其克服的可能性；

(5) 清洁生产审核工作的内容与要求；

(6) 本企业鼓励清洁生产审核的各种措施；

(7) 本企业各部门已取得的审核效果，它们的具体做法等。

宣传教育的内容要随审核工作阶段的变化而做相应调整。

(二) 克服障碍

企业开展清洁生产审核往往会遇到不少障碍，不克服这些障碍则很难达到企业清洁生产审核的预期目标。各个企业可能有不同的障碍，首先需要调查摸清方便于进行工作，但一般有 4 种类型的障碍，即思想观念障碍、技术障碍、资金和物资障碍，以及政策法规障碍。四者中思想观念障碍是最常遇到的，也是最主要的障碍。审核小组在审核过程中要自始至终地把及时发现不利于清洁生产审核的思想观念障碍，并将尽早解决这些障碍当作一件大事抓好。表 8-2 列出企业清洁生产审核中常见的一些障碍及解决办法。

表 8-2　企业清洁生产审核常见障碍及解决办法

障碍类型	障碍表现	解决办法
思想观念障碍	1. 清洁生产审核无非是过去环保管理办法的老调重弹	1. 讲透清洁生产审核与过去的污染预防政策、八项管理制度、污染物流失总量管理、三分治理七分管理之间的关系
	2. 中国的企业真有清洁生产潜力吗	2. 用事实说明中国大部分企业的巨大清洁生产潜力、中央号召"两个转变"的现实意义
	3. 没有资金、不更新设备，一切都是空谈	3. 用国内外实例讲明无／低费方案巨大而现实的经济与环境效益，阐明无／低费方案与设备更新方案的关系，强调企业清洁生产审核的核心思想是"从我做起、从现在做起"

续表

障碍类型	障碍表现	解决办法
思想观念障碍	4.清洁生产审核工作比较复杂，是否会影响生产	4.讲清审核的工作量和它可能带来的各种效益之间的关系
	5.企业内各部门独立性强，协调困难	5.由厂长直接参与，由各主要部门领导与技术骨干组成审核小组，授予审核小组相应职权
技术障碍	1.缺乏清洁生产审核技能	1.聘请并充分向外部清洁生产审核专家咨询、参加培训班、学习有关资料等
	2.不了解清洁生产工艺	2.聘请并充分向外部清洁生产工艺专家咨询
资金物资障碍	1.没有进行清洁生产审核的资金	1.企业内部挖潜，与当地环保、工业、经贸等部门协调解决部分资金问题，先筹集审核所需资
	2.缺乏物料平衡现场实测的计量设备	2.积极向企业高层领导汇报
	3.缺乏资金实施需较大投资的清洁生产工艺	3.由无/低费方案的效益中积累资金(企业财务要为清洁生产的投入和效益专门建账)
政策法规障碍	1.实施清洁生产无现行的具体的政策法规	1.用清洁生产优于末端治理的成功经验促进国家和地方尽快制定相关的政策与法规
	2.实施清洁生产与现行的环境管理制度中的规定有矛盾	2.同上

表 8-3 审核小组领导

姓 名	领导小组职务	部 门	职务/职称	职 责
	组 长			
	副组长			
	组 员			

表 8-4 审核小组成员

姓 名	领导小组职务	部门职务/职称	职 责

第二节 预评估

预评估是清洁生产审核的第二阶段，目的是对企业全貌进行调查分析，分析和发现清洁生产的潜力和机会，从而确定本轮审核的重点。本阶段工作重点是评价企业的产污排污状况，确定审核重点，并针对审核重点设置清洁生产目标。预评估是从生产全过程出发，对企业现状进行调研和考察，摸清污染现状和产污重点并通过定性比较或定量分析，确定出审核重点。

其主要工作内容如图 8-3 所示：

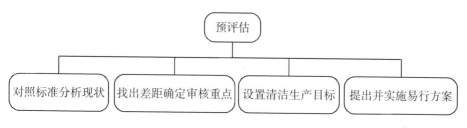

图 8-3 预评估工作内容

预评估的程序（见框图 8-4）。

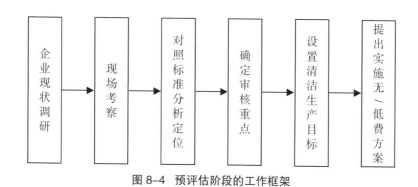

图 8-4 预评估阶段的工作框架

一、进行现状调研

本阶段搜集的资料，是全厂的和宏观的，主要内容如下：

（一）企业概况

（1）企业发展简史、规模、产值、利税、组织结构、人员状况和发展规划等。

（2）企业所在地的地理、地质、水文、气象、地形和生态环境等基本情况。

（二）企业的生产状况

（1）企业主要原辅料、主要产品、能源及用水情况，要求以表格形式列出总耗及单耗，并列出主要车间或分厂的情况。

（2）企业的主要工艺流程。以框图表示主要工艺流程，要求标出主要原辅料、水、能源及废弃物的流入、流出和去向。

（3）企业设备水平及维护状况，如完好率，泄漏率等。

表 8-5　近 3 年能源消耗情况

时间	重油	柴油	总用电量	生产用电	生活用电	电单耗
2010 年						
2011 年						
2012 年						

表 8-6　近 3 年水消耗情况

时间	年度用水总量	生产用水量	生活用水量	水单耗
2010 年				
2011 年				
2012 年				

表 8-7　主要生产设备

设备名称	产地/产商	型号/规格	数量	投用时间	设备状况

表 8-8 近 3 年企业原辅料和能源消耗

主要原辅料和能源	单位	使用部位	消耗量		
			2010 年	2011 年	2012 年

表 8-9 近 3 年企业产出

产品名称	生产车间	单位	近 3 年年产量		
			2010 年	2011 年	2012 年

（三）企业的环境保护状况

（1）主要污染源及其排放情况，包括状态、数量、毒性等。

（2）主要污染源的治理现状，包括处理方法、效果、问题及单位废弃物的年处理费等。

（3）三废的循环或综合利用情况，包括方法、效果、效益以及存在问题。

（4）企业涉及的有关环保法规与要求、如排污许可证、区域总量控制，行业排放标准等。

（四）企业的管理状况

包括从原料采购和库存、生产及操作、直到产品出厂的全面管理水平。

二、进行现场考察

随着生产的发展，一些工艺流程、装置和管线可能已做过多次调整和更新，这些可能无法在图纸、说明书、设备清单及有关手册上反映出来。此外，实际生产操作和工艺参数控制等往往和原始设计及规程不同。因此，需要进行现场考察，以便对现状调研的结果加以核实和修正，并发现生产中的问题。同时，通过现场考察，在全厂范围内发现明显的无/低费清洁生产方案。

（一）现场考察内容

（1）对整个生产过程进行实际考察，即从原料开始，逐一考察原料库、生产车间、成品库、直到三废处理设施；

（2）重点考察各产污排污环节，水耗和（或）能耗大的环节，设备事故多发的环节或部位；

（3）实际生产管理状况，如岗位责任制执行情况、工人技术水平及实际操作状况、车间技术人员及工人的清洁生产意识等。

（二）现场考察方法

按照物料流向和工艺走向自始至终逐个环节进行考察，一般有3种方法。

（1）与设计的图纸和资料相对照，分析、核对有关参数和信息，如物料进出、温度、压力、管网布局等，并记录有关变化；

（2）查阅岗位记录，如生产报表、原料购置与消耗表、理化检验报告单，废物产生与排放等；

（3）与生产一线实际工作人员座谈，如与分厂、车间的操作工人、技术人员和职能部门工作人员座谈，以了解生产运行的实际情况，以取得其意见和看法，抓关键部位和关键问题。

（三）对照清洁生产行业标准全面分析企业现状

1. 目的——对企业现状进行定位

表 8-10 对照清洁生产行业标准审核

指标	本企业现状	一级先进企业	二级先进企业	目前定位
SO_2				
CO_2				
……				
NO_x				

2. 方法和依据

（1）以物流运行和消耗为主线，以本企业的现状资料为基础；

（2）结合本企业的现状，与行业标准进行对照分析；

（3）重在原料、能源、工艺、设备、管理、产品绩效（如吨钢排水量、度电耗煤量）和排放绩效（如度电排放 SO_2 量），以及成本、利润状况进行对比分析；

（4）专家咨询和信息查询判断相结合。

三、评价产污排污状况

在对比分析国内外同类企业产污排污状况的基础上，对本企业的产污原因进行初步分析，并评价执行环保法规情况。

（一）对比国内外同类企业产污排污状况

在资料调研、现场考察及专家咨询的基础上，汇总国内外同类工艺、同等装备、同类产品先进企业的生产、消耗、产污排污及管理水平，与本企业的各项指标相对照，并列表说明。

（二）初步分析产污原因

（1）对比国内外同类企业的先进水平，结合本企业的原料、工艺、产品、设备等实际状况，确定本企业的理论产污排污水平。

（2）调查汇总企业的实际产污排污状况。

（3）从影响生产过程的 8 个方面出发，对产污排污的理论值与实际状况之间的差距进行初步分析，并评价在现状条件下，企业的产污排污状况是否合理。

（三）评价企业环保执法状况

评价企业执行国家及当地环保法规及行业排放标准的情况，包括达标情况、缴纳排污费及处罚情况等。

（四）做出评价结论

对比国内外同类企业的产污排污水平，对企业在现有原料、工艺、产品、设备及管理水平下，其产污排污状况的真实性、合理性，及有关数据的可信度，予以初步评价。

表 8-11 企业废物产生原因分析

主要废物产生源	原因分类							
	原辅材料和能源	技术工艺	设备	过程控制	产品	废物特性	管理	员工

表 8-12 废物特性

工段名称_____

1. 废物名称_____

2. 废物特性_____

化学和物理特性简介(如有分析报告请附上)_____

有害成分_____

有害成分浓度(如有分析报告请附上)_____

有害成分及废物所执行的环境标准 / 法规_____

有害成分及废物所造成的问题_____

3. 排放种类

□连续

□不连续

类型　□周期性_____ 周期时间_____

　　　□偶尔发生(无规律)

4. 产生量_____

5. 排放量

最大_____平均_____

6. 处理处置方式_____

7. 发生源_____

8. 发生形式_____

9. 是否分流

□是

□否,与何种废物合流

表 8-13 企业历年废物流情况

类型	名称	近 3 年年排放量			近 3 年单位产品消耗量				备注
					排放			定额	
		2010	2011	2012	2010	2011	2012		
废 水	生产废水								
	生活废水								
	其他废水								
	......								

续表

类型	名称	近3年年排放量			近3年单位产品消耗量				备注
					排放			定额	
		2010	2011	2012	2010	2011	2012		
废 气	废气量								
固 废	总废渣量（湿计）								
	有毒废渣								
	炉渣								
	垃圾								
	化工废渣								
	……								
其他									

注:(1)备注栏中填写与国内外同类先进企业的对比情况。

(2)其他栏中可填写物料流失情况。

四、确定审核重点

通过前面三步的工作，已基本探明了企业现存的问题及薄弱环节，可从中确定出本轮审核的重点。审核重点的确定，应结合企业实际综合考虑。

本节内容主要适用于工艺复杂的大中型企业，对工艺简单、产品单一的中小企业，可不必经过备选审核重点阶段，而依据定性分析，直接确定审核重点。

（一）确定备选审核重点

首先根据所获得的信息，列出企业主要问题，从中选出若干问题或环节作为备选审核重点。

企业生产通常由若干单元操作构成。单元操作指具有物料的输入、加工和输出功能完成某一特定工艺过程的一个或多个工序或工艺设备。原则上，所有单元操作均可作为潜在的审核重点。根据调研结果，通盘考虑企业的财力、物力和人力等实际条件，选出若干车间、工段或单元操作作为备选审核重点。

1. 原则

（1）污染严重的环节或部位；

（2）消耗大的环节或部位；

（3）环境及公众压力大的环节或问题；

（4）有明显的清洁生产机会。

应优先考虑作为备选审核重点。

2. 方法

将所收集的数据，进行整理、汇总和换算，并列表说明，以便为后续步骤"确定审核重点"服务。填写数据时，应注意：

（1）消耗及废弃物量应以各备选重点的月或年的总发生量统计；

（2）能耗一栏根据企业实际情况调整，可以是标煤、电、油等能源形式。

表8-14给出某厂的备选审核重点情况的填表举例。

表8-14　某厂备选审核重点情况汇总

序号	备选审核重点名称	废弃物量(t/a)		主要消耗							环保费用(万元/a)					
				原料消耗		水耗		能耗			厂内末端治理	厂外处理处置	排污费	罚款	其他	小计
		水	渣	总量(t/a)	费用(万元/a)	总量(t/a)	费用(万元/a)	标煤总量(t/a)	费用(万元/a)	小计(万元/a)						
1	一车间	1000	6	1000	30	10	20	500	6	56	40	20	60	15	5	140
2	二车间	600	2	2000	50	25	50	1500	18	118	20	0	40	0	0	60
3	三车间	400	0.2	800	40	20	50	750	9	89	5	0	10	0	0	15

注：以工业用水2元/吨，标煤120元/吨计算，t代表吨，a代表年。

（二）确定审核重点

采用一定方法，把备选审核重点排序，从中确定本轮审核的重点。同时，也为今后的清洁生产审核提供优选名单。本轮审核重点的数量取决于企业的实际情况，一般一次选择一个审核重点。常用方法有二：

（1）简单比较。适用于生产工艺较简单的企业。根据各备选重点的废弃物排放量和毒性及消耗等情况，进行对比、分析和讨论，通常将污染最严重、消耗最大、清洁生产机会最显明的部位定为第一轮审核重点。同时要结合企业实际情况，如资金技术及企业经营目标、年度计划等综合因素。

（2）权重总和计分排序法。适用于工艺复杂，产品品种和原材料多样的企业。为提高决策的科学性和客观性，采用半定量方法进行分析。常用方法为权重总和计分排序法，就是综合考虑备选审核对象的主要因素及其权重，给出每一因素的权重值和加权得分，再叠加所有因素所得加权得分，求出权重总和分，从中选出权重总和得分最大的备选对象作为审核重点对象。

首先要考虑组织的实际需要和具备的条件，确定备选审核重点，在备选审核重点中识别审核重点，从以下 6 个方面考虑权重。

（1）环境方面：减少废物、有毒有害物的排放量；或使其改变组分，易降解，易处理，减小有害性（如毒性、易燃性、反应性、腐蚀性等）；减小对工人安全和健康的危害，以及其他不利环境影响；遵循环境法规，达到环境标准。

（2）经济方面：减少投资；降低加工成本；降低工艺运行费用；降低环境责任费用（排污费、污染罚款、事故赔偿费）；物料或废物可循环利用或回用；产品质量提高。

（3）技术方面：技术成熟，技术水平先进，可找到有经验的技术人员，国内同行业有成功的例子；运行维修容易。

（4）实施方面：对工厂当前正常生产以及其他生产部门影响小；施工容易，周期短，占用空间小，工人易于接受。

（5）前景方面：符合国家经济发展政策，符合行业结构调整和发展，符合市场需求。

（6）能源方面：水、电、汽、热的消耗减小；或水、汽、热可循环利用或回收利用。

权重是指影响因素对备选审核对象的重要程度，用 W 表示，权重数值 W 的范围一般为 1~10，根据清洁生产的工作经验，各种主要影响因素的权重值的范围见表 8–15。

表 8–15　主要影响因素的权重值 W

影响因素	权重值 W 范围	影响因素	权重值 W 范围
污染物产出量	10	主要消耗	7~9
环境影响	8~9	投资费用	7~9
废物的毒性	7~8	市场发展潜力	4~6
清洁生产潜力	4~6	外部环保要求	1~3
		对清洁生产的积极性	1~3

审核小组成员和专家，对备选对象的每一影响因素进行讨论评分，分值范围一般为 1 ~ 10；选定每一影响因素的权重值 W；计算每一影响因素的得分值 W × R；计算所有影响因素得分值的总和 ∑ W × R；标出各备选审核对象的总得分（即 ∑ W × R）；总分最高的备选审核对象，即可确定为本轮的审核重点。计算示例见表 8-16（最终确定得分最高的"备选对象一"为其审核重点）。

表 8-16　某厂权重加和排序法示例

权重因素	权重值 W	备选对象一		备选对象二		备选对象三	
		评分 R	得分 W × R	评分 R	得分 W × R	评分 R	得分 W × R
废物量	10	5	50	7	70	2	20
环境影响	8	10	80	5	40	3	24
废物毒性	7	6	42	3	21	3	21
清洁生产潜力	6	8	48	5	30	4	24
积极性	3	5	15	8	24	6	18
发展前景	2	4	8	4	8	4	8
总分 ∑ W × R			243		193		115
排序			1		2		3

五、设置清洁生产目标

设置定量化的硬性指标，才能使清洁生产真正落实，并能据此检验与考核，达到通过清洁生产预防污染的目的。

（一）设置目标的类型

（1）近期目标

一般指本轮清洁审核需达到的目标，也可是清洁生产某一阶段或一个项目要达到的具体目标。包括环保目标和能耗、水耗、物耗、经济效益等方面的目标。

（2）中远期目标

一般指持续清洁生产，不断进行完善或进行重大的技术改造，设备更新工作完成后，所能达到的水平和能力。中远期目标的时间一般为 2~3 年。

（二）设置目标的原则

（1）具有先进性：其各项经济技术指标和工艺设备指标，在同类企业中具有先进性；

（2）具有可达性：根据企业的经济技术条件，通过努力可以达到的目标；

（3）符合国家产业政策和环保要求；

（4）经济效益明显。

（三）设置目标应考虑的因素

（1）根据外部的环境管理要求和产业政策要求。如达标排放，限期治理，属于淘汰的工艺、设备以及产品等；

（2）企业生产技术水平和设备能力；

（3）参照国内外同行业，类似规模、工艺或技术装备的厂家水平；

（4）根据本企业历史最好水平；

（5）企业资金状况。

表 8-17 某化工厂一车间清洁生产目标一览

序号	项目	现状	近期目标		远期目标	
			绝对量（t/a）	相对量（%）	绝对量（t/a）	相对量（%）
1	多元醇 A 得率	68%	—	增加 1.8	—	3.2
2	废水排放量	150000(t/a)	削减 30000	削减 20	削减 60000	削减 40
3	COD 排放量	1200(t/a)	削减 250	削减 20.8	削减 600	削减 50
4	固体废物排放量	80(t/a)	削减 20	削减 25	削减 80	削减 100

六、提出和实施无/低费方案

对解决现状调查过程中发现问题的方法，大致有两种方案，一是无/低费方案，即不需或较少投放资金即可使问题得以解决的方案。如杜绝原料浪费、加强管理等。二是中/高费方案，即需投入较多资金或者技术含量高的方案。如工艺技术革新等。由于无/低费方案花钱少、易实现、见效快，在预评估阶段尤其在现状调查中，即可提出并实施这种方案。同时，在以后的审核过程中，还可能随时发现实行无/低费方案的"机会"，可以按照"边审核、边实施"的原则，逐步推进实施无/低费方案，以便及时取得成效，滚动式地推进审核工作，所以提出无/低费方案是清洁生产审核的一个重要内容。

（一）目的

贯彻清洁生产边审核边实施的原则，以及时取得成效，滚动式地推进审核工作。

（二）方法

座谈、咨询、现场查看、散发清洁生产建议表，及时改进、及时实施、及时总结，对于涉及重大改变的无/低费方案，应遵循企业正常的技术管理程序。

常见无/低费方案：

1. 原辅料及能源

原辅料的特性，将决定产品及其生产过程对环境的危害程度，有些能源在燃烧过程中会直接产生污染物，因而选择对环境无害的原辅料和洁净能源，是清洁生产审核所要考虑的首要方面。

（1）采购量与需求相匹配；

（2）加强原料质量（如纯度、水分等）的控制；

（3）根据生产操作调整包装的大小及形式。

2. 技术工艺

生产工艺的技术水平，基本上决定了废弃物的产生量和状态，先进而有效的技术可以提高原材料利用率，从而减少废弃物的产生，结合技术改造预防污染，是实现清洁生产的一条重要途径。

（1）改进备料方法；

（2）增加捕集装置，减少物料或成品损失；

（3）改用易于处理处置的清洗剂。

3. 过程控制

过程控制对许多生产过程极为重要，例如化工、炼油生产过程的反应参数是否处于受控状态并达到优化水平，对产品具有直接的影响，从而也就影响到废弃物的产生量。

（1）选择在最佳配料比下进行生产；

（2）增加检测计量仪表；

（3）校准检测计量仪表；

（4）改善过程控制及在线监控；

（5）调整优化反应的参数，如温度、压力等。

4. 设备

设备作为技术工艺的载体，其先进性及其维护、保养情况等均会影响废弃物的产生。

（1）改进并加强设备定期检查和维护，减少跑冒滴漏；

（2）及时修补完善输热、输汽管线的隔热保温。

5. 产品

产品的要求决定了生产过程。产品的性能、种类、结构和包装等会影响废弃物的产生。

（1）改进包装及其标志或说明；

（2）加强库存管理。

6. 管理

加强管理是企业发展的永恒主题，管理上的漏洞会导致废弃物的产生。

（1）清扫地面时改用干扫法或拖地法，以取代水冲洗法；

（2）减少物料溅落并及时收集；

（3）严格岗位责任制及操作规程。

7. 废弃物

"废弃物"只有当其离开生产过程时才称其为废弃物，否则仍为生产过程中的有用材料。

（1）冷凝液的循环利用；

（2）现场分类收集可回收的物料与废弃物；

（3）余热利用；

（4）清污分流。

8. 员工

员工素质的提高及积极性的激励，也是有效控制生产过程和废弃物产生的重要因素。

（1）加强员工技术与环保意识的培训；

（2）采用各种形式的精神与物质激励措施。

当然，以上 8 个方面的划分并不是绝对的，在许多情况下存在着相互交叉和渗透，对于每一个废弃物产生源都要从以上 8 个方面进行原因分析，这并不是说每个废弃物都存在 8 个方面的原因，也可能是其中的一个或几个。

第三节 评估

评估是企业清洁生产审核工作的第三阶段。目的是通过审核重点的物料平衡，发现物料流失的环节，找出废弃物产生的原因，查找物料储运、生产运行、管理以及废弃物排放等方面存在的问题，寻找与国内外先进水平的差距，为清洁生产方案的产生提供依据。本阶段工作重点是实测输入输出物流，建立物料平衡，分析废弃物产生原因。评估程序如图 8-5。

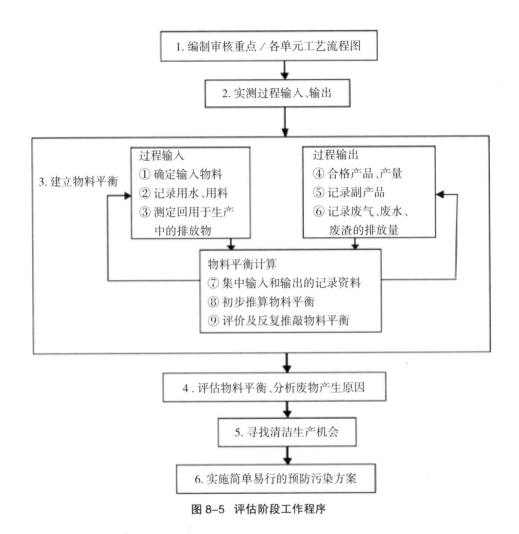

图 8-5　评估阶段工作程序

一、准备审核重点资料

收集审核重点及其相关工序或工段的有关资料，绘制工艺流程图。

（一）收集基础资料

1.收集基础资料

（1）工艺资料：工艺流程图；工艺设计的物料、热量平衡数据；工艺操作手册和说明；设备技术规范和运行维护记录；管道系统布局图；车间内平面布置图。

（2）原材料产品资料：产品的组成及月、年度产量表；物料消耗统计表；产品和原材料库存记录；原料进厂检验记录；能源费用；车间成本费用报告；生产进度表。

（3）废弃物资料：环境影响报告书；年度废弃物排放报告；废弃物（水、气、渣）分析报告；废弃物管理、处理和处置费用；排污费；废弃物处理设施运行和维护费。

（4）同行资料：国内外同行业资料；国内外同行业单位产品排污情况（审核重点）。

表 8-18　审核重点资料收集名录

序号	内容	可否获得(是或否)	来源	获取方法	备注
1	平面布置图				
2	组织机构图				
3	工艺流程图				
4	各单元操作工艺流程图				
5	工艺设备流程图				
6	输入物料汇总				
7	产品汇总				
8	废物特性				
9	历年原辅料和能源消耗表				
10	历年产品情况表				
11	历年废物流情况表				

2. 现场调查

采用不同操作周期的取样、化验、现场提问，现场考察、记录等方法，补充验证已有数据，因为很多改变的工艺在资料中可能未体现，需现场验证。

（1）重点考察：原辅材料和成品的储存地点；物料和能源投入地点；产品或中间产品产生情况；废物产生排放情况（种类、数量、成分、去向、处理方法、费用）。

（2）讨论分析：减少废弃物产生排放的办法；实施清洁生产的措施。

（二）编制审核重点的工艺流程图

为了更充分和较全面地对审核重点进行实测和分析，首先应掌握审核重点的工艺过程和输入、输出物流情况。工艺流程图以图解的方式整理、标示工艺过程及进入和排出系统的物料、能源以及废物流的情况。图 8-6 是审核重点工艺流程示意图。

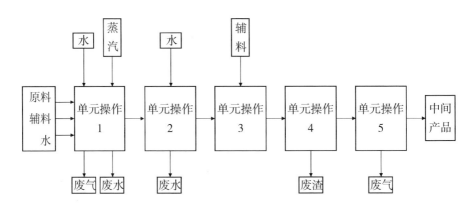

图 8-6　审核重点工艺流程示意

（三）编制单元操作工艺流程图和功能说明表

当审核重点包含较多的单元操作，而一张审核重点流程图难以反映各单元操作的具体情况时，应在审核重点工艺流程图的基础上，分别编制各单元操作的工艺流程图（标明进出单元操作的输入、输出物流）和功能说明表。图 8-7 为对应图 8-6 单元操作 1 的详细工艺流程示意图。表 8-19 为某啤酒厂审核重点（酿造车间）各单元操作功能说明表。

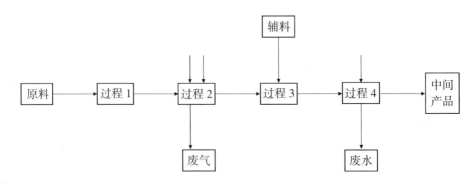

图 8-7　单元操作 1 的详细工艺流程示意

表 8-19 某啤酒厂单元操作功能说明

单元操作名称	功能简介
粉碎	将原辅料粉碎成粉、粒,以利于糖化过程物质分解
糖化	利用麦芽所含酶,将原料中高分子物质分解制成麦汁
麦汁过滤	将糖化醪中原料溶出物质与麦糟分开,得到澄清麦汁
麦汁煮沸	灭菌、灭酶、蒸出多余水分,使麦汁浓缩至要求浓度
旋流澄清	使麦汁静置,分离出热凝固物
冷却	析出冷凝固物,使麦汁吸氧、降到发酵所需温度
麦汁发酵	添加酵母,发酵麦汁成酒液
过滤	去除残存酵母及杂质,得到清亮透明的酒液

（四）编制工艺设备流程图

工艺设备流程图主要是为实测和分析服务。与工艺流程图主要强调工艺过程不同，它强调的是设备和进出设备的物流。设备流程图要求按工艺流程，分别标明重点设备输入、输出物流及监测点。

二、实测输入输出物料

对从原材料投入到产品的生产过程进行分析评估，寻找生产工艺、设备运行维护管理方面存在的问题，对审核重点做更深入、细致的物料平衡和废弃物产生原因分析。重点是对审核重点物料、能量的输入、输出和污染物排放进行实地测量和估算，建立物料平衡。

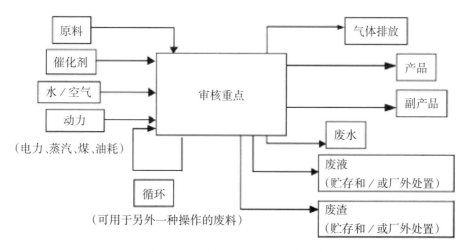

图 8-8 审核重点的输入与输出示意

（一）准备及要求

1. 准备工作

（1）制定现场实测计划；确定监测项目、监测点；确定实测时间和周期。

（2）校验监测仪器和计量器具。

2. 要求

（1）监测项目。应对审核重点全部的输入、输出物流进行实测，包括原料、辅料、水、产品、中间产品及废弃物等。物流中组分的测定根据实际工艺情况而定，有些工艺应测（例如电镀液中的 Cu、Cr 等），有些工艺则不一定都测（例如炼油过程中各类烃的具体含量），原则是监测项目应满足对废弃物流的分析。

（2）监测点。监测点的设置须满足物料衡算的要求，即主要的物流进出口要监测，但对因工艺条件所限无法监测的某些中间过程，可用理论计算数值代替。

（3）实测时间和周期。对周期性（间歇）生产的企业，按正常一个生产周期（即一次配料由投入到产品产出为一个生产周期）进行逐个工序的实测，而且至少实测 3 个周期。对于连续生产的企业，应连续（跟班）监测 72 小时。输入输出物流的实测注意同步性。即在同一生产周期内完成相应的输入和输出物流的实测。

（4）实测的条件。正常工况，按正确的检测方法进行实测。

（5）现场记录。边实测边记录，及时记录原始数据，并标出测定时的工艺条件（温度、压力等）。

（6）数据单位。数据收集的单位要统一，并注意与生产报表及年、月统计表的可比性。间歇操作的产品，采用单位产品进行统计，如：t/t 等，也就是每吨总产品中关注的某组分所占的含量；连续生产的产品，可用单位时间产量进行统计，如 t/a、t/月、m/d 等，也就是每年、每月或每天的含量。

（二）实测

（1）实测输入物流。输入物流指所有投入生产的输入物，包括进入生产过程的原料、辅料、水、气以及中间产品、循环利用物等。

·数量；

·组分（应有利于废物流分析）；

·实测时的工艺条件。

（2）实测输出物流。输出物流指所有排出单元操作或某台设备、某一管线的排出物，包括产品、中间产品、副产品、循环利用物以及废弃物（废气、废渣、废水等）。

·数量；

·组分（应有利于废物流分析）；

·实测时的工艺条件。

（三）汇总数据

（1）汇总各单元操作数据。将现场实测的数据经过整理、换算、汇总在一张或几张表上，具体可参照表8-20。

表8-20　各单元操作数据汇总

单元操作	输入物					输出物					去向
	名称	数量	成分			名称	数量	成分			
			名称	浓度	数量			名称	浓度	数量	
单元操作1											
单元操作2											
单元操作3											

注：①数量按单位产品的量或单位时间的量填写；②成分指输入和输出物中含有的贵重成分或（和）对环境有毒有害成分。

（2）汇总审核重点数据。在单元操作数据的基础将审核重点的输入和输出数据汇总成表，使其更加清楚明了，表的格式可参照表8-21。对于输入、输出物料不能简单加总，可根据组分的特点自行编制类似表格。

表8-21　审核重点输入输出数据汇总（单位：　）

输入		输出	
输入物	数量	输出物	数量
原料1			
原料2			
辅料1			
辅料2			
水			
……			
合计			

三、建立物料平衡

进行物料平衡的目的，旨在准确地判断审核重点的废弃物流，定量地确定废弃物的数量、成分以及去向，从而发现过去无组织排放或未被注意的物料流失，并为产生和研制清洁生产方案提供科学依据。

从理论上讲，物料平衡应满足以下公式：输入＝输出。

（一）进行预平衡测算

根据物料平衡原理和实测结果，考察输入、输出物流的总量和主要组分达到的平衡情况。一般说来，如果输入总量与输出总量之间的偏差在5%以内，则可以用物料平衡的结果进行随后的有关评估与分析，但对于贵重原料、有毒成分等的平衡偏差应更小或应满足行业要求；反之，则须检查造成较大偏差的原因，可能是实测数据不准或存在无组织物料排放等情况，这种情况下应重新实测或补充监测。

（二）编制物料平衡图

物料平衡图是针对审核重点编制的，即用图解的方式将预平衡测算结果标示出来。但在此之前须编制审核重点的物料流程图，即把各单元操作的输入、输出标在审核重点的工艺流程图上。当审核重点涉及贵重原料和有毒成分时，物料平衡图应标明其成分和数量，或每一成分单独编制物料平衡图。

物料流程图以单元操作为基本单位，各单元操作用方框图表示，输入画在左边，主要的产品、副产品和中间产品按流程标示，而其他输出则画在右边。

物料流程图以审核重点的整体为单位，输入画在左边，主要的产品、副产品和中间产品标在右边，气体排放物标在上边，循环和回用物料标在左下角，其他输出则标在下边。

从严格意义上说，水平衡是物料平衡的一部分。水若参与反应，则是物料的一部分，但在许多情况下，它并不直接参与反应，而是作为清洗和冷却之用。在这种情况下并当审核重点的耗水量较大时，为了了解耗水过程，寻找减少水耗的方法，应另外编制水平衡图。有些情况下，审核重点的水平衡并不能全面反映问题或水耗在全厂占有重要地位，可考虑就全厂编制一个水平衡图。

（三）阐述物料平衡结果

在实测输入、输出物流及物料平衡的基础上，寻找废弃物及其产生部位，阐述物料平衡结果，对审核重点的生产过程做出评估。主要内容如下：

（1）物料平衡的偏差；

（2）实际原料利用率；

（3）物料流失部位（无组织排放）及其他废弃物产生环节和产生部位；

（4）废弃物（包括流失的物料）的种类、数量和所占比例，以及对生产和环境的影响部位。

表 8-22 审核重点物流实测数据

工段名称：＿＿＿＿＿＿＿工段

序号	监测点名称	取样时间	实测结果				备注
			物料 1	物料 2	物料 3	物料 4	

表 8-23 审核重点废物产生原因

主要废物产生源	原因分析							
	原材料和能源	技术工艺	设备	过程控制	产品	废物特性	管理	员工

四、分析废弃物产生及物耗、能耗高的原因

针对每一个物料流失和废弃物产生部位的每一种物料和废弃物进行分析，找出它们产生的原因。分析可从影响生产过程的 8 个方面来进行。

（一）原辅料和能源

原辅料指生产中主要原料和辅助用料（包括添加剂、催化剂、水等）；能源指维持正常生产所用的动力源（包括电、煤、蒸汽、油等）。因原辅料及能源而导致产生废弃物主要有以下几个方面的原因：

（1）原辅料不纯或（和）未净化；

（2）原辅料储存、发放、运输的流失；

（3）原辅料的投入量和（或）配比的不合理；

（4）原辅料及能源的超定额消耗；

227

（5）有毒、有害原辅料的使用；

（6）未利用清洁能源和二次资源。

（二）技术工艺

因技术工艺而导致产生废弃物有以下几个方面的原因：

（1）技术工艺落后，原料转化率低；

（2）设备布置不合理，无效传输线路过长；

（3）反应及转化步骤过长；

（4）连续生产能力差；

（5）工艺条件要求过严；

（6）生产稳定性差；

（7）需使用对环境有害的物料；

（三）设备

因设备而导致产生废弃物有以下几个方面原因：

（1）设备破旧、漏损；

（2）设备自动化控制水平低；

（3）有关设备之间配置不合理；

（4）主体设备和公用设施不匹配；

（5）设备缺乏有效维护和保养；

（6）设备的功能不能满足工艺要求。

（四）过程控制

因过程控制而导致产生废弃物主要有以下几个方面原因：

（1）计量检测、分析仪表不齐全或监测精度达不到要求；

（2）某些工艺参数（例如温度、压力、流量、浓度等）未能得到有效控制；

（3）过程控制水平不能满足技术工艺要求。

（五）产品

产品包括审核重点内生产的产品、中间产品、副产品和循环利用物。因产品而导致产生废弃物主要有以下几个方面原因：

（1）产品储存和搬运中的破损、漏失；

（2）产品的转化率低于国内外先进水平；

（3）不利于环境的产品规格和包装。

（六）废弃物

因废弃物本身具有特性而未加利用导致产生废弃物主要有以下几个方面原因：

（1）对可利用废弃物未进行再用和循环使用；

（2）废弃物的物理化学性状不利于后续的处理和处置；

（3）单位产品废弃物产生量高于国内外先进水平。

（七）管理

因管理而导致产生废弃物主要有以下几个方面的原因：

（1）有利于清洁生产的管理条例、岗位操作规程等未能得到有效执行；

（2）现行的管理制度不能满足清洁生产的需要：

·岗位操作规程不够严格；

·生产记录（包括原料、产品和废弃物）不完整；

·信息交换不畅；

·缺乏有效的奖惩办法。

（八）员工

因员工而导致产生废弃物主要有以下几个方面原因：

（1）员工的素质不能满足生产需求；

·缺乏优秀管理人员；

·缺乏专业技术人员；

·缺乏熟练操作人员；

·员工的技能不能满足本岗位的要求。

（2）缺乏对员工主动参与清洁生产的激励措施。

五、提出和实施无 / 低费方案

主要针对审核重点，根据废弃物产生原因分析，提出并实施无 / 低费方案。

第四节 方案产生和筛选

方案产生和筛选是企业进行清洁生产审核工作的第四个阶段。本阶段的目的是通过方案的产生、筛选、研制，为下一阶段的可行性分析提供足够的中 / 高费清洁生产方案。本阶段的工作重点是根据评估阶段的结果，制定审核重点的清洁生产方案；在分类汇总基础上（包括已产生的非审核重点的清洁生产方案，主要是无 / 低费方案），经过筛选确定出两个以上中 / 高费方案供下一阶段进行可行性分析；同时对已实施的无 / 低费方案进行实施效果核定与汇总；最后编写清洁生产中期审核报告。

本阶段的任务是根据审核重点的物料平衡和废物产生原因分析结果，制定污染物控制中/高费用备选方案，并对其进行初步筛选，确定出 3 个以上最有可能实施的方案，供下一阶段分析。

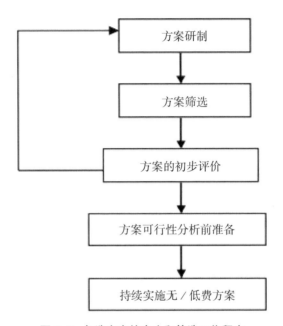

图 8-9　备选方案的产生和筛选工作程序

一、产生方案

清洁生产方案的数量、质量和可实施性直接关系到企业清洁生产审核的成效，是审核过程的一个关键环节，因而应广泛发动群众征集、产生各类方案。

（一）广泛采集，创新思路

在全厂范围内利用各种渠道和多种形式，进行宣传动员，鼓励全体员工提出清洁生产方案或合理化建议。通过实例教育，克服思想障碍，制定奖励措施以鼓励创造性思想和方案的产生。

（二）根据物料平衡和针对废弃物产生原因分析产生方案

进行物料平衡和废弃物产生原因分析的目的就是要为清洁生产方案的产生提供依据。因而方案的产生要紧密结合这些结果，只有这样才能使所产生的方案有针对性。

（三）广泛收集国内外同行业先进技术

类比是产生方案的一种快捷、有效的方法。应组织工程技术人员广泛收集国内外同行业的先进技术，并以此为基础，结合本企业的实际情况，制定清洁生产方案。

（四）组织行业专家进行技术咨询

当企业利用本身的力量难以完成某些方案的产生时，可以借助于外部力量，组织行业专家进行技术咨询，这对启发思路、畅通信息处将会很有帮助。

（五）全面系统地产生方案

清洁生产涉及企业生产和管理的各个方面，虽然物料平衡和废弃物产生原因分析将大大有助于方案的产生，但是在其他方面可能也存在着一些清洁生产机会，因而可从影响生产过程的8个方面全面系统地产生方案。

（1）原辅材料和能源替代；

（2）技术工艺改造；

（3）设备维护和更新；

（4）过程优化控制；

（5）产品更换或改进；

（6）废弃物回收利用和循环使用；

（7）加强管理；

（8）员工素质的提高以及积极性的激励。

表 8-24　清洁生产合理化建议

编号：		日期：
建议人姓名：	部门：	联系电话：
建议主要内容：		
可能产生的效益估算：		
所需投入：		
对建议的评价：		
最终处理意见：		

二、分类汇总方案

对所有的清洁生产方案，不论已实施的还是未实施的，不论是属于审核重点的还是不属于审核重点的，均按原辅材料和能源替代、技术工艺改造、设备维护和更新、过程优化控制、产品更换或改进、废弃物回收利用和循环使用、加强管理、员工素质的提高以及积极性的激励等8个方面列表简述其原理和实施后的预期效果。

三、筛选方案

在进行方案筛选时可采用两种方法：一是用比较简单的方法进行初步筛选，二是采用权重总和计分排序法进行筛选和排序。

（一）初步筛选

初步筛选是要对已产生的所有清洁生产方案进行简单检查和评估，从而分出可行的无/低费方案、初步可行的中/高费方案和不可行方案三大类。其中，可行的无/低费方案可立即实施；初步可行的中/高费方案供下一步进行研制和进一步筛选；不可行的方案则搁置或否定。

（1）确定初步筛选因素：初步筛选因素可考虑技术可行性、环境效果、经济效益、实施难易程度以及对生产和产品的影响等5个方面。

①技术可行性。主要考虑该方案的成熟程度，例如是否已在企业内部其他部门采用过或同行业其他企业采用过，以及采用的条件是否基本一致等。②环境效果。主要考虑该方案是否可以减少废弃物的数量和毒性，是否能改善工人的操作环境等。③经济效果。主要考虑投资和运行费用能否承受得起，是否有经济效益，能否减少废弃物的处理处置费用等。④实施的难易程度。主要考虑是否在现有的场地、公用设施、技术人员等条件下即可实施或稍作改进即可实施，实施的时间长短等。⑤对生产和产品的影响。主要考虑方案的实施过程中对企业正常生产的影响程度以及方案实施后对产量、质量的影响。

（2）进行初步筛选：在进行方案的初步筛选时，可采用简易筛选方法，即组织企业领导和工程技术人员进行讨论来决策。方案的简易筛选方法基本步骤如下：第一步，参照前述筛选因素的确定方法，结合本企业的实际情况确定筛选因素；第二步，确定每个方案与这些筛选因素之间的关系，若是正面影响关系，则打"√"，若是反面影响关系则打"×"；第三步，综合评价，得出结论。具体参照表8-25。

表 8-25 方案简易筛选方法

筛选因素	方案编号				
	F_1	F_2	F_3	……	F_n
技术可行性	√	×	√	……	√
环境效果	√	√	√	……	×
经济效果	√	√	×	……	√
……	……	……	……	……	……
结 论	√	×	×	……	×

（二）权重总和计分排序

权重总和计分排序法适合于处理方案数量较多或指标较多相互比较有困难的情况，一般仅用于中/高费方案的筛选和排序.

方案的权重总和计分排序法与本章第二节审核重点的权重总和计分排序法基本相同，只是权重因素和权重值可能有些不同。权重因素和权重值的选取可参照以下执行。

（1）环境效果，权重值 W=8~10。主要考虑是否减少对环境有害物质的排放量及其毒性；是否减少了对工人安全和健康的危害；是否能够达到环境标准等。

（2）经济可行性，权重值 W=7~10。主要考虑费用效益比是否合理。

（3）技术可行性，权重值 W=6~8。主要考虑技术是否成熟、先进；能否找到有经验的技术人员；国内外同行业是否有成功的先例；是否易于操作维护等。

（4）可实施性，权重值 W=4~6。主要考虑方案实施过程中对生产的影响大小；施工难度，施工周期；工人是否易于接受等。具体方法参见表 8-26。

表 8-26 方案的权重总和计分排序

权重因素	权重值（W）	方案得分							
		方案 1		方案 2		方案 3		……	方案 n	
		R	R×W	R	R×W	R	R×W		R	R×W
环境效果										
经济可行性										
技术可行性										
可实施性										
总分(∑R×W)	—									
排 序	—									

（三）汇总筛选结果

按可行的无／低费方案、初步可行的中／高费方案和不可行方案列表汇总方案的筛选结果。

四、研制方案

经过筛选得出的初步可行的中／高费清洁生产方案，因为投资额较大，而且一般对生产工艺过程有一定程度的影响，因而需要进一步研制，主要是进行一些工程化分析，需要提供两个以上方案供下一阶段做可行性分析。

（一）内容

方案的研制内容包括以下 4 个方面：

（1）方案的工艺流程详图；

（2）方案的主要设备清单；

（3）方案的费用和效益估算；

（4）编写方案说明。

对每一个初步可行的中／高费清洁生产方案均应编写方案说明，主要包括技术原理、主要设备、主要的技术及经济指标、可能的环境影响等。

（二）原则

一般说来，筛选出来的每一个中／高费方案进行研制和细化时都应考虑以下几个原则：

（1）系统性。考察每个单元操作在一个新的生产工艺流程中所处的层次、地位和作用，以及与其他单元操作的关系，从而确定新方案对其他生产过程的影响，并综合考虑经济效益和环境效果。

（2）闭合性。尽量使工艺流程对生产过程中的载体，例如水、溶剂等，实现闭路循环。

（3）无害性。清洁生产工艺应该是无害（或至少是少害）的生态工艺，要求不污染（或轻污染）空气、水体和地表土壤；不危害操作工人和附近居民的健康；不损坏风景区、休憩地的美学价值；生产的产品要提高其环保性，使用可降解原材料和包装材料。

（4）合理性。合理性旨在合理利用原料，优化产品的设计和结构，降低能耗和物耗，减少劳动量和劳动强度等。

五、继续实施无 / 低费方案

实施经筛选确定的可行的无 / 低费方案。

六、核定并汇总无 / 低费方案实施效果

对已实施的无 / 低费方案，包括在预评估和评估阶段所实施的无 / 低费方案，应及时核定其效果并进行汇总分析。核定及汇总内容包括方案序号、名称、实施时间、投资、运行费、经济效益和环境效果。

七、编写清洁生产中期审核报告

清洁生产中期审核报告在方案产生和筛选工作完成之后进行，是对前面所有工作的总结。

表 8-27　方案汇总

方案类型	方案编号	方案名称	方案简介	预计投资		预计效果	
				预计费用（万元）	规模	环境效果	经济效益
原辅材料和能源替代	1-001						
	1-002						
	1-003						
技术工艺改造	2-001						
	2-002						
	2-003						
设备维护和更新	3-001						
	3-002						
	3-003						
过程优化控制	4-001						
	4-002						
	4-003						

续表

方案类型	方案编号	方案名称	方案简介	预计投资		预计效果	
				预计费用（万元）	规模	环境效果	经济效益
产品更换和改进	5-001						
	5-002						
	5-003						
废弃物回收利用和循环使用	6-001						
	6-002						
	6-001						
加强管理	7-001						
	7-002						
	7-003						
员工素质的提高及积极性的激励	8-001						
	8-002						
	8-003						

表 8-28　方案筛选结果汇总

筛选结果	方案编号	方案名称	备注
可行的无 / 低费方案（？个）			
初步可行的中 / 高费方案（？个）			
不可行方案（？个）			

表 8-29　方案说明

方案编号及名称
要点
主要设备
主要技术经济指标（包括费用和效益）
可能的环境影响

表 8-30　无 / 低费方案实施效果汇总

方案编号	方案名称	实施时间	投资（万元）	运行费（万元）	经济效益	环境效果	
						环境	人

第五节　可行性分析

　　可行性分析是企业进行清洁生产审核工作的第五个阶段。本阶段的目的是对筛选出来的中 / 高费清洁生产方案进行分析和评估，以选择最佳的、可实施的清洁生产方案。本阶段工作重点是，在结合市场调查和收集一定资料的基础上，进行方案的技术、环境、经济的可行性分析和比较，从中选择和推荐最佳的可行方案。最佳的可行方案是指该项投资方案在技术上先进适用、在经济上合理有利、又能保护环境的最优方案。

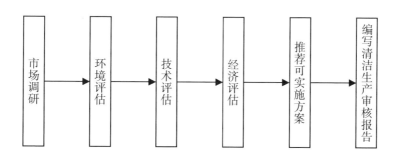

图 8-10　可行性分析程序框

一、市场调查

清洁生产方案涉及以下情况时，需首先进行市场调查，为方案的技术与经济可行性分析奠定基础：

(1) 拟对产品结构进行调整；

(2) 有新的产品（或副产品）产生；

(3) 将得到用于其他生产过程的原材料。

（一）调查市场需求

(1) 国内同类产品的价格、市场总需求量；

(2) 当前同类产品的总供应量；

(3) 产品进入国际市场的能力；

(4) 产品的销售对象（地区或部门）；

(5) 市场对产品的改进意见。

（二）预测市场需求

(1) 国内市场发展趋势预测；

(2) 国际市场发展趋势分析；

(3) 产品开发生产销售周期与市场发展的关系。

（三）确定方案的技术途径

通过市场调查和市场需求预测，对原来方案中的技术途径和生产规模可能会做相应调整。在进行技术、环境、经济评估之前，要最后确定方案的技术途径。每一方案中应包括 2～3 种不同的技术途径，以供选择，其内容应包括以下 6 个方面：

(1) 方案技术工艺流程详图；

(2) 方案实施途径及要点；

(3) 主要设备清单及配套设施要求；

(4) 方案所达到的技术经济指标；

(5) 可产生的环境、经济效益预测；

(6) 方案的投资总费用。

二、技术评估

技术评估的目的是研究项目在预定条件下，为达到投资目的而采用的工程是否可行。技术评估应着重评价以下几方面：

（1）方案设计中采用的工艺路线、技术设备在经济合理的条件下的先进性、适用性；

（2）与国家有关的技术政策和能源政策的相符性；

（3）技术引进或设备进口要符合我国国情，引进技术后要有消化吸收能力；

（4）资源的利用率和技术途径合理；

（5）技术设备操作上安全、可靠；

（6）技术成熟（例如，国内有实施的先例）。

三、环境评估

任何一种清洁生产方案都应有显著的环境效益，环境评估是方案可行性分析的核心。环境评估应包括以下内容：

（1）资源的消耗与资源可持续利用要求的关系；

（2）生产中废弃物排放量的变化；

（3）污染物组分的毒性及其降解情况；

（4）污染物的二次污染；

（5）操作环境对人员健康的影响；

（6）废弃物的复用、循环利用和再生回收。

四、经济评估

本阶段所指的经济评估是从企业的角度，按照国内现行市场价格，计算出方案实施后在财务上的获利能力和清偿能力。

经济评估的基本目标是要说明资源利用的优势。它是以项目投资所能产生的效益为评价内容，通过分析比较，选择效益最佳的方案，为投资决策提供依据。

（一）清洁生产经济效益的统计方法

清洁生产既有直接的经济效益也有间接的经济效益，要完善清洁生产经济效益的统计方法，独立建账，明细分类。

（二）经济评估方法

经济评估主要采用现金流量分析和动态获利性分析方法。

主要经济评估指标为：

（三）经济评估指标及其计算

（1）总投资费用（I）：

总投资费用（I）＝总投资－补贴

总投资 {项目建设投资——{固定资产 无形资产 开办费 不可预见费}, 建设期利息, 项目流动资金}

（2）年净现金流量（F）。从企业角度出发，企业的经营成本、工商税和其他税金，以及利息支付都是现金流出。销售收入是现金流入，企业从建设总投资中提取的折旧费可由企业用于偿还贷款，故也是企业现金流入的一部分。

净现金流量是现金流入和现金流出之差额，年净现金流量就是一年内现金流入和现金流出的代数和。

年净现金流量（F）＝销售收入－经营成本－各类税＋年折旧费

$\qquad$ ＝年净利润＋年折旧费

（3）投资偿还期（N）。这个指标是指项目投产后，以项目获得的年净现金流量来回收项目建设总投资所需的年限。可用下列公式计算：

$N=I/F$（年）

式中：I——总投资费用；

$\qquad F$——年净现金流量。

（4）净现值（NPV）。净现值是指在项目经济寿命期内（或折旧年限内）将每年的净现金流量按规定的贴现率折现到计算期初的基年（一般为投资期初）现值之和。其计算公式为：

$$NPV=\sum_{j=1}^{n}\frac{F}{(1+i)^{j}}-I=KF-I$$

式中：i——贴现率；

n——项目寿命周期（或折旧年限）；

j——年份；

K——贴现系数。

净现值是动态获利性分析指标之一。

（5）净现值率（$NPVR$）。净现值率为单位投资额所得到的净收益现值。如果两个项目投资方案的净现值相同，而投资额不同时，则应以单位投资能得到的净现值进行比较，即以净现值率进行选择。其计算公式是：

$$NPVR = \frac{NPV}{I} \times 100\%$$

净现值和净现值率均按规定的贴现率进行计算确定的，它们还不能体现出项目本身内在的实际投资收益率。因此，还需采用内部收益率指标来判断项目的真实收益水平。

（6）内部收益率（IRR）。项目的内部收益率（IRR）是在整个经济寿命期内（或折旧年限内）累计逐年现金流入的总额等于现金流出的总额，即投资项目在计算期内，使净现值为零的贴现率。可按下式计算：

$$NPV = \sum_{i=1}^{n} \frac{F}{(1+IRR)^j} - I = 0$$

计算内部收益率（IRR）的简易方法可用试差法。

$$IRR = i_1 + \frac{NPV_1 \ (i_2 - i_1)}{NPV_1 + |NPV_2|}$$

式中：i_1——当净现值 NPV_1 为接近于零的正值时的贴现率；

i_2——当净现值 NPV_2 为接近于零的负值时的贴现率。

NPV_1 和 NPV_2 分别为试算贴现率 i_1 和 i_2 时，对应的净现值。i_1 和 i_2 可查表获得，i_1 与 i_2 的差值不应当超过 1%~2%。

（四）经济评估准则

（1）投资偿还期（N）应小于定额投资偿还期（视项目不同而定）。定额投资偿还期一般由各个工业部门结合企业生产特点，在总结过去建设经验统计资料基础上，统一确定的回收期限，有的也是根据贷款条件而定。一般：

中费项目　　　　　　　　　$N < 2 \sim 3$ 年

较高费项目　　　　　　　　$N < 5$ 年

高费项目　　　　　　　　　$N < 10$ 年

投资偿还期小于定额偿还期，项目投资方案可接受。

（2）净现值为正值：$NPV \geq 0$。当项目的净现值大于或等于零时（即为正值）

241

则认为此项目投资可行；如净现值为负值，就说明该项目投资收益率低于贴现率，则应放弃此项目投资；在两个以上投资方案进行选择时，则应选择净现值为最大的方案。

（3）净现值率最大。在比较两个以上投资方案时，不仅要考虑项目的净现值大小，而且要求选择净现值率为最大的方案。

（4）内部收益率（IRR）应大于基准收益率或银行贷款利率（i_0）。内部收益率（IRR）是项目投资的最高盈利率，也是项目投资所能支付贷款的最高临界利率，如果贷款利率高于内部收益率，则项目投资就会造成亏损。因此，内部收益率反映了实际投资效益，可用以确定能接受投资方案的最低条件。

五、推荐可实施方案

汇总列表比较各投资方案的技术、环境、经济评估结果，确定最佳可行的推荐方案。

经过技术、环境和经济可行性评估后，应列表说明不同方案的评估结果，再按国家或地方规定的程序，进行项目实施前准备，其间大致经过如下步骤：

（1）编写项目建议书；

（2）编写项目可行性研究报告；

（3）财务评价；

（4）技术报告（设备选型、报价）；

（5）环境影响评价；

（6）投资决策。

表 8-31　投资费用统计

可行性分析方案名称：＿＿＿＿＿＿＿＿＿＿＿＿＿＿＿＿＿＿＿＿＿＿＿＿＿

1. 投资

　（1）固定资产投资

　　　① 设备购置

　　　② 物料和场地准备

　　　③ 与公用设施连续费（配套工程费）

　（2）无形资产投资

　　　① 专利或技术转让费

　　　② 土地使用费

　　　③ 增容费

续表

（3）开办费

　　① 项目前期费用

　　② 筹建管理费

　　③ 人员培训费

　　④ 试车和验收的费用

（4）不可预见费

2. 建设期利息

3. 项目流动资金

（5）原材料、燃料占用资金的增加

（6）在制品占用资金的增加

（7）产成品占用资金的增加

（8）库存现金的增加

（9）应收账款的增加

（10）应付账款的增加

总投资汇总 1+2+3

4. 补贴

总投资费用1+2+3-4

表 8-32　运行费用和收益统计

可行性分析方案名称：＿＿＿＿＿＿＿＿＿＿＿＿＿＿＿＿＿＿＿＿＿＿＿＿＿

1. 年运行费用总节省金额（P）

　　$P=（1）+（2）$

　　（1）收入增加额

　　　　① 由于产量增加的收入

　　　　② 由于质量提高、价格提高的收入增加

　　　　③ 与公用设施连续费（配套工程费）

　　　　④ 其他收入增加额

　　（2）总运行费用的减少额

　　　　① 原材料消耗的减少

　　　　② 动力和燃料费用的减少

　　　　③ 工资和维修费用的减少

　　　　④ 其他运行费用的减少

　　　　⑤ 废物处理／处置费用的减少

　　　　⑥ 销售费用的减少

续表

2. 新增设备年折旧费(D)
3. 应税利润(T）= P–D
4. 净利润 = 应税利润 – 各项应纳税金
① 增值税
② 所得税
③ 城建税和教育附加税
④ 资源税
⑤ 消费税

表 8-33　方案经过评估指标汇总　（单位：万元）

经济评估指标	方案：	方案：	方案：
1. 总投资费用(I)			
2. 年运行费用总节省金额(P)			
3. 新增设备年折旧费			
4. 应税利润			
5. 净利润			
6. 年增加现金流量(F)			
7. 投资偿还期(N)			
8. 净现值(NPV)			
9. 净现值率($NPVP$)			
10. 内部收益率(IRR)			

表 8-34　方案简述及可行性分析结果

方案名称 / 类型：
方案的基本原理：
方案简述：
获得何种效益：
国内外同行业水平：
方案投资：
影响下列废物：
影响下列原料和添加剂：
影响下列产品：
技术评估结果简述：
环境评估结果简述：
经济评估结果简述：

第六节 方案实施

方案实施是企业清洁生产审核的第 6 个阶段。目的是通过推荐方案（经分析可行的中 / 高费最佳可行方案）的实施，使企业实现技术进步，获得显著的经济和环境效益；通过评估已实施的清洁生产方案成果，激励企业推选清洁生产。本阶段工作重点是：总结前几个审核阶段已实施的清洁生产方案的成果，统筹规划推荐方案的实施。

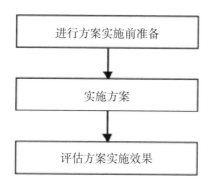

图 8–11　方案实施工作程序

一、组织方案实施

推荐方案经过可行性分析，在具体实施前还需要周密准备。

（一）统筹规划

需要筹划的内容有：

①筹措资金；②设计；③征地、现场开发；④申请施工许可；⑤兴建厂房；⑥设备选型、调研、设计、加工或订货；⑦落实配套公共设施；⑧设备安装；⑨组织操作、维修、管理班子；⑩制订各项规程；⑪人员培训；⑫原辅料准备；⑬应急计划（突发情况或障碍）；⑭施工与企业正常生产的协调；⑮试运行与验收；⑯正常运行与生产。

统筹规划时建议采用甘特图形式制订实施进度表。表 8–35 是企业的实施方案进度示意表。

表 8-35　企业实施方案进度

方案（编号）	项目	时间进度（20_____年）												负责部门
		1	2	3	4	5	6	7	8	9	10	11	12	
	方案审批	- - - - -												
	施工准备			- - - - -										
	现场施工					- - - - - - - - - -								
	试运行与竣工验收									- - - - - - - - -				
	方案审批													
	施工准备													
	现场施工													
	试运行与竣工验收													

（二）筹措资金

（1）资金的来源。资金的来源有两个渠道：

①企业内部自筹资金：企业内部资金包括两个部分，一是现有资金，二是通过实施清洁生产无/低费方案，逐步积累资金，为实施中/高费方案做好准备。②企业外部资金，包括：国内借贷资金，如国内银行贷款等；国外借贷资金，如世界银行贷款等；其他资金来源，如国际合作项目赠款、环保资金返回款、政府财政专项拨款、发行股票和债券融资等。

（2）合理安排有限的资金。若同时有数个方案需要投资实施时，则要考虑如何合理有效地利用有限的资金。

在方案可分别实施，且不影响生产的条件下，可以对方案实施顺序进行优化，先实施某个或某几个方案，然后利用方案实施后的收益作为其他方案的启动资金，使方案滚动实施。

（三）实施方案

推荐方案的立项、设计、施工、验收等，按照国家、地方或部门的有关规定执行。无/低费方案的实施过程也要符合企业的管理和项目的组织、实施程序。

二、汇总已实施的无 / 低费方案的成果

已实施的无 / 低费方案的成果有两个主要方面：环境效益和经济效益。通过调研、实测和计算，分别对比各项环境指标，包括物耗、水耗、电耗等资源消耗指标以及废水量、废气量、固废量等废弃物产生指标在方案实施前后的变化，从而获得无 / 低费方案实施后的环境效果；分别对比产值、原材料费用、能源费用、公共设施费用、水费、污染控制费用、维修费、税金以及净利润等经济指标在方案实施前后的变化，从而获得无 / 低费方案实施前后的经济效益，最后对本轮清洁生产审核中无 / 低费方案的实施情况作阶段性总结。

三、评价已实施的中 / 高费方案的成果

对已实施的中 / 高费方案成果，进行技术、环境、经济和综合评价。

（一）技术评价

主要评价各项技术指标是否达到原设计要求，若没有达到要求，如何改进等。

（二）环境评价

环境评价主要对中 / 高费方案实施前后各项环境指标进行追踪并与方案的设计值相比较，考察方案的环境效果以及企业环境形象的改善。

通过对比方案实施前后的各项环境指标，可以获得方案的环境效益，又通过方案的设计值与方案实施后的实际值的对比，即方案理论值与实际值进行对比，可以分析两者差距，相应地可对方案进行完善。

（三）经济评价

经济评价是评价中 / 高费清洁生产方案实施效果的重要手段。分别对比产值、原材料费用、能源费用、公共设施费用、水费、污染控制费用、维修费、税金以及净利润等经济指标在方案实施前后的变化以及实际值与设计值的差距，从而获得中 / 高费方案实施后所产生的经济效益情况。

（四）综合评价

通过对每一个中 / 高费清洁生产方案进行技术、环境、经济三方面的分别评价，可以对已实施的各个方案成功与否做出综合、全面的评价结论。

四、分析总结已实施方案对企业的影响

无 / 低费和中 / 高费清洁生产方案经过征集、设计、实施等环节，使企业面貌有了改观，有必要进行阶段性总结，以巩固清洁生产成果。

（一）汇总环境效益和经济效益

将已实施的无 / 低费和中 / 高费清洁生产方案成果汇总成表，内容包括实施时间、投资运行费、经济效益和环境效果，并进行分析。

（二）对比各项单位产品指标

虽然可以定性地从技术工艺水平、过程控制水平、企业管理水平、员工素质等众多方面考察清洁生产带给企业的变化，但最有说服力、最能体现清洁生产效益的是考察审核前后企业各项单位产品指标的变化情况。

通过定性、定量分析，企业可以从中体会清洁生产的优势，总结经验以利于在企业内推行清洁生产；另一方面也要利用以上方法，从定性、定量两方面与国内外同类型企业的先进水平，进行对比，寻找差距，分析原因以利改进，从而在深层次上寻求清洁生产机会。

（三）宣传清洁生产成果

在总结已实施的无 / 低费和中 / 高费方案清洁生产成果的基础上，组织宣传材料，在企业内广为宣传，为继续推行清洁生产打好基础。

表 8-36　无 / 低费方案环境效果对比

编号	方案名称	项目	资源消耗			废物产生		
			物耗	水耗	能耗	废水量	废气量	固废量
		实施前						
		实施后						
		削减量						
		实施前						
		实施后						
		削减量						

表 8-37　无 / 低费方案经济效果对比

编号	方案名称	项目	产值	原材料费用	能源费用	公共设施费用	水费	污染控制费用	污染排放费用	维修费	税金	其他支出	净利润
		实施前											
		实施后											
		经济效益											
		实施前											
		实施后											
		经济效益											

表 8-38　中 / 高费方案环境效果对比

编号	方案名称	项目	资源消耗			废物产生		
			物耗	水耗	能耗	废水量	废气量	固废量
		方案实施前（A）						
		设计的方案（B）						
		方案实施后（C）						
		方案实施前后之差（A-C）						
		方案设计与实际之差（B-C）						

表 8-39　中 / 高费方案经济效果对比

编号	方案名称	项目	产值	原材料费用	能源费用	公共设备费用	水费	污染控制费用	污染排放费用	维修费	税金	其他支出	净利润
		方案实施前(A)											
		设计的方案(B)											
		方案实施后(C)											
		方案实施前后之差(A-C)											
		方案设计与实际之差(B-C)											

表 8-40　已实施方案效果汇总

方案编号	方案名称	实施时间	投资（万元）	运行费（万元）	经济效益	环境效果	
						环境	人

表 8-41 审核前后企业各项单位产品指标对比

单位产品指标	审核前	审核后	差值	国内先进水平	国外先进水平
单位产品原料消耗					
单位产品耗水					
单位产品耗煤					
单位产品耗能(折标煤)					
单位产品耗汽					
单位产品排水量					

第七节 持续清洁生产

持续清洁生产是企业清洁生产审核的最后一个阶段。目的是使清洁生产工作在企业内长期、持续地推行下去。本阶段工作重点是建立推行和管理清洁生产工作的组织机构、建立促进实施清洁生产的管理制度、制定持续清洁生产计划以及编写清洁生产审计报告。

持续清洁生产的主要内容和过程框图如图 8-12 所示。

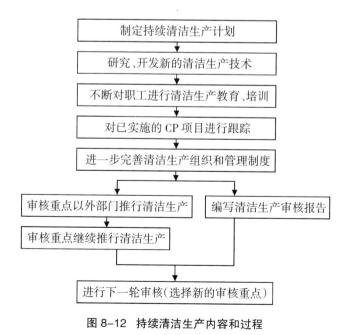

图 8-12 持续清洁生产内容和过程

一、建立和完善清洁生产组织

清洁生产是一个动态的、相对的概念，是一个连续的过程，因而须有一个固定的机构、稳定的工作人员来组织和协调这方面工作，以巩固已取得的清洁生产成果，并使清洁生产工作持续地开展下去。

（一）明确任务

企业清洁生产组织机构的任务有以下 4 个方面：

（1）组织协调并监督实施本次审核提出的清洁生产方案；

（2）经常性地组织对企业职工的清洁生产教育和培训；

（3）选择下一轮清洁生产审核重点，并启动新的清洁生产审核；

（4）负责清洁生产活动的日常管理。

（二）落实归属

清洁生产机构要想起到应有的作用，及时完成任务，必须落实其归属问题。企业的规模、类型和现有机构等千差万别，因而清洁生产机构的归属也有多种形式，各企业可根据自身的实际情况具体掌握。可考虑以下几种形式：

（1）单独设立清洁生产办公室，直接归属厂长领导；

（2）在环保部门中设立清洁生产机构；

（3）在管理部门或技术部门中设立清洁生产机构。

不论是以何种形式设立的清洁生产机构，企业的高层领导要有专人直接领导该机构的工作，因为清洁生产涉及生产、环保、技术、管理等各个部门，必须有高层领导的协调才能有效地开展工作。

（三）确定专人负责

为避免清洁生产机构流于形式、确定专人负责是很有必要的。该职员须具备以下能力：

（1）熟练掌握清洁生产审核知识；

（2）熟悉企业的环保情况；

（3）了解企业的生产和技术情况；

（4）较强的工作协调能力；

（5）较强的工作责任心和敬业精神。

二、建立和完善清洁生产管理制度

清洁生产管理制度包括把审核成果纳入企业的日常管理轨道、建立激励机制和保证稳定的清洁生产资金来源。

（一）把审核成果纳入企业的日常管理

把清洁生产的审核成果及时纳入企业的日常管理轨道，是巩固清洁生产成效、防止走过场的重要手段，特别是通过清洁生产审核产生的一些无／低费方案，如何使它们形成制度显得尤为重要。

（1）把清洁生产审核提出的加强管理的措施文件化，形成制度；

（2）把清洁生产审核提出的岗位操作改进措施，写入岗位的操作规程，并要求严格遵照执行。

（3）把清洁生产审核提出的工艺过程控制的改进措施，写入企业的技术规范。

（二）建立和完善清洁生产激励机制

在奖金、工资分配、提升、降级、上岗、下岗、表彰、批评等诸多方面，充分与清洁生产挂钩，建立清洁生产激励机制，以调动全体职工参与清洁生产的积极性。

（三）保证稳定的清洁生产资金来源

清洁生产的资金来源可以有多种渠道，例如贷款、集资等，但是清洁生产管理制度的一项重要作用是保证实施清洁生产所产生的经济效益，全部或部分地用于清洁生产和清洁生产审核，以持续滚动地推进清洁生产。建设企业财务对清洁生产的投资和效益单独建账。

三、制定持续清洁生产计划

清洁生产并非一朝一夕就可完成，因而应制定持续清洁生产计划，使清洁生产有组织、有计划地在企业中进行下去。持续清洁生产计划应包括：

（1）清洁生产审核工作计划：指下一轮的清洁生产审核。新一轮清洁生产审核的起动并非一定要等到本轮审核的所有方案都实施以后才进行，只要大部分可行的无／低费方案得到实施，取得初步的清洁生产成效，并在总结已取得的清洁生产的经验的基础上，即可开始新的一轮审核。

（2）清洁生产方案的实施计划：指经本轮审核提出的可行的无／低费方案和通过可行性分析的中／高费方案。

（3）清洁生产新技术的研究与开发计划：根据本轮审核发现的问题，研究与开发新的清洁生产技术。

（4）企业职工的清洁生产培训计划。

表 8-42　清洁生产的组织机构

组织机构名称
行政归属
主要任务及职责

表 8-43　持续清洁生产计划

计划分类	主要内容	开始时间	结束时间	负责部门
新一轮清洁生产审核工作计划	（1）确定新一轮的审核重点，提出新的清洁生产目标 （2）实测输入输出物流，进行物料衡算 （3）产生方案，分析筛选，组织方案的实施 （4）对实施效果进行汇总，分析方案对公司的影响			
本轮清洁生产方案的实施计划	完成本轮清洁生产审核中准备实施的方案			
清洁生产新技术的研究与开发计划	研究开发新的清洁生产技术			
公司职工的清洁生产培训计划	（1）对职工宣讲清洁生产基本概念和方法，提高职工开展清洁生产的理论水平 （2）结合已取得的清洁生产成果，培养职工发现、分析、解决问题的能力			
建立 ISO 14000 环境管理体系	如还未进行，则进行 ISO 14000 环境管理体系认证			

四、编制清洁生产审核报告

编写清洁生产审核报告的目的是总结本轮清洁生产审核成果，为组织落实各种清洁生产方案、持续清洁生产提供一个重要的平台。以下是对编制清洁生产审核报告的基本要求：

前 言

第1章 筹划和组织

1.1 建立审核小组

1.2 制定审核计划

1.3 宣传和教育

本章要求有如下图表：

★审核小组成员表；

★审核工作计划表。

第2章 预评估

2.1 组织概况

包括产品、生产、人员及环保等概况。

2.2 产污和排污现状分析

包括国内外情况对比，产污原因初步分析以及组织的环保执法情况等，并予以初步评价。

2.3 确定审核重点

2.4 清洁生产目标

本章要求有如下图表：

★组织平面布置简图；

★组织的组织机构图；

★组织主要工艺流程图；

★组织输入物料汇总表；

★组织产品汇总表；

★组织主要废物特性表；

★组织历年废物流情况表；

★清洁生产目标一览表。

第3章 评估

3.1 审核重点概况

包括审核重点的工艺流程图、工艺设备流程图和各单元操作流程图。

3.2 输入输出物流的测定

3.3 物料平衡

3.4 废物产生原因分析

本章要求有如下图表：

★审核重点平面布置图；

★审核重点组织机构图；

★审核重点工艺流程图；

★审核重点各单元操作工艺流程图；

★审核重点单元操作功能说明表；

★审核重点工艺设备流程图；

★审核重点物流实测准备表；

★审核重点物流实测数据表；

★审核重点物料流程图；

★审核重点物料平衡图；

★审核重点废物产生原因分析表。

第4章 方案产生和筛选

4.1 方案汇总

包括所有的已实施、未实施；可行、不可行的方案。

4.2 方案筛选

4.3 方案研制

主要针对中/高费清洁生产方案。

4.4 无/低费方案的实施效果分析

本章要求有如下图表：

★方案汇总表；

★（若实际使用的话）方案的权重总和计分排序表；

★方案筛选结果汇总表；

★方案说明表；

★无/低费方案实施效果的核定与汇总表。

第5章 可行性分析

5.1 市场调查和分析

当清洁生产方案涉及产品结构调整、产生新的产品和副产品，以及得到用于其他生产过程的原材料时才需编写本节，否则不用编写。

5.2 技术评估

5.3 环境评估

5.4 经济评估

5.5 确定推荐方案

本章要求有如下图表：

★ 方案经济评估指标汇总表；

★ 方案简述及可行性分析结果表。

第 6 章 方案实施

6.1 方案实施情况简述

6.2 已实施的无 / 低费方案的成果汇总

6.3 已实施的中 / 高费方案的成果验证

6.4 已实施方案对组织的影响分析

本章要求有如下图表：

★ 已实施的无 / 低费方案环境效果对比一览表；

★ 已实施的无 / 低费方案经济效益对比一览表；

★ 已实施的中 / 高费方案环境效果对比一览表；

★ 已实施的中 / 高费方案经济效益对比一览表；

★ 已实施的清洁生产方案实施效果的核定与汇总表；

★ 审核前后组织各项单位产品指标对比表。

第 7 章 持续清洁生产

7.1 清洁生产的组织

7.2 清洁生产的管理制度

7.3 持续清洁生产计划

本章要求有如下图表：

★ 清洁生产的组织机构表；

★ 持续清洁生产计划表。

结论

结论包括以下内容：

★ 组织产污、排污现状（审核结束时）所处水平及其真实性、合理性评价；

★ 是否达到所设置的清洁生产目标；

★ 已实施的清洁生产方案的成果总结；

★ 拟实施的清洁生产方案的效果预测。

参考文献

[1]鲍建国.清洁生产实用教程[M].北京:中国环境科学出版社,2010.

[2]白艳英,马妍,于秀玲,等.清洁生产促进法实施情况回顾与思考[J].环境与可持续发展,2010(6):5-7.

[3]陈润羊,花明,陈淑杰.我国南方某铀矿循环经济发展水平评价[J].矿业研究与开发,2009(3):86-88.

[4]陈润羊,花明,李小燕.铀矿业清洁生产研究[J].中国矿业,2012,21(10):41-43,48.

[5]陈润羊,花明,李小燕.铀矿山环境影响及其评价指标体系构建研究[J].矿业研究与开发,2013,33(3):84-88.

[6]陈润羊,王坚.城市循环经济发展水平实证研究[J].江西科学,2009,27(3):419-423,434.

[7]杜静.清洁生产审核实用知识手册[M].北京:中国环境科学出版社,2009.

[8]段宁.《循环经济与清洁生产研究》丛书[M].北京:新华出版社,2006.

[9]段宁,周长波.我国强制性清洁生产审核法律政策形成过程的研究与分析[J].中国人口·资源与环境,2007,17(4):107-110.

[10]段宁.中国清洁生产[J].产业与环境.2003(z1):30-32.

[11]国家环保局.企业清洁生产审核手册[M].北京:中国环境科学出版社,1996.

[12]国务院.国务院关于印发循环经济发展战略及近期行动计划的通知[EB/OL].[2013-1-23].http://www.gov.cn/zwgk/2013-02/05/content_2327562.htm

[13]国家发展改革委办公厅.关于印发《循环经济发展规划编制指南》的通知[EB/OL].[2010-12-31]http://www.sdpc.gov.cn/zcfb/zcfbtz/2010tz/t20110128_393101.htm.

[14]郭显锋,张新力,方平.清洁生产审核指南[M].北京:中国环境科学出版社,2007.

[15]郭日生,彭斯霞.清洁生产审核案例与工具[M].北京:科学出版社,2011.

［16］花明，陈润羊. 论循环经济中的公众参与［J］.江西社会科学,2007(4)：116-119.

［17］花明,陈润羊,陈淑杰.铀矿山循环经济发展水平评价指标体系构建研究［J］.矿业研究与开发,2009,29(1)：85-87,91.

［18］环境保护部污染防治司.清洁生产审核案例研究［M］.北京:化学工业出版社,2009.

［19］黄霞.浅谈清洁生产与《清洁生产促进法》［J］.今日印刷,2003(6)：9-10.

［20］姬振海.生态文明论［M］.北京:人民出版社,2007.

［21］林肇信,刘天齐.环境保护概论［M］.北京:高等教育出版社,2010.

［22］刘静玲.环境污染与控制［M］.北京:化学工业出版社,2001.

［23］曲格平.梦想与期待中国环境保护的过去与未来［M］.北京:中国环境科学出版社,2000.

［24］曲向荣.清洁生产与循环经济［M］.北京:清华大学出版社,2011.

［25］钱易,唐孝炎.环境保护与可持续发展［M］.北京:高等教育出版社,2000.

［26］钱易.清洁生产与循环经济——概念、方法和案例［M］.北京:清华大学出版社,2006.

［27］王坚,陈润羊,郑敏.中国农业现代化出路与农村清洁生产实践［J］.农业环境与发展,2007,24(3)：11-13.

［28］王坚,陈润羊.中国农业清洁生产研究［J］.安徽农业科学,2009,37(8)：3718-3720.

［29］魏立安.清洁生产审核与评价［M］.北京:中国环境科学出版社,2005.

［30］奚旦立.清洁生产与循环经济［M］.北京:化学工业出版社,2007.

［31］谢剑峰,刘力敏.强制性清洁生产审核评估验收管理对策探讨［J］.环境保护,2011(3)：114-116.

［32］解振华.全面推行清洁生产加快建设资源节约型、环境友好型社会［J］.中国经贸导刊,2010(23)：5-7.

［33］叶文虎,张勇.环境管理学(第2版)［M］.北京:高等教育出版社,2006.

［34］于秀玲.清洁生产与企业清洁生产审核简明读本［M］.北京:中国环境科学出版社,2008.

［35］余谋昌.生态文明论［M］.北京:中央编译出版社,2010.

［36］张凯,崔兆杰.清洁生产理论与方法［M］.北京:科学出版社,2005.

［37］张天柱,石磊,贾小平.清洁生产导论［M］.北京:高等教育出版社,2006.

[38]张永凯,陈润羊. 循环经济发展评价的指标体系构建与实证分析——以甘肃省为例[J].工业技术经济,2012,31(6):81-86.

[39]张贡生.生态文明:一个颇具争议的命题[J].哈尔滨商业大学学报(社会科学版).2013(2):3-14.

[40]张贡生.生态文明建设:国家意志与学术疆域[J].经济与管理评论,2013(6):30-36.

[41]张贡生.关于循环经济的内涵、特点、意义及对策综述[J].长春工业大学学报(社会科学版),2004,16(2).

[42]张贡生.循环经济与传统经济的区别及其中国的选择[J].华东理工大学学报(社会科学版),2004(4).

[43]中华人民共和国工业和信息化部,科学技术部,财政部.关于印发《工业清洁生产推行"十二五"规划》的通知[EB/OL].[2012-1-18]http://www.miit.gov.cn/n11293472/n11295091/n11299329/14484300.html.

[44]Alejandro Rivera, Jorge Silvio González, Raúl Carrillo, etc. Operational change as a profitable cleaner production tool for a brewery[J]. Journal of Cleaner Production, 2009,17(2):137-142.

[45]Basak Büyükbay, Nilgun Ciliz, Gun Evren Goren, etc.Cleaner production application as a sustainable production strategy, in a Turkish Printed Circuit Board Plant [J]. Resources, Conservation and Recycling, 2010, 54(10):744-751.

[46]Dongwon Shin, Mark Curtis, Donald Huisingh, etc. Development of a sustainability policy model for promoting cleaner production: a knowledge integration approach [J]. Journal of Cleaner Production, 2008, 16(17):1823-1837.

[47]Gary Miller, Jeffrey Burke, Cindy McComas, etc. Advancing pollution prevention and cleaner production–USA's contribution[J]. Journal of Cleaner Production, 2008, 16(6):665-672.

[48]Lesley J. Stone.Limitations of cleaner production programmes as organisational change agents. II. Leadership, support, communication, involvement and programme design[J]. Journal of Cleaner Production, 2006,14(1):15-30.

[49]Ozcan Saritas, Jonathan Aylen.Using scenarios for roadmapping: The case of clean production [J].Technological Forecasting and Social Change,2010,77(7):1061-1075.

[50]Pedro A. Ochoa George, Alexis Sagastume Gutiérrez, Juan B. Cogollos Martínez,

etc. Cleaner production in a small lime factory by means of process control [J]. Journal of Cleaner Production, 2010,18(12):1171–1176.

[51]Seema Unnikrishnan, D.S. Hegde.Environmental training and cleaner production in Indian industry–A micro–level study[J]. Resources, Conservation and Recycling, 2007, 50(4):427–441.

[52]Søren Nors Nielsen.What has modern ecosystem theory to offer to cleaner production, industrial ecology and society? The views of an ecologist[J]. Journal of Cleaner Production, 2007, 15(17):1639–1653.

[53]Rene Van Berkel.Evolution and diversification of National Cleaner Production Centres (NCPCs)[J]. Journal of Environmental Management, 2010, 91(7):1556–1565.

[54]Xiaoping Jia, Tianzhu Zhang, Fang Wang, etc. Multi–objective modeling and optimization for cleaner production processes[J]. Journal of Cleaner Production, 2006, 14(2):146–151.

[55]Zahiruddin Khan.Cleaner production: an economical option for ISO certification in developing countries[J]. Journal of Cleaner Production, 2008,16(1):22–27.

后　记

　　工业文明给我们带来物质繁荣的同时，也对人类的持续发展提出了挑战。目前占据主流的以工业文明为背景的发展模式能否延续？人类社会又将何去何从？人类是否能够探索一条人与自然和谐发展的新道路？正是出于这样的反思，生态文明便应运而生。一直以来，人类面临的资源约束越来越强、环境危机愈加令人忧虑。受世界可持续发展思想的影响，我国已经确立了可持续发展的国家战略。然而，我国同样深受资源短缺、环境污染等问题的困扰。在这样的大背景下，作为学者，我们也在不断思考相关问题。我们必须要寻找一种扬弃了工业文明的新型的、更高级别的文明形态，生态文明无疑就是世界和中国的希望。要实现生态文明的文明形态，就要在可持续发展战略原则的指导下，实施清洁生产的环境战略和循环经济的经济发展模式。

　　最近，清华大学陈劲教授拟组织编写一套《经济社会可持续发展思想文库》，其中有我们的《清洁生产与循环经济——基于生态文明建设的理论建构》一书。正是借助出版的机会，我们将之前关于清洁生产与循环经济的零星的思考和分散的研究，放在生态文明的大视野中，去系统地总结和提炼。本书在陈劲主编的总体思想和体例安排下进行写作，主要内容是我们关于清洁生产与循环经济相关问题的一些思考，因考虑教学的需要和理论体系的完整性，我们也适当吸纳了部分已有的成果。

　　在出版的过程中，主编陈劲教授和山西省社科院晔枫研究员对本书的思路和结构进行了悉心指导，山西经济出版社的编辑不厌其烦地指出格式、文字编排方面存在的问题。在此，我们对他们深表敬意和谢意。

　　我们殷切地希望社会各界能更多地关注生态文明建设的问题，也热忱欢迎方家和读者对本书提出批评和指正。

陈润羊

2014 年 2 月于金城兰州